氧化亚氮
减排原理与应用

Principle and Application of
Nitrous Oxide Emission Reduction

王亚涛　宋永吉　主编

化学工业出版社

·北京·

内 容 简 介

《氧化亚氮减排原理与应用》以"双碳"背景下氧化亚氮这一重要温室气体的减排为目标，系统地介绍了氧化亚氮的基本性质、减排方法的基本原理、相关工艺及最新发展以及温室气体减排的最新政策。全书分为九章，分别介绍了氧化亚氮减排的背景、氧化亚氮的性质、直接催化分解减排法、高温热分解减排法、催化还原分解减排法、氧化亚氮的回收利用、氧化亚氮减排工业应用、氧化亚氮直接催化分解中试开发研究和温室气体减排政策与趋势。

《氧化亚氮减排原理与应用》适于从事氧化亚氮减排领域基础研究和应用开发的科技工作者以及氧化亚氮减排工业装置管理与操作技术人员阅读，也可作为高等学校相关专业研究生和本科生学习的参考教材。

图书在版编目（CIP）数据

氧化亚氮减排原理与应用 / 王亚涛，宋永吉主编
. —北京：化学工业出版社，2023.5
ISBN 978-7-122-42854-7

Ⅰ.①氧… Ⅱ.①王… ②宋… Ⅲ.①氧化亚氮-催化反应-减量化-研究 Ⅳ.①O613.61

中国国家版本馆 CIP 数据核字（2023）第 034079 号

责任编辑：吕 尤 徐雅妮		加工编辑：黄福芝
责任校对：李露洁		装帧设计：刘丽华

出版发行：化学工业出版社（北京市东城区青年湖南街 13 号　邮政编码 100011）
印　　装：大厂聚鑫印刷有限责任公司
710mm×1000mm　1/16　印张 19½　字数 369 千字　2023 年 12 月北京第 1 版第 1 次印刷

购书咨询：010-64518888　　　　　　　　售后服务：010-64518899
网　　址：http://www.cip.com.cn
凡购买本书，如有缺损质量问题，本社销售中心负责调换。

定　　价：98.00 元

氧化亚氮（一氧化二氮，俗名笑气）是早在 1997 年就纳入《京都议定书》需要减排的六种重要温室气体之一，其不仅对大气环境产生温室效应，还是破坏大气臭氧层的化学物质之一。随着地球环境的日益恶化，加快氧化亚氮减排工作势在必行。作为最大的发展中国家，在共同但有区别的原则基础上，我国积极主动承担全球减排责任，特别是发布了碳达峰和碳中和目标，这必然推动我国氧化亚氮的减排工作。尽管目前我国还没有单独的氧化亚氮排放标准，但是可以预见相关的减排政策将会出台。因此有必要出版一本专门的有关氧化亚氮减排知识的书籍，为相关专业的学生、基础研究和应用开发科技工作者以及工业装置管理与操作技术人员提供系统的相关基础知识。

作者从 2006 年开始进行氧化亚氮直接催化分解催化剂的研究，2014 年以来开滦（集团）有限责任公司煤化工研发中心与北京石油化工学院联合开展工业氧化亚氮直接分解催化剂及己二酸尾气减排氧化亚氮工艺开发的研究。作者在多年的研究和开发工作中阅读了大量相关文献，比较全面地了解了氧化亚氮减排研究和相关工艺的最新进展，对相关工作也有自己的见解，自然本书的完成就是水到渠成的事情了。

王亚涛和宋永吉主持了本书的编写工作。第一章由王亚涛主笔，主要介绍氧化亚氮概略知识；第二章由宋永吉、马小丰主笔，主要介绍氧化亚氮的物理化学性质及主要减排途径；第三章由宋永吉、王亚涛、李翠清主笔，介绍直接催化分解减排法；第四章由王新承、李洪娟主笔，介绍高温热分解减排法；第五章由宋永吉、李洪娟主笔，介绍催化还原分解减排法；第六章由李建华、王亚涛主笔，介绍氧化亚氮的回收利用；第七章由宋永吉、马小丰主笔，介绍氧化亚氮减排工业应用；第八章由王亚涛、宋永吉、李建华主笔，介绍氧化亚氮直接催化分解中试开发研究；第九章由马小丰、王亚涛主笔，介绍温室气体减排政策与趋势。全书由宋永吉统稿。

非常感谢化学工业出版社使得本书得以与读者见面，希望本书的内容对相关学习、研究和开发人员能有所帮助。由于作者的眼界和能力所限，书中的内容未免有瑕疵，敬请读者指正和交流探讨，以便有机会在未来进行修改。

编者

2023 年 9 月

目录

第1章
概述 / 001

第2章
氧化亚氮的性质、安全及减排途径 / 027

第3章
直接催化分解减排法 / 043

第 4 章
高温热分解减排法 / 129

第 5 章
催化还原分解减排法 / 155

第 6 章
氧化亚氮的回收利用 / 190

第 7 章
氧化亚氮减排工业应用 / 209

第8章
氧化亚氮直接催化分解中试开发研究 / 236

第9章
温室气体减排政策与趋势 / 260

附录 / 270

第1章 概　述

气候变化是当今全球面临的重大挑战，人类活动引起的温室气体排放是全球气候变暖的主要原因。2007 年，联合国政府间气候变化专门委员会（IPCC）第四次评估报告显示，农业是温室气体的主要排放源，其中氧化亚氮（N_2O）是重要的温室气体之一，N_2O 对温室效应的贡献率约 5%[1]。与二氧化碳（CO_2）和甲烷（CH_4）等温室气体相比，N_2O 在大气中存留时间长达 110～150 年，能吸收中心波长为 $7.78\mu m$、$8.56\mu m$、$16.98\mu m$ 的红外辐射而产生温室效应，直接影响全球气候。虽然 N_2O 在大气中的浓度比 CO_2 小很多，但它的增温效应潜能是 CO_2 的 310 倍、CH_4 的 21 倍[2]。其次，在平流层中经太阳紫外光照射后，其能与氧原子作用形成一氧化氮自由基，导致臭氧层的损耗[3]。2013 年，IPCC 在第五次评估报告中指出，2011 年人类活动造成的辐射强迫已达 $2.29W/m^2$，其中 N_2O 排放造成的辐射强迫为 $0.17W/m^2$；大气中 N_2O 体积分数也已升至 $0.324\mu L/L$，为 80 万年以来最高值，且以每年近 0.3% 的速率增长，预计到 2050 年将达到 $0.35～0.40\mu L/L$[4,5]。由于 N_2O 较强的增温效应在大气中起重要作用，N_2O 浓度变化必将对全球生态环境产生极大影响。

本章详细介绍了 N_2O 的来源及产生机理，阐明了 N_2O 的环境危害，N_2O 减排势在必行。

1.1　氧化亚氮的发现

氧化亚氮是英国伟大化学家约瑟夫·普里斯特利（J. Joseph Priestley，1733—1804）于 1772 年意外发现的，他发现这种气体具有助燃性，还带有"令人愉快"的甜味，能溶于水，但它到底是什么，当时是个待解之谜。

真正系统地对氧化亚氮进行研究的是英国化学家、发明家，电化学的开拓者之一汉弗莱·戴维（Humphry Davy，1778—1829）。1798 年秋，戴维进入英国克利夫顿市郊区的普里斯特利实验室工作，他入职后的第一项工作是制出和研究一种鲜为人知的气体，即一氧化二氮。自从普里斯特利发现这种气体二十多年来，科学家们对其认识各执己见，莫衷一是。

1799 年 4 月，戴维通过实验制得大量的一氧化二氮，并将其装在玻璃瓶里，放进实验柜备用。有一天，他在实验室找装某种气体的玻璃瓶时，随手把两瓶装高浓度一氧化二氮的玻璃瓶放在地板上，准备实验结束再放回去。这时正好实验室老板贝多斯推门进来了，"听说你研制出一氧化二氮了，太厉害了。是在柜子里吧……"，老板边说边走，话音未落，他转身看实验柜时，不小心碰翻了三角架，三角架把地上装一氧化二氮的玻璃瓶打得粉碎，一时间，狭小的实验室充满了这种气体。"哈哈哈！"突然间，一贯绷着脸的老板哈哈大笑起来，戴维也随之大笑。笑声引来了隔壁实验室的助手和同事，他们一起把二人抬到另一个房间，戴维和老板过了很久才止住大笑并恢复正常。"你好好研究是怎么回事，我不想看到下次。"老板丢了一句话，悻悻而去。

戴维对化学的未知领域充满了迷恋，对于氧化亚氮发生的现象，不用老板交代戴维也会尽力找出原因来，因为他是个喜欢打破砂锅问到底的人。经过初步推断，他认为氧化亚氮没有毒，否则自己与老板不会安然无恙，联想到事后自己的反应，他确定这种气体吸多了对身体不好。基于这样的认识，戴维决定亲自试验氧化亚氮的性质，看看这种气体还有什么未被发现的奥秘。也有同事劝他慎重，因为这样做太过危险，是在拿生命开玩笑。戴维表面答应，暗地却悄悄把自己关进实验室，亲自用氧化亚氮进行试验。他发觉吸入一定量的氧化亚氮后自己有不可控制的愉悦，但是清醒过来后，他觉得很难受。接着，他详细记录下对这种气体的感受："当吸入少量这种气体后，觉得头晕目眩，如痴如醉，再吸四肢有舒适之感，慢慢地筋肉都无力了，脑中外界的形象在消失，而出现各种新奇的东西，一会儿人就像发了狂那样又叫又跳……"

通过切身体会，戴维终于弄清了氧化亚氮对人体的作用：不能被过量吸入人体，但少量能使人体麻醉，可用在外科手术中。公元 1800 年，戴维出版了一本关于氧化亚氮对人体的作用的小册子，书中把这种气体称为"笑气（laughing gas）"，并对其性质进行了比较详细的描述。

1844 年，美国牙科医生豪雷斯·韦尔斯（Horace Wells，1815—1848）在一次笑气表演大赛中，对笑气的麻醉功能产生兴趣。他吸入笑气后让助手为他拔牙，整个过程并不感到疼痛。韦尔斯用一颗牙的代价，换来将笑气作为麻醉剂引入医学的成果，1846 年他宣布发现一氧化二氮麻醉法，1847 年发表小册子《一氧化二氮、乙醚及其他吸入剂在外科手术中的应用的发现史》，而他也成为了麻醉法的公认创始人之一。自此，笑气作为麻醉剂被广泛使用至今。

1.2 氧化亚氮的来源

氧化亚氮的来源既有自然源也有人为源，自然源包括海洋、森林和土壤，人为源则包括农田施肥、畜牧业生产、生物质燃烧及工业活动等。

1.2.1 氧化亚氮来源分布

环境中氧化亚氮的最大来源为自然界。IPCC 清单指南中指出，农业 N_2O 的排放包括粪便管理中 N_2O 的排放、农田土壤的 N_2O 直接排放、农业氮肥的 N_2O 间接排放、热带草原和农业残留物燃烧产生的 N_2O 排放[6]，其中农田土壤是农业 N_2O 的最大排放源，占农业 N_2O 排放量的 80% 左右。预计到 2030 年农田 N_2O 排放量为 $1.258 \times 10^9 kg$，增长率 37%，主要原因是人为氮肥投入的增加。海洋产生的 N_2O 占排放总量的 25%～33%[7]，主要是高生产力的近岸海域产生。

工业排放的 N_2O 占排放总量的 35%，主要由化工领域产生，重点来源于硝酸和己二酸等的生产过程及流化床燃料燃烧过程[8]。

1.2.2 不同来源氧化亚氮的产生机理

1.2.2.1 自然环境中产生的氧化亚氮

在自然界中，氧化亚氮是由土壤和水体中微生物对含氮化合物新陈代谢而产生的，这些新陈代谢反应包括硝化作用、反硝化作用和化学反硝化作用等生物化学过程。特别是 20 世纪初哈伯-博施法（Haber-Bosch process）合成氨工艺的发明，大大促进了化肥工业的发展，从而造成了 N_2O 排放的迅速增长。

通常认为，反硝化过程是氧化亚氮产生的主要原因[9]，但在某些条件下，硝化过程对氧化亚氮的生成也可能有重大贡献。反硝化和氨氧化成亚硝酸盐的生物地球化学循环过程是产生 N_2O 的主要途径，它是硝化过程的第一步，然后少量异化的硝酸盐还原成铵盐。在好氧的环境下，如果亚硝酸盐浓度低而氨的浓度高，硝化过程中的羟胺氧化可得到 N_2O。

Firestone 和 Davidson 于 1989 年提出了基于硝化和反硝化过程产生 N_2O 的 HIP 理论模型，把硝化和反硝化过程产生 N_2O 和 NO 的氮转化过程比作在带有孔洞的管道中的液体流动，该模型促进了人们对土壤中 N_2O 产生与排放过程的认识。在此基础上，1996 年 Parton 等[10] 提出了硝化和反硝化作用的一般过程机理，过程见式(1-1)、式(1-2)。

硝化过程

$$NH_4^+ \longrightarrow NH_2OH \longrightarrow [HNO] \begin{array}{c} NO \quad\quad NO \quad\quad NO \\ \uparrow \quad\quad \nwarrow \quad \nearrow \\ \\ [X] \end{array} \quad NO_2^- \longrightarrow NO_3^- \quad (1\text{-}1)$$

反硝化过程 $\quad NO_3^- \longrightarrow NO_2^- \longrightarrow NO \longrightarrow N_2O \longrightarrow N_2 \quad\quad\quad (1\text{-}2)$

由于土壤性质和覆盖状况等因素的差异，土壤排放 N_2O 的量在时间和空间上变化很大。按土壤表面覆盖状况大致可分为荒地、森林、耕地和草地等四种类型土壤，一般情况下荒地的排放量最低，其次依次是草地、森林，耕地的排放量最高。通常，荒地的 N_2O 排放通量范围在 $0.1 \sim 0.26 kg\ N_2O\text{-}N/(hm^2 \cdot a)$ 之间，草地如沼泽和草原等 N_2O 的排放通量较低，大多数草地排放通量值在 $0.2 \sim 0.5 kg\ N_2O\text{-}N/(hm^2 \cdot a)$ 之间，森林的 N_2O 排放通量范围通常在 $0.3 \sim 0.7 kg\ N_2O\text{-}N/(hm^2 \cdot a)$ 之间，耕地的排放通量平均在 $0.95 kg\ N_2O\text{-}N/(hm^2 \cdot a)$ 左右，由于耕地大多数都施用化肥，因此耕地的排放通量包括了自然硝化过程和因使用化肥释放的部分。

淡水系统排放的 N_2O 主要来自反硝化过程，报道淡水系统排放的 N_2O 通量在 $0.05 \sim 1.4 kg\ N_2O\text{-}N/(hm^2 \cdot a)$ 之间。海洋是 N_2O 的重要源，根据温度、区域和不同年份环境的变化，海洋排放 N_2O 的强度范围一般在 $0.34 \sim 1.8 kg\ N_2O\text{-}N/(hm^2 \cdot a)$。

1.2.2.2 农业氧化亚氮的产生

旱地土壤是 N_2O 的主要排放源，我国旱地农田面积占耕地总面积约 60%，有关研究主要集中在长江中下游稻田、华北地区冬小麦-夏玉米轮作、黄土高原雨养区冬小麦以及西北内陆灌溉区小麦和玉米田等生态系统。土壤类型、作物类型、施肥及灌溉等农业措施和气候环境因素（温度、降水）等都是影响农田 N_2O 排放的因素，本质上都是通过直接或间接影响土壤微生物种类、数量及其生理生化过程，进而影响温室气体排放。

土壤硝化作用（自养硝化和异养硝化）、反硝化作用（生物反硝化和化学反硝化）、硝化细菌反硝化以及硝态氮异化还原成铵作用等均能产生 N_2O[11]。但长期以来，硝化（主要指自养硝化）和反硝化（主要指细菌异养反硝化）一直被认为是土壤 N_2O 产生的主要途径。

（1）硝化

硝化过程指还原态的氮（NH_3）被生物氧化成 NO_2^- 和 NO_3^- 的过程。主要包括两步：第一步是在氨单加氧酶和羟胺氧化还原酶的催化下将 NH_4^+ 或 NH_3 氧化成 NO_2^-，$NH_2OH(NOH)$ 是其中间产物，此步骤由氨氧化细菌（AOB）、氨氧化古菌（AOA）等生物驱动完成；第二步是在亚硝酸盐氧化还原酶的催化下将 NO_2^- 进一步氧化成 NO_3^-，此步骤由亚硝酸盐氧化菌等微生物驱动完成[12]。

（2）反硝化

反硝化作用通常指 NO_2^- 和 NO_3^- 在细菌活动的作用下，或在有 NO_2^- 参与的化学反应过程中，被还原为分子态的 N_2 或者 NO 和 N_2O 的过程，分别由硝酸还原酶、亚硝酸还原酶、一氧化氮还原酶和一氧化二氮还原酶催化完成。

1.2.2.3　海水中氧化亚氮的产生与消耗

海洋 N_2O 的产生与消耗是海洋氮循环过程的一个重要环节，其产生的主控机制也是当今海洋生物地球化学和气候变迁研究中的关键问题之一。水体中 N_2O 产生或消耗受溶解氧（DO）、氮盐、压力、温度、盐度、pH 值及浊度等的影响。由于海洋中生物化学过程的复杂性和不同海域存在的理化差异，有关 N_2O 的产生机制尚有待确认。通常认为，其产生的机制也是硝化作用和反硝化作用，由于海洋与农田的差异，硝化与反硝化机制稍有区别。

（1）硝化作用

硝化作用是 NH_4^+ 在有氧环境中被氧化为 NO_3^- 的过程，首先 NH_4^+ 在氨氧化细菌或氨氧化古菌的媒介作用下被氧化为 NO_2^-，然后 NO_2^- 在亚硝酸盐氧化酶的催化作用下被氧化为 NO_3^-，其中 N_2O 在硝化作用的前一个过程中作为副产物而生，反应过程见式（1-3）。

$$NH_4^+ \rightarrow NH_2OH \rightarrow NO_2^- \rightarrow NO_3^- \tag{1-3}$$

（2）反硝化作用

反硝化发生在水体或沉积物中溶解氧浓度足够低时，在 NO_3^- 还原为 N_2 的过程中，N_2O 作为反硝化过程的中间产物释放[13]。反硝化过程除了可以产生 N_2O 外，在缺氧或无氧海水或沉积物环境中，亦可以使 N_2O 进一步转化为 N_2，总反应过程见式（1-4），但其反应是由多步反应组成的一个复杂过程，如图 1-1 所示。

$$NO_3^- \rightarrow NO_2^- \rightarrow N_2O \rightarrow N_2 \tag{1-4}$$

1.2.2.4　工业生产排放的氧化亚氮

工业生产排放的 N_2O 量在整个地球大气 N_2O 的排放量中占比虽然不大，但是由于其排放源浓度很高，就为 N_2O 减排提供了技术上的可行性。

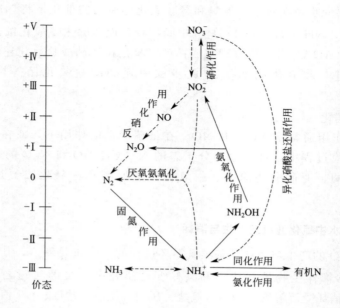

图 1-1　海洋氮循环示意图

（1）硝酸工业[14,15]

硝酸是一种重要的化工原料，不仅被用来制造肥料和炸药，也被作为一种氧化剂用于很多脂肪酸生产中。在硝酸生产过程的氨氧化阶段会产生 N_2O，其在后续的工艺生产中难以脱除，据估算，每年全球硝酸工厂排放的 N_2O 达40万吨，是产生 N_2O 的最大源头。以一个日产 1500 吨的硝酸工厂为例，尾气流量（标准状况）为 $200000m^3/d$，N_2O 含量高达 $1500\mu L/L$，其减排潜力巨大。

目前，硝酸生产普遍采用 Oswald 工艺，其过程主要包括三个反应步骤：氨的催化氧化制 NO、NO 氧化制 NO_2 和水吸收 NO_2 制硝酸。

在氨的催化氧化制 NO 阶段，氨和进入氢氧化炉中的空气发生反应，温度为 $800\sim950℃$，压力为 $101.3\sim658.6kPa$（$1\sim6.5atm$），氨氧化后生成 NO 和水，在贵金属催化剂作用下一般其转化率可达 $95\%\sim97\%$，但是在这个过程中，氨也会发生副反应，生成 N_2 和 N_2O，约有 2% 的氨气会被氧化成 N_2O，即每生产 1t 硝酸会产生 $7kg$ N_2O，硝酸生产中产生的 N_2O 正来源于此，其反应过程见式（1-5）～式（1-9）：

$$4NH_3+5O_2 \longrightarrow 4NO+6H_2O \quad （主反应） \tag{1-5}$$

$$4NH_3+3O_2 \longrightarrow 2N_2+6H_2O \quad （副反应） \tag{1-6}$$

$$2NH_3+2O_2 \longrightarrow N_2O+3H_2O \quad （副反应） \tag{1-7}$$

氧化亚氮减排原理
与应用

余下的两步反应为 NO 氧化生成 NO_2：

$$2NO + O_2 \longrightarrow 2NO_2 \tag{1-8}$$

NO_2 被水吸收得到硝酸：

$$3NO_2 + H_2O \longrightarrow 2HNO_3 + NO \tag{1-9}$$

在目前的硝酸工厂中，装置尾气中的 NO 排放已经受到国家环保标准的严格限制，通常采用 SCR 技术进行减排处理，尽管硝酸工厂尾气中的 N_2O 目前在我国环保标准中还没有专门的排放指标限制，但是已纳入工厂排放总氮氧化物限制指标中。据 2008 年的报道数据，当时我国硝酸工业年产硝酸 800 万吨，每年排放 N_2O 气体近 6 万吨。近年来，我国的硝酸产量有所减少，2018 年国内硝酸产量约 550 万吨，相应的 N_2O 气体排放约 3.85 万吨。

硝酸工业 N_2O 减排主要有三种途径：一种是优化氨氧化反应催化反应工艺，抑制氨氧化反应炉中氧化亚氮的生成；第二种是将已经在氨氧化炉的催化剂网中产生的氧化亚氮通过反应分解为氮气和氧气；第三种是利用催化剂在排放的尾气中分解氧化亚氮。

目前大多数硝酸企业采用第二种 N_2O 减排方式，即炉内减排技术。该工艺是将 N_2O 分解催化剂放入氨氧化炉中铂网下的催化剂筐中，利用反应的温度将 N_2O 在氨氧化炉内还原成 N_2 和 O_2。N_2O 分解催化剂主要为钴、锰系催化剂，催化剂形状以带孔的柱状体为主，催化剂散装在反应炉内，填装方便。这种工艺的 N_2O 减排率一般在 90% 左右。其中以瑞士 Cladiant 公司的 EnviCat N_2O-S 型催化剂效果为最好，该催化剂不仅可使 N_2O 的减排率高达 95% 以上，同时还可以将 N_2O 与未反应的逸过铂网催化剂的 NH_3 反应转化为 NO，每吨硝酸可降低氨耗 1～1.5kg。国内主流的硝酸双加压法生产工艺中，通过炉内减排可将尾气中的 N_2O 体积含量从 1200×10^{-6} 降至 100×10^{-6} 以下。

N_2O 和 NO 同时处理的一体化工艺也是硝酸工业常采用的 N_2O 尾气减排技术，该工艺是在尾气温度大于 430℃ 时，在一个催化反应器上部装填 N_2O 减排催化剂，中间加入氨气还原 NO_x。若装置的尾气温度低于 330℃，则可采用上部装填 NO_x 减排催化剂，下部装填 N_2O 减排催化剂，上部通入氨气，中间加烷烃等气体燃烧提高下部催化剂床层温度，满足 N_2O 催化分解要求。该方法的优点是安装方便、效率高，N_2O 减排率可达 99%，NO_x 排放浓度（标准状况）在 $20mg/m^3$ 以下。

我国对硝酸尾气有严格的排放标准[16]，《硝酸工业污染物排放标准》(GB 26131—2010) 于 2011 年 3 月 1 日正式实施，属于全国性的强制标准。这个标准适用于现有硝酸工业企业水和大气污染物排放管理。硝酸工业包括浓硝酸、稀硝酸、硝酸盐的生产工业企业或生产设施，标准所指的硝酸盐是指以氨和空气（或纯氧）为原料采用氨氧化法生产的硝酸盐，不包括以硝酸为原料生产的硝酸盐

（如硝酸钠、亚硝酸钠等）、硝酸铵等其他硝酸盐。具体的大气污染物排放标准见表 1-1。

◆ 表 1-1　大气污染物排放浓度限值

污染物项目	类别	排放限值	污染物排放监控位置
氮氧化物（标准状况）/mg·m^{-3}	现有企业	500	车间或生产设施排气筒
	新建企业	300	
	执行特别排放限值的企业	200	
单位产品基准排气量（标准状况）/m^3·t^{-1} 产品		3400	硝酸工业尾气排放口

（2）硝酸氧化有机化工工业

石油化工中，脂肪酸等生产过程中产生的 N$_2$O[17-20] 在尾气中的体积分数可高达 30%～50%，据报道全世界每年排放 N$_2$O 达 14 万吨。目前，通过采取各种措施，有的企业 N$_2$O 减排率可高达 95%～99%，但尾气中仍含有高达 10000μL/L 的 N$_2$O，这个排放浓度远远高于硝酸生产尾气中的 N$_2$O 含量。

己二酸（adipic acid），又称肥酸，是一种重要的有机二元酸，能够发生成盐反应、酯化反应、酰胺化反应等，并能与二元胺或二元醇缩聚成高分子聚合物等。己二酸是工业上具有重要意义的二元羧酸，在化工生产、有机合成工业、医药、润滑剂制造等方面都有重要作用。己二酸主要用作尼龙 66 和工程塑料的原料，也用于生产各种酯类产品，还用作聚氨基甲酸酯弹性体的原料，也是医药、酵母提纯、杀虫剂、黏合剂、合成革、合成染料和香料的原料。己二酸还是各种食品和饮料的酸化剂。

1937 年，美国杜邦公司用硝酸氧化由苯酚加氢制得的环己醇来生产己二酸，首先实现了己二酸生产的工业化。20 世纪 60 年代，工业上逐步改用环己烷氧化法，即先由环己烷制中间产物环己酮和环己醇混合物（即酮醇油，简称 KA 油），然后再将 KA 油进行硝酸或空气氧化得到己二酸。

环己烷"两步氧化法"工艺目前在己二酸工业生产中占主导地位，该工艺包括两个氧化步骤，具体见式(1-10)～式(1-12)。第一步采用空气液相氧化环己烷得到环己醇和环己酮的混合物，环己烷单程转化率低，仅为 3%～6%，选择性为 70%～90%。第二步采用硝酸作为氧化剂，在铜、钒催化剂的作用下，KA 油进一步被氧化成己二酸，KA 油的转化率可以达到 100%，己二酸的选择性可以达到 90%以上，这一步的主要副产物为戊二酸和丁二酸。第二步的硝酸氧化过程会释放出大量富含 N$_2$O 的氮氧化物尾气，每生产 1mol 己二酸，可能产生 0.8～1mol 的 N$_2$O。

氧化亚氮减排原理
与应用

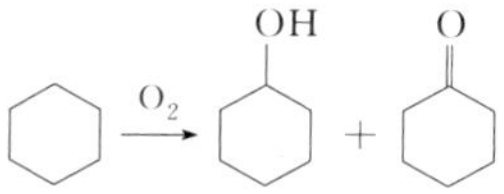

$$\text{（结构式）} \quad \xrightarrow{O_2} \quad \text{（OH 环己醇）} + \text{（O 环己酮）} \tag{1-10}$$

$$\text{（OH）} + \text{（O）} \xrightarrow[\text{Cu}^{2+},\text{V}^{5+}]{\text{HNO}_3} \quad \text{（COOH / COOH）} \tag{1-11}$$

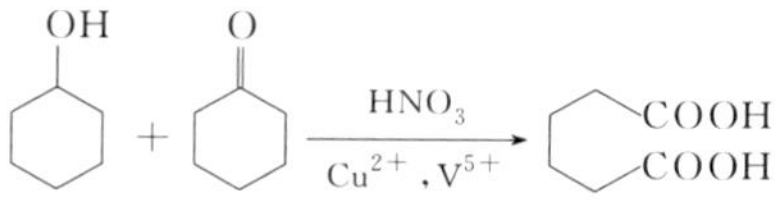

N_2O 产生原理为：KA 油在硝酸氧化过程中开环副产硝肟酸，硝肟酸在水存在下分解为亚硝酸[见式(1-12)]，亚硝酸进一步分解产生 N_2O[见式(1-13)～式(1-14)]。其反应原理为：

$$O_2NC(CH_2)_4COOH + 2H_2O \longrightarrow HNO_2 + NH_2OH + COOH(CH_2)_4COOH \tag{1-12}$$
$$\overset{\|}{HON}$$

$$HNO_2 + NH_2OH \longrightarrow N_2O + 2H_2O \tag{1-13}$$

$$2HNO_2 \longrightarrow NO_2 + NO + H_2O \tag{1-14}$$

在己内酰胺的生产中[21]，N_2O 产生的机理目前还不十分清楚，但是从己内酰胺生产的环己烷光亚硝化法工艺（见图 1-2）流程可以看出，该工艺过程产生 N_2O 应该发生在氨气空气燃烧氧化生成 N_2O_3 的过程，直至氯化亚硝酰的光亚硝化过程。氨气空气燃烧氧化过程类似于硝酸生产的第一步反应，容易发生副反应产生 N_2O，同时，由于 N_2O_3 本身就是亚硝酸酐，在有水分子存在下会转化为亚硝酸，而亚硝酸极易分解产生 N_2O。

但是己内酰胺的生产过程产生的 N_2O 比硝酸生产和己二酸生产产生的 N_2O 要少得多，其反应路径如图 1-2 所示。

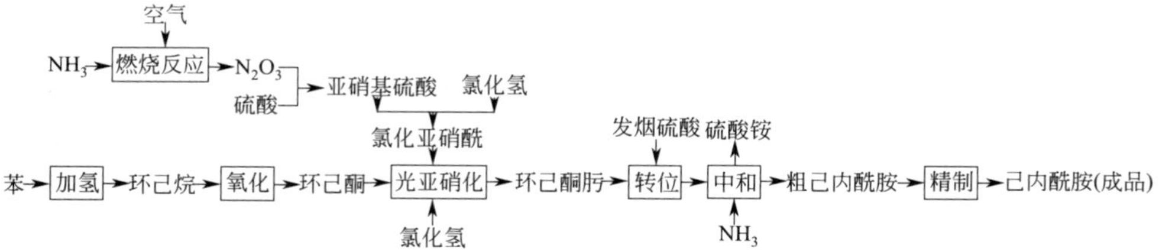

图 1-2 己内酰胺生产的环己烷光亚硝化法工艺路线

据 2018 年统计，我国己内酰胺主要生产厂家有 17 家，总生产能力为 36.4×10^6 t/a。目前，国内 70% 以上企业生产己内酰胺采用环己酮-氨肟化法（HAO）工艺技术，环己酮-氨肟化法以环己酮、液氨、双氧水为原料，经过氨肟化反应制备环己酮肟，环己酮肟在发烟硫酸条件下进行贝克曼重排，经中和、精制得到己内酰胺。其反应步骤和反应方程式见式(1-15)～式(1-16)：

$$\text{环己酮} + NH_3 + H_2O_2 \xrightarrow{\text{催化剂}} \text{环己酮肟} + 2H_2O \quad \text{肟化反应}$$

环己酮　液氨　双氧水　　　　　环己酮肟 (1-15)

$$\text{环己酮肟} + H_2SO_4 \cdot SO_3 + NH_3 \longrightarrow \text{己内酰胺} + (NH_4)_2SO_4 \quad \text{重排反应}$$

环己酮肟　发烟硫酸　　氨　　己内酰胺　硫酸铵 (1-16)

在氨肟化工序中，氨肟化反应器发生的副反应之一是氨气被双氧水氧化产生 N_2O，反应式见式(1-17)。反应器尾气经吸收塔吸收后，N_2O 作为废气排放。

$$4H_2O_2 + 2NH_3 \longrightarrow N_2O + 7H_2O \quad \text{副反应} \quad (1-17)$$

丙烯腈等涉及氨氧化和硝酸氧化过程的生产工艺，或多或少都会产生一定量的 N_2O 作为废气排放到环境大气中。

（3）化石及生物质燃料的燃烧排放

我国煤炭资源丰富，在今后很长一段时间内，煤炭仍是主要能源，而伴随煤炭锅炉燃烧产生的 NO_x 排放对环境的污染影响逐年增加。有研究分析表明[22]，基于能源煤炭燃烧产生的 NO_x，在控制方案下，2000 年和 2005 年的 NO_x 排放量分别为 12.1×10^6 t 和 19.1×10^6 t，2010 年上升到 23.98×10^6 t。预测表明，到 2030 年，基准情景下中国 NO_x 排放量将达到 35.4×10^6 t，而在政策情景下，其排放总量可能控制在 $20.4 \times 10^6 \sim 24.6 \times 10^6$ t 之间。但也有乐观估计，在国家强化政策能源与市场管理情景下，我国 2020 年和 2030 年 NO_x 排放量可分别控制在 6.3×10^6 t 和 5.6×10^6 t。

据 2018 年中国生态环境质量公报数据，2018 年全国能源消费总量为 46.4 亿吨标准煤，其中煤炭消费量增长 1.0%，尽管比 2017 年下降 1.4%，但是煤炭消费量占能源消费总量的 59.0%，原煤总产量达 36.8 亿吨，煤炭仍为我国主要能源。

目前，电厂和工业锅炉普遍采用煤粉炉和循环流化床燃烧技术，相比之下，循环流化床燃烧技术因其燃料适应性广、负荷调节性能好及 NO_x 排放低等优点[23,24]，在以煤炭为主的固体燃料燃烧领域得以广泛应用。传统煤粉炉排放尾气中 N_2O 排放浓度一般小于 1×10^{-5}，而循环流化床燃煤的 N_2O 排放浓度较高，一般为 $2 \times 10^{-5} \sim 3 \times 10^{-4}$，有时甚至高达 4×10^{-4}，远高于传统煤粉炉 N_2O 排放水平，循环流化床燃烧成为产生 N_2O 的最大污染源。

在燃煤锅炉中，N_2O 主要在较低温度下形成，温度范围在 $700 \sim 900$ ℃，当超过 900 ℃后生成的 N_2O 很少。煤粉炉炉膛温度高达 1200 ℃，尽管 NO_x 总污染物排放较高的问题较难解决，但是由于其较高的炉膛燃烧温度，其排放的 N_2O 很少。而流化床锅炉燃烧温度稳定在 $950℃$ 左右，由于采用低温燃烧及空气的分级供应，燃烧室内形成了"还原性气体环境"，大大降低了 NO_x 的产生，研究证明，流化床锅炉的 NO_x 排放量可达到 $200×10^{-6}$ 以下，环保性能非常突出，但是由于流化床锅炉的燃烧温度正好处于适宜产生 N_2O 的温度范围，所以其排放的 N_2O 浓度明显高于煤粉炉。

化石燃料或生物质燃烧过程中 N_2O 的生成机理基本相同，燃料中氮元素的转换途径可分为挥发分析出阶段、挥发分（主要是焦油）的二次热解和燃烧阶段、焦炭燃烧阶段等。在挥发分析出阶段、挥发分（主要是焦油）的二次热解和燃烧阶段，燃料氮都会转化为 HCN、NH_3，而 HCN、NH_3 是已知生成氮氧化合物的原料。不同种类的挥发分氮生成 NO 的反应速率和生成率具有较大的差别，而在富燃料和低温条件下，挥发分燃烧中 HCN 主要转化为 N_2O。

N_2O 的生成机理目前尚不透彻。一般认为，N_2O 的生成是通过均相反应和多相反应两种途径来完成的。图 1-3 为产生 N_2O 的基本反应过程。

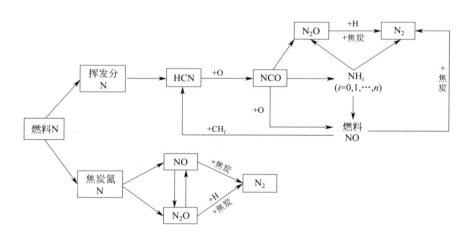

图 1-3　燃煤锅炉 N_2O 的生成和分解机理示意图

汽车尾气中的 N_2O 排放也是产生大量 N_2O 的一个重要因素，而且其治理相当困难。尽管目前各国对汽车尾气排放有严格的标准，各汽车生产厂家也采用包括催化减排等新技术控制汽车尾气污染物的排放，但是由于全世界燃油汽车的巨大保有量、汽车工况的复杂性和催化剂没有及时更换导致其老化等原因，包括 N_2O 等污染物的排放仍不容忽视。

1.3　氧化亚氮的环境危害

大气中 N_2O 浓度增加后会在以下几个方面给环境带来直接或间接的影响。一是 N_2O 在平流层中是 NO 和 NO_2 的来源，发生自由基反应后会破坏平流层臭氧层；二是在平流层底部会生成硝酸，进入云层中形成酸性降水；三是经大气传输后进入对流层，发生光化学反应导致对流层臭氧层浓度增加。以上原因产生的 N_2O、HNO_3、O_3 都是温室气体，可以引起全球温室效应。

（1）破坏臭氧层

N_2O 氧化是平流层中产生 NO 的主要来源，NO 会参与催化臭氧层的链反应，进而破坏臭氧层。经多位学者模拟，平流层中，当大气中 N_2O 浓度增加 20% 时，将导致臭氧总量降低 4%。在高纬度区，当 N_2O 浓度增加 40% 时，全球平均臭氧损耗为 3.6%。主要过程见式(1-18)～式(1-22)。

$$NO+O_3 \longrightarrow NO_2+O_2 \tag{1-18}$$

$$NO_2+O \longrightarrow NO+O_2 \tag{1-19}$$

$$NO_2+O_3 \longrightarrow NO_3+O_2 \tag{1-20}$$

$$NO_3 \xrightarrow{UV} NO+O_2 \tag{1-21}$$

总反应为：

$$2O_3 \longrightarrow 3O_2 \tag{1-22}$$

（2）导致温室效应

N_2O 在平流层中有很强的红外吸收，对温室效应贡献很大。通常温室气体对全球气温变化的绝对贡献大小可以用辐射强迫和地表温度变化来表示，但是由于采用的模式和方法不同，预测结果有差异。

一般地，对流层中 N_2O 对长波红外吸收的辐射强迫与大气 N_2O 浓度的平方根成正比。现有报道的数据显示，当大气 N_2O 浓度增加 25% 时，地表气温上升 0.07～0.1K；当 N_2O 浓度增加 50% 时，地表气温上升 0.21～0.6K。

（3）导致酸雨

在平流层底部，N_2O 分解产生的 NO_x 经化学反应后可形成 HNO_3。HNO_3 进入对流层后能产生两种效应，即形成酸性降水或作为温室气体加剧温室效应，研究表明，N_2O 浓度由 3.2×10^{-7} 增加到 6.4×10^{-7} 时，大气中硝酸含量将提高 85%，地表气温上升 0.05K。

（4）其他危害

N_2O 对动植物及人类的直接伤害暂不明确，但吸入过多能够让人出现幻觉，长期吸食可能引起高血压、晕厥，甚至心脏病发作及中枢系统损害等。

1.4 氧化亚氮的用途

根据氧化亚氮的不同性质，其在医疗、化工、电子、食品等领域有着广泛的应用。

1.4.1 氧化亚氮在医疗中的应用

笑气是目前国际上公认的最安全、有效的吸入性镇静、镇痛药物之一，在麻醉、镇痛领域的应用已有 160 多年的历史。

笑气吸入麻醉最常用的领域是牙科、分娩和人工流产术的镇痛治疗。笑气是吸入性镇痛药物中毒性最小的一种，它通过对中枢神经系统的兴奋性神经递质释放的抑制和对神经冲动传导的抑制以及对离子通透性的改变发挥其药理作用。

笑气的镇痛优点是镇痛迅速，在患者吸入体内后即可以产生镇痛作用。镇痛作用强，但是麻醉作用弱，可以使患者在术中保持清醒的状态，进而避免全麻并发症的发生。笑气镇痛效果可靠，术中患者能够很好地与医生进行手术配合，明显减少手术对患者造成的损伤及异常出血等并发症。对患者的肝、心、肾、肺等脏器功能无损害，对呼吸道无刺激，其甜味易被患者接受。

笑气早期被用于牙科手术的（镇痛）麻醉，是人类较早应用于医疗的麻醉剂之一。因为通常牙科无专职的麻醉师，而诊疗过程中常需要病患保持清醒，并能依命令做出口腔反应，故此气体给牙科医师带来极大的方便。但是因笑气全麻效果差，已基本不用于需要全麻的医疗手术。近年来，因其操作简便、不良反应少、术中意识基本清楚、费用相对低廉等优点，再则随着医学工程的不断发展，能够比较精确控制笑气/氧气的混合浓度，因而在镇静、镇痛等临床应用方面取得明显进展。

笑气的临床应用主要在口腔科、内窥镜检查、无痛分娩、人工流产等几个方面。近年来，笑气在烧伤病人换药、植皮、吸脂减肥、激光美容、祛斑、拉皮、隆胸及其他美容小手术中逐步得到应用，在正骨复位手术、癌症肿瘤等方面的镇痛正得到越来越多的应用。

在口腔科中应用笑气麻醉镇痛是笑气最早的医疗应用领域。在一些发达国家，近年来口腔无痛治疗方面发展很快，特别是现代麻醉技术和全新的镇痛理论使口腔无痛治疗理念得以实现，绝大多数拔除智齿的牙科手术和儿童口腔病的治疗都是在镇静催眠、笑气镇痛下完成的。有报道表明，在美国有 76.5% 的口腔医院都配套有口腔笑气镇痛系统，超过 50% 的全科牙医和接近 90% 的儿童牙医都为患者使用笑气来减轻治疗过程的焦虑和疼痛。2006 年以来国内一些口腔科和诊所相继开展了笑气-氧气吸入镇痛技术。中华口腔医学会于 2010 年 10 月制定出我国第一部口腔临床应用笑气-氧气吸入镇静、镇痛技术的指南和规范。

在内窥镜检查中，应用笑气的主要有胃镜、肠镜、ERCP、超声内镜、支气管镜等检查。

随着围产医学的发展和人们生活水平的提高，对分娩的要求已不仅仅只限于母婴安全，而是进一步希望无痛、轻松地度过分娩历程，因此，分娩笑气镇痛已成为产科的一个热点课题。

用于人工流产手术是笑气较重要的医疗应用之一。统计表明，我国每年有几千万人次人工流产，近年来，临床上采用了一系列麻醉方法实施无痛流产，由于无痛人工流产的特点，以全麻方式提供人工流产镇痛要求选用起效快、苏醒快、镇痛效果好、醒后无不良后遗作用的麻醉药物，笑气吸入镇痛的应用越来越普遍。笑气吸入麻醉应用于人工流产手术中，其安全性高，操作简便，无需专业麻醉师在术中进行监护，镇痛的效果快且确切，同时副作用极少，满足人工流产手术的需要，具有临床应用以及推广的价值。

1.4.2　氧化亚氮在化工中的应用

氧化亚氮作为化工原料，在烯烃氧化生产环氧化物、醇、酮、醛类物质方面有着特殊的应用价值。利用氧化亚氮的氧化性，在一定条件下，N_2O 对一些具有双键有机物表现出独特的反应性。

一些研究者对利用 N_2O 氧化丙烯制备环氧丙烷（PO）方面进行研究。例如，Pérez-Ramiríez 等[25] 在研究中发现，N_2O 在 Fe-ZSM-5 催化剂存在的体系中，对丙烷选择氧化或氧化脱氢反应表现出了较好的催化性能。厦门大学汪晓星等[26~28] 对以 N_2O 为氧化剂、Fe 为催化活性中心的丙烯环氧化反应催化体系进行了比较系统的研究。一些国外学者也对氧化亚氮氧化丙烯制备环氧丙烯进行诸多研究。这类反应所采用的催化剂通常为铁基、铜基、钒基[29] 等负载型氧化物催化剂。

氧化亚氮比较容易氧化环烯烃中的双键，从而得到环酮类有机化合物。Starokon 等[30-32] 研究了用一氧化二氮在非催化条件下在气相或液相中将环己烯氧化为环己酮，Starokon 等还研究了用一氧化二氮在非催化条件下，将环戊烯在气相中氧化为环戊酮。Starokon 等还报道了一氧化二氮液相氧化直链烯烃为羰基化合物以及反应机理的研究工作，使用一氧化二氮将烯烃合成羰基化合物多见于各种国际专利申请中。

有专利报道了[33~35] 制备具有 7~16 个碳原子的环酮的方法，该法采用一氧化二氮氧化具有 7~16 个碳原子和至少一个 C=C 双键的环烯烃，得到环酮化合物。类似的报道很多，甚至可以制备多至 20 个碳原子的环酮，以环十二酮制备为例，环十二酮是制备例如月桂内酰胺、十四烷双酸和由其衍生的聚酰胺（例如尼龙 12 或尼龙 6）的重要中间体。国际专利报道了一种制备环十二酮的方法[36]，其中用一氧化二氮在 250℃、2.5MPa（25atm）的条件下直接氧化环十二烯即可得到环十二酮。也有专利报道通过 N₂O 氧化 1,5,9-环十二碳三烯（CDT）形成环十二碳-4,8-二烯酮，然后再氢化环十二碳-4,8-二烯酮得到环十二酮的方法。

利用氧化亚氮的氧化性氧化苯可以生产苯酚等产品。在 20 世纪 20 年代以前，苯酚的合成通常采用间接的制备方法，然而这些合成方法大都存在着反应步骤多、工艺过程复杂、生产流程长、总转化率低、生产成本高、设备腐蚀严重等问题，由此将苯直接氧化制苯酚引起了人们的广泛关注。自 20 世纪 80 年代具有高选择性的 Ti-Si 氧化催化剂问世以来，用 Ti-Si Pentasil 型杂原子分子筛进行苯一步氧化制苯酚的研究一直持续不断。目前的研究表明，Fe-ZSM-5/N₂O 体系催化氧化苯制苯酚最具实际应用前景：首先，这一催化体系的特殊之处在于氧化亚氮是十分有效的载氧试剂，它可以在沸石分子筛上分解获得具有催化活性的 α-氧；其次，在该体系中形成特殊结构的铁氧化物作为催化活性中心所产生的催化活性是其他过渡金属元素所无法比拟的；最后，氧化亚氮在沸石分子筛上分解所产生的氮气是无污染的，即氧化亚氮是一种环境友好试剂。因此 Fe-ZSM-5/N₂O 体系催化氧化苯制苯酚已成为目前的研究重点。但是 N₂O 一步法氧化苯制苯酚实现工业化还有很长的路要走，核心技术需要催化剂的突破。

N₂O 作为氧化剂可以氧化丙烷脱氢制丙烯。丙烷氧化脱氢制丙烯通常采用氧气作为氧化剂，但一些研究者开始使用 N₂O 作为氧化剂，N₂O 相对于 O₂ 作为氧化剂更为温和和高效。有人考察了相同反应条件下 N₂O 和 O₂ 分别作为氧化剂对丙烷氧化制丙烯的反应活性的影响，结果表明，在使用相同的催化剂经水热处理后得到的 Fe-ZSM-5 上，其他条件相同的情况下，以 O₂ 作为氧化剂，丙烷的转化率仅为 1.6%，选择性为 59.4%；而以 N₂O 作为氧化剂，丙烷的转化率为 10.2%，丙烯的选择性高达 83.1%，并且以 N₂O 为氧化剂时，在 Fe-ZSM-5 上在相对较低的温度（643～773K）下得到的反应活性，与以 O₂ 为氧化剂在钒基等催化剂上（823～923K）曾报道的最好的反应活性相当。

氧化亚氮可以作为溶剂，应用于超临界萃取。超临界萃取在化工、食品、香料、天然产物提取等领域有着广泛的应用，尽管目前应用最广泛的超临界萃取溶剂是 CO₂，但由于氧化亚氮具有和 CO₂ 相似的性能，萃取温度范围在 36～150℃，极性中等，作为溶剂适用于超临界萃取。几种常见超临界流体性质对比见表 1-2。

早在 Brunner 等 1988 年申请的专利中，就报道过使用超临界流体 N₂O 萃取茶叶中的咖啡因。1996 年，Vandana 等[37,38] 采用 N_2O 和 N_2O＋乙醇混合溶剂作萃取剂超临界萃取短叶红豆杉树皮中的紫杉醇，在 320～331K、压强为 10.3～38.10MPa 条件下，研究发现，N_2O＋乙醇混合溶剂能将大部分的紫杉醇从短叶红豆杉树皮中萃取出来，其效果要比采用 CO_2＋乙醇溶剂更好。

◆ 表1-2 几种常见超临界流体性质

气体名称	沸点/℃	临界压力/MPa	临界温度/℃	临界密度/(kg/m³)
二氧化碳	-78.0	7.30	31.04	468
氧化亚氮	-89.5	7.24	36.5	452
乙烯	-103.7	5.00	9.50	200
三氯甲烷	-83.2	4.60	29.5	516
六氟化碳	-63.8	3.77	45.56	730
氮	-195.8	3.28	-147.0	310
氩	-185.7	4.70	-122.3	434

超临界萃取技术在生物活性化合物萃取方面具有独特的优势，这是由于较低的操作温度保证了生物活性物质结构不被破坏。N_2O 也是天然产物超临界萃取的重要溶剂之一。

1.4.3 氧化亚氮在食品工业中的应用

在食品工业中，由于 N_2O 无毒无害无污染，所以是优良的食品防腐剂。溶解有微量氧化亚氮的牛奶不用冷藏手段便可长时间保鲜，保持优良品质。中科院西南生物研究所的实验表明，在氧化亚氮氛围中保鲜 70 天的成熟香蕉，不仅质量和口感未变，甚至外观颜色无一点变化，毫无腐败的迹象。有研究报道经 N_2O 处理可以延长顽拗型种子——荔枝和龙眼种子的储藏寿命，还可抑制番茄果实乙烯产生，减少一些跃变和非跃变型果实腐烂发生，提高香蕉的保鲜效果，降低香蕉冠腐病的发生率。氧化亚氮易溶于水而不损坏食品的味道，由于对食品无害，故欧美广泛应用于食品工业，用作保存食品密封包装气体，可使食物长期保持原有风味不变质，提高了食品保存效果。在农业上，氧化亚氮还是一种烟雾杀虫剂，用于杀虫灭菌。

氧化亚氮可以用作发泡剂。制作蛋糕时利用氧化亚氮打奶油花，省力省工时，被广泛应用于咖啡店、蛋糕店、家庭等需要制作发泡奶油的地方。2015 年，国家卫生和计划生育委员会（现国家卫生健康委员会）批准了氧化亚氮作为食品添加剂扩大使用范围、用量。氧化亚氮是一种助推剂，适用范围限定在"稀奶油

（淡奶油）及其类似品的加工工艺"。正常情况下，蛋糕店或者咖啡店工作人员需要先买一把奶泡枪，再买一些氧化亚氮弹；使用时，先将牛奶装入奶泡枪，再将氧化亚氮弹中的氧化亚氮充入奶泡枪中，奶泡枪挤出来的就会是蓬松的奶泡了。

我国在 2020 年前没有专门的食品级氧化亚氮产品的国家标准，国内主要执行国标《氧化亚氮》（GB/T 28729—2012）[39]。2021 年 9 月 7 日国标 GB 1886.350—2021，发布了《食品安全国家标准 食品添加剂 氧化亚氮》国家标准，标准于 2022 年 3 月 7 日已正式实施。该标准适用于硝酸铵分解工艺制取的食品添加剂氧化亚氮。

1.4.4 氧化亚氮在制冷、助燃等行业的应用

从制冷性能来说，氧化亚氮是一种优良的低温制冷剂[40-42]，可以代替氟利昂。对于低温制冷循环，常用二氧化碳作制冷剂，但是它通常制冷温度仅能达到 $-53℃$，因为它的三相点是 $-56.6℃$，低于 $-53℃$ 以后 CO_2 也就不起作用了。而 N_2O 的三相点为 $-90℃$，其沸点为 $-88.7℃$，所以，在用二氧化碳作制冷剂无法达到的低温可以采用氧化亚氮作为制冷剂。而氧化亚氮的临界温度和临界压强都与二氧化碳类似，在临界点以上压强与温度的关系二者是相近的。

N_2O 还有一个优点是其全球变暖潜值（GWP）为 240，相比于常用的氟代烷烃 R23（GWP 为 11700）要温和得多，所以一些学者对采用 N_2O 作为低温段制冷剂的制冷循环进行大量的研究，并且把它归为对环境和人身安全的低温室效应的天然绿色制冷剂。

但是按现在的标准，一是氧化亚氮并不是直接来源于自然界，二是它的温室效应要远高于二氧化碳，同时它也是大气臭氧层的破坏物质，因此，N_2O 冠以天然绿色制冷剂的名声还值得商榷。

利用氧化亚氮作助燃剂，可以大大提高乙炔火焰原子化的温度，火焰温度可达到 2900℃，使许多难熔金属化合物都达到原子化分解温度，因此除元素周期表的钍和铈族元素外，几乎所有的金属元素都可以用原子吸收光谱法进行测定，大大地提高了原子吸收光谱的应用范围[43]。

氧化亚氮渗透性很强，可以取代氦气用于设备、管道等的真空检漏[44]。例如，将氧化亚氮充填于埋设的管道，用红外分析仪可对管道连续进行漏泄检查。Millar 等报道，由于氧化亚氮在红外光谱范围有强的吸收峰，而且其分子大小与空气类似，所以 N_2O 在微机电系统元件的傅里叶红外光谱（FTIR）高精度检漏方法中用作检漏剂。氧化亚氮还可以作为原子吸收光谱的氧化气体应用于火焰原子分析法，满足生产和科研的需求。

1.4.5 氧化亚氮在航空航天领域的应用

由于氧化亚氮既不会燃烧也无毒，是一种助燃剂，在航天技术方面，N_2O 推进剂最初被用作双组元推进剂，随着研究的深入，越来越多地被用作单组元推进剂。20 世纪 90 年代以后，随着固液混合火箭发动机兴起，又成为固液推进剂的一种好的选择。N_2O 作为推进剂的发动机，推力从毫牛级到牛顿级以至千牛级。因为氧化亚氮的分解产物是氧气和氮气，将氧气收集起来，可以供航天员使用，因此，氧化亚氮还可以作为飞船的氧源；同时，液态氧化亚氮转变为气态时会吸收大量热量，也可以作为飞船的冷源。

1.4.5.1 氧化亚氮用作双组元推进剂[45]

N_2O 作为双组元推进剂在国际上早已有应用，但因自燃问题未解决，只得采用催化点火或火箭起动器点火，它不适用于脉冲方式工作的姿控发动机。

苏联在 1960 年就曾经采用 $N_2O/$胺作为东方号载人飞船双组元推进剂。当时主发动机的推力为 15.83kN，比冲达到 266s，飞船的速度增量为 155～215m/s。

英国 1999 年 4 月 21 日发射了 UoSAT-12 小卫星，卫星上采用小能量电阻加热（100W）和液体推进剂（N_2O 和 H_2O）相结合的推进系统。此推进系统经历了四个发展阶段，内容如表 1-3 所示。

◆ 表 1-3　推进系统的四个发展阶段比较

推进器阶段	Ⅰ 级别	Ⅱ 级别	Ⅲ 级别	Ⅳ 级别
时期	1996 年 5 月～ 1996 年 11 月	1997 年 4 月～ 1997 年 12 月	1997 年 12 月～ 1998 年 1 月	1998 年 1 月～ 2000 年
初始需要 电能/W	500～600	10～280	0～600	0～100
推进剂	N_2O	$N_2O/N_2/H_2O/$ IPA/He	$N_2O/N_2/H_2O/$ 甲醇/He	N_2O/H_2O
测试时间/h	30	150	450	422（地面）， 5min 飞行
条件	海平面	海平面/真空	真空	海平面，高空 650km

日本对 N_2O 作为双组元推进剂的研究主要集中在 $N_2O/$乙醇双组元液体推进剂，其九州技术研究院还研究了利用电弧释放辅助 $N_2O/$乙醇双组元液体推进剂燃烧的方法，对常压下的推力室进行了设计和测试，研究的 $N_2O/$乙醇混合比范围在 0.86～5.8 之间。

基于 N_2O 的双组元推进剂已经和液氢/液氧一起作为绿色推进剂的代表，从目前发表的文献来看，N_2O/丙烷或丙烯组合最多，典型的推进器系统如图 1-4 所示。

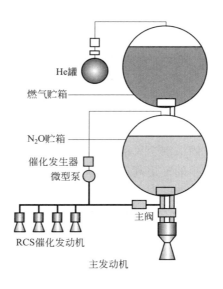

图 1-4　基于 N_2O 推进剂的推进系统简图

1.4.5.2　氧化亚氮用作单组元推进剂

英国 Surrey 大学成功进行了上百次 N_2O 自维持分解试验，证明了 N_2O 单组元推进概念的可行性。英国在发射了 UoSAT-12 小卫星后，Surrey 大学设计了图 1-5 的装置来进行 N_2O 用作单组元推进剂的催化研究[45]。N_2O 的电热催化分解反应的基本原理见式（1-23）：

$$N_2O(气) \longrightarrow N_2(气) + \frac{1}{2}O_2(气) + 热量 \tag{1-23}$$

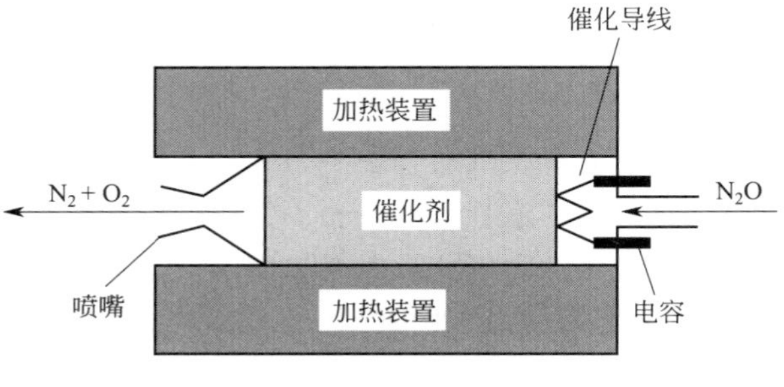

催化导线

加热装置

$N_2 + O_2$　催化剂　N_2O

喷嘴　加热装置　电容

图 1-5　N_2O 单组元推力室简图

使用 N_2O 催化分解不仅可以降低反应温度，还可以避免在加热作用下 N_2O 分解产生 N_2 和 NO，此反应是吸热反应，从而提高产生 N_2 和 O_2 的效率。

北京航空航天大学韩乐等[46] 提出了 N_2O 单组元微推力器冲量测量方案。通过多次试验结果拟合稳态推力与压力之间的关系，再采用动态压力计算动态推力和冲量。对催化床尺寸为 $8mm×35mm$ 和 $10mm×25mm$ 两个微推力器进行了高空模拟试验研究，考察了流量对微推力器比冲的影响，得到了不同流量条件下稳态推力和压力之间的关系。试验方案与分析结果为微推力器精确冲量控制提供了参考。

1.4.5.3　氧化亚氮用作固液混合推进剂

自 20 世纪 90 年代，固液混合火箭发动机被再度重视起来之后，固液混合火箭发动机发展迅速，所采用的推进剂组合类型很多。液体氧化剂主要有液氧、四氧化二氮、N_2O、液氟、过氧化氢和硝酸等。固体燃料主要有聚乙烯、端羟基聚丁二烯（HTPB）、聚甲基丙烯酸甲酯（PMMA）、氢化锂和聚合物与金属氢化物的混合物等。

混合火箭发动机相对于固体发动机的优点之一在于，工作过程中容易通过调节氧化剂流量的方法控制燃料燃烧过程，实现变推力以对飞行器进行灵活控制；还可以通过发动机的启关控制实现在空间中的快速反应和长期工作，为天基侦察、监视及预警提供一种高效、可靠的手段，为亚轨道飞行器提供高度的机动性和可靠性。

2004 年，美国以 N_2O/HTPB 推进的"太空船一号"载人飞船飞上 100km 高空并成功返回[47]，成为第一家非政府机构发射的达到 100km 太空并在两周内重复演示的私人飞船。2007 年，在美国莫哈韦航空航天机场太空船 2 号发射准备阶段，工作人员向火箭零部件中注入 N_2O，测试火箭发动机过程中，发生爆炸事故，2 人死亡，4 人重伤。初步调查结果表明，此次事故与 N_2O 泄漏有关。2010 年 3 月，"太空船二号"首飞成功。与此同时，美国马歇尔空间飞行中心进行了 N_2O/石蜡固液混合火箭发动机的研究。此研究起初用于水下的飞行器上，也可以用于小型陆基火箭助推系统。与 N_2O/HTPB 固液混合火箭发动机相比，纯石蜡燃烧时性能更加稳定。

"追梦者"号太空船是类似飞机的一种小型飞行器，是 NASA 设计的一代可重复利用的有人驾驶太空船，"追梦者"飞船不使用低温液氢或含氧燃料，相反，它将使用燃烧液态 N_2O 氧化剂和固体橡胶燃料固液混合火箭。"追梦者"飞船将被绑在发射台上的其中一个大型火箭助推器上。发射台共有三颗这样的火箭助推器。点火后，两颗火箭助推器首先点火，脱离，飞船最后与第三颗火箭助推器分离。在随即点燃的另外两个小型火箭的助推下，飞船最终进入轨道。

1.4.6 氧化亚氮在汽车加速系统的应用

Nitrous Oxide Systems（简称 NOS），常被译作氮气加速系统，是由美国 HOLLEY 公司开发生产的产品。在目前世界直线加速赛中，为了在瞬间提高发动机功率，利用的液态氮氧化物系统正是 NOS，NOS 是以氧化亚氮灌入引擎后提升爆发力的，第二次世界大战期间德国空军使用的就是 NOS，战争结束后才逐渐被用于民用汽车的改装上。

NOS 的工作原理是将 N_2O 形成高压的液态后装入钢瓶中，然后在发动机内与空气一道充当助燃剂与燃料混合燃烧（N_2O 可放出氧气和氮气，其中氧气就是关键的助燃气体，而氮气又可协助降温），以此增加燃料燃烧的完整度，提升动力。

由于 NOS 提供了额外的助燃氧气，所以安装 NOS 后还要相应增加喷油量与之配合。正所谓"要想马儿跑得快，就要马儿多吃草"，燃料就是发动机的草，这样发动机的动力才得到进一步的提升。

NOS 与涡轮增压和机械增压一样，都是为了增加混合气中的氧气含量，提升燃烧效率，从而增加功率输出，不同的是 NOS 是直接利用氧化物，而增压则是通过外力增加空气密度来达到目的的。也许有人会问为什么不直接使用氧气而用 N_2O 呢，那是因为用氧气难以控制发动机的稳定性（高温和爆发力）。

1.4.7 氧化亚氮在电子和光伏行业的应用

氧化亚氮在集成电路器件、IC 卡、LED、LCD、微电子、光伏等行业中有着广泛的用途。电子工业中，N_2O 主要用于二氧化硅的化学气相淀积等离子工艺。化学气相沉积（CVD）是通过气体混合的化学反应，在硅片表面沉积一层固体膜的工艺。硅片表面及其邻近的区域通过加热来向反应系统提供所需的能量，沉积膜中所有的物质都源于外部气源，反应产物原子或分子会沉积在硅片表面形成薄膜。化学气相沉积通常包括气体传输至沉积区域、膜前驱物的形成、膜前驱物附着在硅片表面、膜前驱物黏附、膜前驱物扩散、表面反应、副产物从表面移除、副产物从反应腔移除等主要步骤。晶圆加工工艺中生长二氧化硅（SiO_2）绝缘膜涉及 N_2O 的化学反应见式（1-24）：

$$SiH_4 + 2N_2O \longrightarrow SiO_2 + 2N_2 + 2H_2 \tag{1-24}$$

用于电子工业的电子化学品（气体也称为特种电子气体）的突出特点是需要极高的纯度，所以普通的化学品需要通过许多道复杂的工艺进行提纯才能满足电子产品加工制造的要求。比如，德国梅塞尔集团在江苏苏州投资建设的 600t/a 特气工厂生产的氧化亚氮纯度达到了 99.9995% 的电子级。

氧化亚氮还可以代替氨生产氮化硅，具有安全、节能、生产成本低等优点。在平板显示领域，目前 TFT-LED（薄膜晶体管）占据主流显示器市场 90% 以上的份额，但苹果和三星公司采用 OLED（有机发光二极管）生产出的显示屏已应用到高端产品中，未来会有更大的发展前景。氧化亚氮在这两种显示器的制作过程中起到了至关重要的作用。显示器平板上形成的绝缘保护膜 SiN_x，以前用氨气和硅烷反应来生成，现在越来越多地用氧化亚氮与氧化硅的反应来实现。

我国对电子工业用氧化亚氮有专门的国家标准[48]，即《电子工业用气体氧化亚氮》（GB/T 14600—2009），其主要的质量技术指标见表 1-4。

◆ 表1-4　电子工业用氧化亚氮质量技术指标

项目		指标	
氧化亚氮(N_2O)纯度(体积分数)/10^{-2}	$\geqslant$	99.9994	99.997
二氧化碳(CO_2)含量(体积分数)/10^{-6}	$\leqslant$	0.5	2
一氧化碳(CO)含量(体积分数)/10^{-6}	$\leqslant$	0.1	1
烃 $C_1 \sim C_5$(以甲烷计)含量(体积分数)/10^{-6}	$\leqslant$	0.1	1
氮(N_2)含量(体积分数)/10^{-6}	$\leqslant$	3	10
氧(O_2)含量(体积分数)/10^{-6}	$\leqslant$	0.5	2
水(H_2O)含量(体积分数)/10^{-6}	$\leqslant$	1.0	3
氨(NH_3)含量(体积分数)/10^{-6}	$\leqslant$	供需双方商定	5
一氧化氮(NO)含量(体积分数)/10^{-6}	$\leqslant$	供需双方商定	1
二氧化氮(NO_2)含量(体积分数)/10^{-6}	$\leqslant$	供需双方商定	1
杂质总含量(体积分数)/10^{-6}	$\leqslant$	5.5	26

1.4.7.1　SiO_2 薄膜

SiO_2 薄膜因其优越的电绝缘性和工艺的可行性而被广泛采用。在半导体器件中，利用 SiO_2 禁带宽度可变的特性，可将其作为非晶硅太阳电池的薄膜光吸收层，以提高光吸收效率；还可作为金属-氮化物-氧化物-半导体（MNSO）存储器件中的电荷存储层、集成电路中 CMOS 器件和 SiGe MOS 器件以及薄膜晶体管（TFT）中的栅介质层等[49,50]。

在等离子体加强化学沉积（PECVD）制备 SiO_2 薄膜的过程中，采用硅烷（SiH_4）和 N_2O 的最初反应物是（SiH_3）$_2$O，该反应物被吸附在衬底表面，与氧原子反应生成接近化学计量比的二氧化硅（SiO_2）。首先 N_2O 在等离子体中被分解，产生氧原子或氧自由基，被激活的氧自由基或者与 SiH_4 反应生成（SiH_3）$_2$O，或者参与表面形成氧化物。反应过程见式(1-25)～式(1-28)：

$$N_2O + X^* \longrightarrow NO + N^* \tag{1-25}$$

$$NO + X^* \longrightarrow O^* + N^* \tag{1-26}$$

$$2SiH_4 + O^* \longrightarrow (SiH_3)_2O + H_2 \tag{1-27}$$

$$(SiH_3)_2O + 2O^* \longrightarrow SiO_2 + 2H_2 + H_2O \qquad (1\text{-}28)$$

其中，X^* 表示等离子体中的自由基或电子。

在 IC（半导体）和 LED（发光二极管）芯片的制作过程中，氧化亚氮作为其中的一种特气，经化学反应生成的 SiO_2 膜被沉淀到硅衬底上，作为缓冲层阻止有害杂质的进入。N_2O 纯度直接影响 SiO_2 膜纯度，并最终影响电子器件性能的好坏。因目前半导体芯片在外延工艺化学气相沉积工艺过程中用到大量电子气体，因此这一领域对高纯 N_2O 的需求在近几年将呈现持续增长的趋势，而且随着晶圆尺寸的升级换代，对高纯 N_2O 产品质量的要求也越来越高。

在太阳能光伏产业中，目前应用最广的是晶硅太阳能电池，在晶体硅电池片生产的扩散工艺和刻蚀工艺中用到电子特气，目前 N_2O 在这个领域中用量不大。在现代多晶硅太阳能电池中，运用 PECVD 方法沉积 SiO_2 薄膜，因其极好的光学特性和化学性能被用来作为太阳能电池的减反射膜。因此，近年来采用 PECVD 技术制作 SiO_2 作为太阳能电池的光学减反射膜已经成为光伏（学）界研究的热点[51,52]。

1. 4. 7. 2 氮氧化硅薄膜

氮氧化硅材料具有抗热震、耐腐蚀、抗蠕变、抗氧化、高致密度、低密度、低膨胀和高温强度高以及耐空间原子氧等特性，兼有氮化硅和二氧化硅的优良性质，很有潜力替代二氧化硅薄膜材料在微电子和光学等方面得到应用。目前氮氧化硅薄膜主要的制备方法包括化学气相沉积法（CVD）、溅射、高温氮化/氧化法以及离子植入法等。在化学气相沉积法制备氮氧化硅薄膜时，N_2O 可作为合成原料，与 SiH_4 发生反应，合成氮氧化硅薄膜[53]。

超大规模集成电路（ULSI）的发展迫切地需要超薄介电栅介质材料，含硅介电材料一直是半导体集成电路中不可或缺的部分，氮氧化硅薄膜的介电常数可以在 SiO_2 与 Si_3N_4 之间变化，并且它还对氧、钠、硼等杂原子的扩散有很好的抑制作用，所以其取代 SiO_2 薄膜材料应用于半导体电路的潜力很大。氮氧化硅薄膜应用于介电栅介质材料已有很多专利报道。美国专利[54] 将制备的介电常数为 6 的氮氧化硅薄膜应用于介电栅，其有效迁移率为 $280\sim300cm^2/(V\cdot s)$。

氮氧化硅薄膜在室温、可见光范围内具有光致发光的性质[55,56]，可用于光致发光材料。此外，非易失性半导体内存（NVSM, non-volatile semiconducting memory）是指在断电后仍可保留存储内容的技术，可以应用到空间和军事领域。用作 NVSM 的传统材料为氮化硅薄膜，而氮氧化硅薄膜比氮化硅薄膜的缺陷密度小，用作储存介质更具优势。

随着全球集成电路工艺化学品市场的高速发展，目前集成电路水平已经由微米级（$1.0\mu m$）、亚微米级（$1.0\sim0.35\mu m$）、深亚微米级（$0.35\mu m$ 以下）进入到纳米级（90～22nm）阶段，未来全球市场对电子化学品需求量不断增长，高纯氧化亚氮气体的发展空间会越来越大，预计未来几年全球电子化学品需求量将以 6％～7％的速度增长。作为全球最大的电子制造业基地，我国集成电路电子市场潜力巨大。随着我国超大规模集成电路、平板显示器、光伏发电等产业的迅速发展，电子气体市场需求量明显增长，高纯氧化亚氮气体的国产化已是大势所趋。

参考文献

[1]　IPCC. Climate change 2007: Mitigation of climate change. Contribution of working group Ⅲ to the fourth assessment report of the intergovernmental panel on climate change[M]. Cambridge: Cambridge University Press, 2007: 23-24, 63-67.

[2]　IPCC. Special Report on Emissions Scenarios. Working group Ⅲ: Intergovernmental panel on climate change[M]. Cambridge: Cambridge University Press, 2000: 3-4.

[3]　Crutzen P J. The influence of nitrogen oxides on the atmospheric ozone content（NO and nitrogen dioxide influence on ozone concentration and production rate in stratosphere）[J]. Quarterly Journal of the Royal Meteorological Society, 1970, 96: 320-325.

[4]　IPCC. Climate change 2013: The physical science basis. Contribution of working group Ⅰ to the fifth assessment report of the intergovernmental panel on climate change[M]. Cambridge: Cambridge University Press, 2013: 159-254, 473-552, 677-731.

[5]　黄耀. 中国的温室气体排放、减排措施与对策[J]. 第四纪研究, 2006, 26（5）: 722-732.

[6]　IPCC. Climate change 2007: Impacts, adaptation and vulnerability[M]. Cambridge: Cambridge University Press, 2007: 7-22.

[7]　Seitzinger S P, Kroeze C, Styles R V. Global distribution of N_2O emissions from aquatic systems: natural emissions and anthropogenic effects[J]. Chemosphere-Global Change Science, 2000, 2: 267-279.

[8]　Hu H W, Chen D, He J Z. Microbial regulation of terrestrial nitrous oxide formation: understanding the biological pathways for prediction of emission rates[J]. FEMS Microbiology Reviews, 2015, 39（5）: 729-749.

[9]　刘巧辉. 基于 IPCC 排放因子方法学的中国稻田和菜地氧化亚氮直接排放量估算[D]. 南京: 南京农业大学, 2017.

[10]　Parton W J, Mosier A R, Ojima D S, et al. Generalized model for N_2 and N_2O production from nitrification and denitrification[J]. Global Biogeochemical Cycles, 1996, 10（3）: 401-412.

[11]　Baggs E M. A review of stable isotope techniques for N_2O source partitioning in soils: recent progress, remaining challenges and future considerations[J]. Rapid Communications in Mass Spectrometry, 2008, 22（11）: 1664-1672.

[12]　秦小光, 蔡炳贵, 吴金水, 等. 土壤温室气体昼夜变化及其环境影响因素研究[J]. 第四纪研究, 2005, 25（3）: 376-388.

[13]　Walter S, Breitenbach U, Bange H W, et al. Distribution of N_2O in the Baltic Sea during transition from anoxic to oxic conditions[J]. Biogeosciences, 2006, 3: 557-570.

[14]　曲亚辉. 硝酸工业尾气中 N_2O 催化分解研究[D]. 北京: 北京化工大学, 2018.

[15]　张友森. 我国硝酸的排放标准及收费政策[J]. 氮肥技术, 2018, 39（3）: 36-39.

[16]　硝酸工业污染物排放标准: GB 26131—2010[S].

[17]　张元礼. 己二酸生产中 N_2O 废气的综合治理[J]. 石油化工, 2005, 34（增刊）: 707-708.

[18] 陈银生，周亚明，王霞．己二酸的各种生产工艺及污染物处理[J]．皮革化工，2005，22（3）：30-34.

[19] 闫虹，张运虎，佟恒军，等．己二酸装置尾气回收 N_2O 方案[J]．石油石化节能，2018，8（1）：41-43.

[20] 于泳，王亚涛．己二酸尾气 N_2O 处理技术进展[J]．工业催化，2016，4（7）：17-20.

[21] 钟厚璋．典型己内酰胺生产项目污染防治要点分析[J]．化学工程与装备，2019（3）：252-254.

[22] 张楚莹，王书肖，邢佳，等．中国能源相关的氮氧化物排放现状与发展趋势分析[J]．环境科学学报，2008，28（12）：2470-2478.

[23] 李永胜．流化床中生物质气燃烧对一氧化二氮排放的影响研究[D]．北京：华北电力大学，2009.

[24] Saikaew T, Supudommak P, Mekasut L, et al. Emission of NO_x and N_2O from co-combustion of coal and biomasses in CFB combustor[J]. International Journal of Greenhouse Gas Control, 2012, 10: 26-32.

[25] Pérez-Ramírez J, Kondratenko E V. Steam-activated FeMFI zeolites as highly efficient catalysts for propane and N_2O valorisation via oxidative conversions[J]. Chem Commun, 2003（17）: 2152-2153.

[26] Wang X, Zhang Q, Guo Q, et al. Iron-catalysed propylene epoxidation by nitrous oxide: dramatic shift of allylic oxidation to epoxidation by the modification with alkali metal salts[J]. Chemical Communications, 2004（12）: 1396.

[27] Wang Y, Yang W, Yang L, et al. Iron-containing heterogeneous catalysts for partial oxidation of methane and epoxidation of propylene[J]. Catalysis Today, 2006, 117（1/2/3）: 156-162.

[28] 郭倩，汪晓星，张庆红，等．K^+-FeO_x/SBA-15 催化剂中共存阴离子对其丙烯环氧化性能的影响[J]．厦门大学学报（自然科学版），2005，44（5）：593-595.

[29] Held A, Kowalska-Ku J, Łapiński A, et al. Vanadium species supported on inorganic oxides as catalysts for propene epoxidation in the presence of N_2O as an oxidant[J]. Journal of Catalysis, 2013, 306: 1-10.

[30] Starokon E V, Dubkov K A, Parmon V N, et al. Cyclohexanone preparation via the gas phase carboxidation of cyclohexene by nitrous oxide[J]. React Kinet Catal Lett, 2005, 84（2）: 383-388.

[31] Starokon E V, Shubnikov K S, Dubkov K A, et al. High-temperature carboxidation of cyclopentene with nitrous oxide[J]. Kinetic and Catalysis, 2007, 48（3）: 376-380.

[32] Starokon E V. Liquid phase oxidation of alkenes with nitrous oxide to carbonyl compounds[J]. Adv Synth Catal, 2004, 346: 268-274.

[33] 特莱斯 J H，勒斯勒尔 B，平科斯 R，等．制备环酮的方法：CN200780023958. 0[P]. 2009-07-08.

[34] 特莱斯 J H，吕佩尔 W，魏格尔 U，等．制备环酮的方法：CN200980133363. X[P]. 2011-07-27.

[35] 居特勒 C，柯什霍夫 J，施瓦茨 I. 制备环酮的方法：CN200510108864. 6[P]. 2006-04-26.

[36] Joaquim T, Beatrice R, Rolf P, et al. Method for producting cyclododecanone: EP1663932B1[P]. 2008-03-19.

[37] Vandana V, Teja A S, Zalkow L H. Supercritical extraction and HPLC analysis of taxol from taxus brevifolia using nitrous oxide and nitrous oxide + ethanol mixtures[J]. Fluid Phase Equilibria, 1996, 116: 162-169.

[38] Herrero M, Cifuentes A, Ibanez E. Sub- and supercritical fluid extraction of functional ingredients from different natural sources: plants, food-by-products, algae and microalgae: A review[J]. Food Chem, 2006, 98: 136-148.

[39] 氧化亚氮：GB/T 28729—2012 [S].

[40] Megdouli K, Ejemni N, Nahdi E, et al. Thermodynamic analysis of a novel ejector expansion transcritical CO_2/N_2O cascade refrigeration（NEETCR）system for cooling applications at low temperatures[J]. Energy, 2017, 128: 586-600.

[41] Sarkar J, Bhattachary S. Thermodynamic analyses and optimization of a transcritical N_2O refrigeration cycle[J]. International Journal of Refrigeration, 2010, 33: 33-40.

[42] Kruse H, Russmann H. The natural fluid nitrous oxide—an option as substitute for low temperature synthetic refrigerants[J]. International Journal of Refrigeration, 2006, 29: 799-806.

[43] 吴洪池．氧化亚氮—乙炔火焰原子吸收光谱分析的特点与应用[J]．光学仪器，1999，21（1）：9-13.

[44] Millar S, Desmulliez M P Y, McCracken S. Leak detection methods for glass capped and polymer sealed MEMS packaging[J]. Microsyst Technol, 2011, 17（4）: 677-684.

[45] 刘肖，姜小存，唐涛，等．国外一氧化二氮推进剂的应用研究[J]. 飞航导弹，2013，43（6）：74-78.

[46] 韩乐，李茂，方杰，等．N_2O 单组元微推力器真空试验设计与分析[J]. 航空动力学报，2011，26（10）：2358-2363.

[47] 中国科学院科普文章．一氧化二氮的故事[OL]. 中国科学院，2012-11-5.

[48] 电子工业用气体　氧化亚氮：GB/T 14600—2009.

[49] 李竞春，杨沛峰，杨谟华，等．SiGe MOS 器件 SiO_2 栅介质低温制备技术研究[J]. 微电子学，2001，31（3）：192-194.

[50] 陈心园，黄建，邓伟，等．模拟分析 SiH_4 和 N_2O 产生等离子体加强化学沉积制备 SiO_2 薄膜[J]. 贵州师范学院学报，2014，30（9）：75-79.

[51] Martirosyan K S, Hovhannisyan A S. Calculation of reflectance of porous silicon double-layer antireflection coating for silicon solar cells[J]. Physica Status Solidi, 2007, 4（6）: 2103.

[52] Gharghi M, Sivoththaman S. Graded silicon based PECVD thin film for photovoltaic applications [J]. Proceedings of SPIE, 2007, 66740A: 1-10.

[53] 张宗波，罗永明，徐彩虹．氮氧化硅薄膜的研究进展[J]. 材料导报，2009，23（21）：110-114.

[54] Khare M, D'Emic C, Hwang T, et al. Nitrided ultrathin gate dielectrics: US20050087822 A1, US7109559 B2[P]. 2006-09-19.

[55] Modreanu M, Gartner M, Tomozeiu N, et al. Investigation on optical and microstructural properties of photoluminescent LPCVD SiO_xN_y thin films[J]. Opt Mater, 2001, 17（1/2）: 145148.

[56] Benjamin M G, et al. Template infiltration routes to ordered macroporous TiN and SiN_x films[J]. Chem Mater, 2009, 21（18）: 4210-4215.

氧化亚氮减排原理
与应用

第2章

氧化亚氮的性质、安全及减排途径

氧化亚氮 (nitrous oxide) 又名一氧化二氮，俗称笑气，分子式为 N_2O，它是一种无色透明气体，有微弱的甜味，最早被用于牙科麻醉手术。目前广泛用于化工、制冷、半导体制造、医疗、食品防腐等方面。作为一种氧化剂，N_2O 在一定条件下能支持燃烧，被用于氧化剂、助燃剂、火箭助推剂等。同时，氧化亚氮也是一种重要的温室气体，能破坏大气臭氧层，对生态环境有着重要影响。

2.1 氧化亚氮的物理性质

常温下氧化亚氮[1]是一种无色透明气体，略带甜味。常压下，氧化亚氮在 $-88.5℃$ （184.7K）时变为无色液体，在 $-90.8℃$ （182.4K）时变为固态。室温下 （20℃），在约 52atm （1atm＝101325Pa）下氧化亚氮可以被液化。在标准状态 （0℃，101.325kPa）下，氧化亚氮气体的密度[2]为 $1.977kg/m^3$；在 101.325kPa，20℃时，氧化亚氮气体的密度为 $1.843kg/m^3$；在 101.325kPa，$-89℃$ 时，液态氧化亚氮的密度为 $1226kg/m^3$。常压，氧化亚氮在沸点时的汽化热为 353.4kJ/kg （15.55kJ/mol），熔点下的熔化热为 148.3kJ/kg （6.540kJ/mol）。

氧化亚氮的临界温度为 36.5℃，临界压力为 7.24MPa，临界密度为 452 kg/m^3。氧化亚氮气体在 0℃、101.325kPa 时的折射率为 1.0005，介电常数为 1.61，气体膨胀系数为 0.3681。

在 298.15K 下，氧化亚氮的热力学参数为：$\Delta H_f^\ominus = 82.084kJ/mol$，$\Delta G_f^\ominus = 104.172kJ/mol$，$S^\ominus = 219.979J/(mol \cdot K)$，$c_p = 38.838J/(mol \cdot K)$。

氧化亚氮微溶于水，溶于乙醇、乙醚、浓硫酸。在 20℃、101kPa 时，1.5

体积的水能溶解 1 体积的氧化亚氮，相应的溶解度为 0.112g/100mL 水。

作为一种应用比较广泛的化学物质，氧化亚氮的许多物理性质受到研究者的重视，也获得了氧化亚氮许多重要的物性数据[3]。

气相氧化亚氮在 101.325kPa 下的密度、比容和比焓与温度的关系如表 2-1 所示。液态氧化亚氮的密度与温度的关系如表 2-2 所示。

◆ 表 2-1 常压下氧化亚氮的密度、比容和比焓与温度的关系

温度/℃	密度/(kg/m³)	比焓/(kJ/kg)	比容/(m³/kg)	温度/℃	密度/(kg/m³)	比焓/(kJ/kg)	比容/(m³/kg)
0	1.998	446.8	0.5006	130	1.333	566.2	0.7501
10	1.907	455.4	0.5245	140	1.301	576.0	0.7689
20	1.840	464.1	0.5434	150	1.270	585.9	0.7876
30	1.779	473.0	0.5623	160	1.240	595.8	0.8063
40	1.721	481.9	0.5811	170	1.212	605.8	0.8250
50	1.667	490.9	0.5999	180	1.185	615.9	0.8438
60	1.616	500.0	0.6187	190	1.159	626.0	0.8625
70	1.569	509.2	0.6375	200	1.135	636.2	0.8812
80	1.524	518.5	0.6563	210	1.111	646.5	0.8999
90	1.481	527.9	0.6751	220	1.089	656.9	0.9186
100	1.441	537.4	0.6939	230	1.067	667.3	0.9373
110	1.403	546.9	0.7126	240	1.046	677.8	0.9560
120	1.367	556.5	0.7314	250	1.026	688.3	0.9747

◆ 表 2-2 液态氧化亚氮的密度与温度的关系

温度/℃	−100	−80	−60	−40	−20	0	20	30	36
N₂O 密度/(kg/m³)		1.189	1.130	1.065	0.991	0.903	0.783	0.687	0.547

氧化亚氮气体的黏度与温度的关系如表 2-3 所示。液态氧化亚氮的表面张力与温度的关系如表 2-4 所示。常压下氧化亚氮在水中溶解度见表 2-5。

◆ 表 2-3 氧化亚氮气体的黏度与温度的关系

温度/℃	−20	0	20	40	60	80	100	150	200	300	400	临界值
N₂O 黏度/(μPa·s)	12.50	13.70	14.60	15.40	16.43	17.62	18.30	19.89	22.50	26.50	29.82	33.2

◆ 表 2-4　液态氧化亚氮的表面张力与温度的关系

温度/℃	−80	−60	−40	−20	0	20	30
N_2O 表面张力/(mN/m)	21.21	16.85	12.68	8.750	5.124	1.935	0.61

◆ 表 2-5　常压下氧化亚氮在水中的溶解度

温度/℃	溶解度计量	0	5	10	15	20
N_2O 溶解度	α	104.8	87.8	73.8	62.9	54.4
	β			0.171		0.124

　　注：α 为在气体分压为 101.3kPa 时，水中所能溶解的气体体积分数（已折合成标准状态）；β 为在气体总压（气体及水气）为 101.3kPa 时，水中所能溶解的气体质量分数。

　　液态氧化亚氮的饱和蒸气压与温度的关系如表 2-6 所示，氧化亚氮气体在不同压强下对应的饱和温度如表 2-7 所示。

◆ 表 2-6　液态氧化亚氮的饱和蒸气压与温度的关系

温度/℃	−90	−70	−50	−30	−10	10	30
饱和蒸气压/kPa	164.00	416.6	910.3	1740	3017	4886	6107

◆ 表 2-7　不同压强下对应的氧化亚氮气体饱和温度

(1) $p \leqslant 101.3kPa$

压强/kPa	0.1	0.2	0.4	0.7	1.0	2	4
饱和温度/℃	−144.4	−141.4	−137.2	−133.2	−130.8	−126.4	−121.3
压强/kPa	7	10	20	40	70	101.3	熔点
饱和温度/℃	−116.5	−113.4	−107.4	−99.8	−91.9	−88.5	−90.8

(2) $p \geqslant 101.3kPa$

压强/kPa	101.3	200	400	700	1000	1500	2000
饱和温度/℃	−88.5	−76.8	−62.8	−49.9	−41.0	−28.3	−19.2
压强/kPa	2500	3000	3500	4000	5000	6000	
饱和温度/℃	−11.3	−4.9	1.7	7.7	17.6	26.7	

　　气态和液态氧化亚氮的比热容分别如表 2-8、表 2-9 所示。气态和液态氧化亚氮的热导率分别如表 2-10、表 2-11 所示。液态氧化亚氮的摩尔汽化热见表 2-12。

◆ 表 2-8　气态氧化亚氮的比热容

温度/K	50	100	150	200	250	300	350	400	450	500
c_p/[J/(mol·K)]	25.12	28.34	31.3	34.02	36.50	38.76	40.81	42.66	44.34	45.89
温度/K	550	600	650	700	750	800	850	900	950	1000
c_p/[J/(mol·K)]	47.23	48.44	49.57	50.53	51.46	52.25	53.00	53.67	54.34	54.97

◆ 表 2-9　液态氧化亚氮的比热容

温度/K	−70	−60	−50	−40	−30	−20	−10	0
$c_p/[J/(mol \cdot K)]$	77.12	78.38	79.93	81.89	84.45	87.84	92.65	100.1

◆ 表 2-10　氧化亚氮气体的热导率

温度/K	150	200	250	300	350	400	450	500	550
$\lambda/[mW/(m \cdot K)]$	7.824	11.13	14.77	18.62	22.68	26.65	30.59	34.39	38.12
温度/K	600	650	700	750	800	850	900	950	1000
$\lambda/[mW/(m \cdot K)]$	41.76	45.19	48.95	52.30	55.65	58.58	61.92	64.85	68.20

◆ 表 2-11　液态氧化亚氮的热导率

温度/K	−90	−80	−70	−60	−50	−40	−30
$\lambda/[mW/(m \cdot K)]$	167.4	160.7	153.1	145.6	138.1	130.1	121.8
温度/K	−20	−10	0	10	20	30	
$\lambda/[mW/(m \cdot K)]$	113.0	103.3	93.30	82.42	69.45	53.97	

◆ 表 2-12　液态氧化亚氮的摩尔汽化热

温度/℃	−90	−80	−70	−60	−50	−40	−30
汽化热/(J/mol)	16634	16128	15596	15026	14424	13775	13067
温度/℃	−20	−10	0	10	20	30	
汽化热/(J/mol)	12292	11426	10429	9249	7737	5439	

氧化亚氮气体的一些临界参数如表 2-13 所示。

◆ 表 2-13　氧化亚氮气体的临界参数

项目	分子量	临界常数						偏心因子 ω
		T_c/K	p_c/MPa	$V_c/(cm^3/mol)$	ρ_c	Z_c	α_c	
参数值	44.01	309.6	7.24	97.4	452	0.274	6.57	0.160

2.2　氧化亚氮的化学性质与化学反应

氧化亚氮的分子式为 N_2O，N_2O 与 CO_2 分子具有相似的结构[2]，其分子呈直线形结构。氧化亚氮分子中，一个氮原子与另一个氮原子相连，而第二个氮原子又与氧原子相连，它可以被认为是 $N{\equiv}N^+{-}O^-$ 和 $N^-{=}N^+{=}O$ 的共振杂化体。在 N_2O 的 N—N—O 线性分子构型中，左边的 N 有一对孤对电子，右边的 O 有一对孤对电子，N、O 原子采取 sp 杂化生成两个 σ 键，上下各形成一个三中心四电子 π 键，N 的氧化数为 $+1$。氧化亚氮分子的电子结构图可用图 2-1 表示。

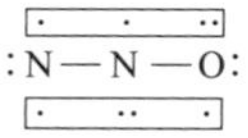

$$:N{-}N{-}O:$$

图 2-1　N_2O 分子（直线形）的电子结构示意图

氧化亚氮是一种相对稳定的化学物质，但是在一定条件下，它可以与其他物质发生多种反应。例如，将一氧化二氮与沸腾气化的碱金属反应可以生成一系列的亚硝酸盐，在高温下，氧化亚氮自身可以分解，也可以氧化有机物。

2.2.1　氧化亚氮与苯的反应

氧化亚氮作为原料在化工生产过程中的应用并不多，但在特殊的情况下，可以利用氧化亚氮的氧化性质。在己二酸生产过程中，N_2O 作为有害的副产物影响了生产过程的绿色和环保性，但是在这一工艺中，作为中间原料的苯酚完全可以通过 N_2O 氧化苯来获得[4-6]。通过这一过程，既解决了 N_2O 作为废气排放的污染问题，又获得了生产过程的中间原料，可谓一举两得。具体反应为：

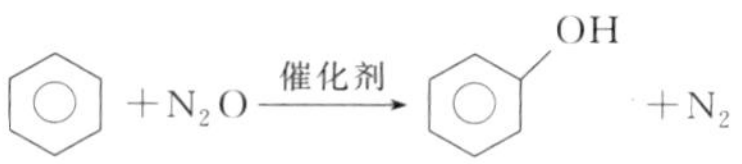

$$\text{（苯）} + N_2O \xrightarrow{\text{催化剂}} \text{（苯酚 OH）} + N_2 \tag{2-1}$$

在这个反应过程中，N_2O 中的氧原子在催化剂的作用下解离成亚稳态的 α-氧原子，这个亚稳态的氧原子作用于苯分子的 C—H 键形成了 C—OH，从而使苯转化为苯酚。美国 Solutia 公司（原孟山都公司）在佛罗里达州 Pensacola 的己二酸装置中成功地利用了这一技术[7]。

2.2.2　氧化亚氮与一氧化氮的反应

氧化亚氮与一氧化氮在催化剂的存在下，可以发生如下反应：

$$N_2O + NO \xrightarrow{\text{催化剂}} N_2 + NO_2 \tag{2-2}$$

硝酸作为一种重要的化工基础原料，目前的主要生产工艺为 Oswald 工艺，其中在氨气催化氧化工段中，氨气进入氨氧化炉与空气中的氧气发生反应，在温度为 $800\sim950\,^{\circ}C$、压力为 $101.3\sim658.6\mathrm{kPa}$（$1\sim6.5\mathrm{atm}$）、贵金属催化剂存在下，氨氧化后生成 NO 和水，一氧化氮进一步氧化生成工艺目的产物 NO_2，二氧化氮经水吸收后得到硝酸。但是在氨氧化反应这个过程中，氨气会发生副反应生成 N_2O 和 N_2，而 N_2O 成为硝酸生产过程的有害副产物。其反应如下：

$$2NH_3 + 2O_2 \xrightarrow{\text{催化剂}} N_2O + 3H_2O \qquad (2\text{-}3)$$

借助于上述氧化亚氮与一氧化氮的反应，可以将副产物氧化亚氮与工艺中的中间产物 NO 进行反应，得到希望的 NO_2 中间产物，在消除了有害的副产物 N_2O 的同时提高了 NO_2 的收率，起到了一举两得的作用。

2.2.3 氧化亚氮的还原反应

氧化亚氮作为氧化剂可以与多种还原剂发生还原反应。例如，与氢气、甲烷、石脑油等烃类物质在催化剂的存在下，发生选择性或者非选择性还原反应：

$$N_2O + H_2 \xrightarrow{\text{催化剂}} N_2 + H_2O \qquad (2\text{-}4)$$

$$N_2O + C_nH_{2n+2} \xrightarrow{\text{催化剂}} N_2 + H_2O + CO_2 \qquad (2\text{-}5)$$

这类工艺已经在一些硝酸生产装置上实现了工业化，也常用于联合脱除 NO 和 N_2O 尾气工艺。

2.2.4 氧化亚氮氧化烯烃反应

利用氧化亚氮的氧化性，在无催化剂或有催化剂的条件下，可以氧化直链烯烃或环烯烃得到环氧化物、醇、酮、醛类物质[8-19]。N_2O 在一些含双键有机物的选择氧化反应中表现出独特的反应性，这类特色反应在制备特殊化学品方面有着良好的应用前景。

例如，N_2O 可以氧化丙烯制备环氧丙烷（PO），其基本反应为：

$$H_2C{=}CH{-}CH_3 + N_2O \xrightarrow{\text{催化剂}} \overset{O}{H_2C{-}CH{-}CH_3} + N_2 \qquad (2\text{-}6)$$

氧化亚氮比较容易氧化环烯烃中的双键，从而得到环酮类有机化合物。例如，用一氧化二氮在 $250\,^{\circ}C$、$2.5\mathrm{MPa}$（$25\mathrm{atm}$）的条件下直接氧化环十二烯即可得到环十二酮，其反应为：

$$(2\text{-}7)$$

氧化亚氮减排原理
与应用

该反应在 3h 内转化率就可以达到 22％，选择性达到 94％。

2.2.5 氧化亚氮的自分解反应

氧化亚氮在高温、催化剂或一定波长的光照条件下可以发生直接分解反应。在温度高于 1200℃的条件下，N_2O 可以分解为 N_2 和 O_2：

$$2N_2O \xrightarrow{\geqslant 1200℃} O_2 + 2N_2 \qquad (2\text{-}8)$$

在工业上，将 N_2O 与燃料气燃烧产生的高温（1200～1500℃）气体混合，发生上述分解反应，用以消除 N_2O 对环境的影响，此种方法被称为高温热分解法，这种技术工艺简单，不需要催化剂，但是操作费用较高，需要大量消耗燃料气，同时产生了温室气体 CO_2，且高温反应设备的维护难度较大。目前，日本朝日化学公司和美国杜邦（DuPont）公司已将此方法用于己二酸工厂中减排氧化亚氮尾气。

利用氧化亚氮在高温下热分解释放氧气的原理，N_2O 可以用作火箭氧化剂[20]，氧化亚氮相比其他火箭氧化剂的优势是无毒，在室温下稳定，易于储存，火箭可以相对安全地进行飞行。在赛车上，可以经改装将氧化亚氮送入引擎，氧化亚氮遇热分解成氮气和氧气，提高引擎燃烧率，增加赛车速度。

在催化剂的存在下，氧化亚氮可以在较低的温度下（一般大于 300℃就可以反应）直接分解成氧气和氮气：

$$2N_2O \xrightarrow{催化剂} O_2 + 2N_2 \qquad (2\text{-}9)$$

在工业上，常利用催化分解的方法消除工业尾气中的 N_2O，称为直接催化分解法。由于这种方法不需要引入其他参与脱除反应的物质，反应易于控制，成本较低且不会引起二次污染，因此引起研究者广泛关注，是目前工业尾气氧化亚氮减排的主要方法，也是最有开发潜力的氧化亚氮减排技术。

氧化亚氮在光催化剂存在和一定频率的光照下，也可以催化分解为氮气和氧气：

$$N_2O \xrightarrow{h\nu,光催化剂} \frac{1}{2}O_2 + N_2 \qquad (2\text{-}10)$$

目前这种 N_2O 分解方法正处于实验室研究中。

2.2.6 氧化亚氮的反应类型

总体来看，氧化亚氮可以发生分解反应（包括热分解和催化分解）、氧化反应、还原反应、燃烧反应，反应的主要类型和产物见表 2-14。

◆ 表 2-14　氧化亚氮主要反应类型和产物

反应类型	反应物	反应条件	反应产物
分解反应	N_2O	高温，1000℃开始分解，1500℃完全分解	N_2　O_2
	N_2O	催化剂，400℃开始分解，约800℃完全分解	N_2　O_2
氧化反应	N_2O　C	高温	CO_2　N_2
	N_2O　C_nH_m	催化剂	醚、醇、酮等
	N_2O　碱金属X	碱金属X的沸点下	XNO_2　XNO_3　N_2
	N_2O　Fe	加热	Fe_2O_3　N_2
	N_2O　Cu	加热	CuO　N_2
	N_2O　Al	加热	Al_2O_3　N_2
还原反应	N_2O　PH_3	常温	P　N_2　H_2O
	N_2O　H_2	燃烧	H_2O　N_2
燃烧反应	N_2O　CH_4	燃烧	CO_2　H_2O　N_2
	N_2O　CO	燃烧	CO_2　N_2

2.3　氧化亚氮的安全技术知识

按危险性类别，氧化亚氮属于第2.2类不燃气体，只有助燃作用，特别是高温下能释放氧气。通常条件下，氧化亚氮一般本身无燃爆危险。

2.3.1　氧化亚氮的毒理学性质

氧化亚氮具有麻醉性，可通过吸入、食入、皮吸收侵入人体。作为吸入麻醉剂在医药上曾经被广泛使用[21,22]，但目前已少用。氧化亚氮本身并不会对人体产生伤害，但是对人体呼吸道黏膜具有刺激作用，会麻痹神经系统，使人出现发笑现象。如果大量吸入氧化亚氮，气体进入血液后会导致人体缺氧的现象发生，如果超量摄入氧化亚氮可能会因缺氧最终导致窒息死亡，尤其是有心脏病等疾病的人群。吸入80%的氧化亚氮和氧气的混合物能引起深麻醉，苏醒后一般无后遗作用，一般不会产生依赖性。氧化亚氮的半致死量LD_{50}目前无资料可查，其N_2O最高允许浓度为5mg/m^3，呼吸道吸入半致死浓度LC_{50}为1068mg/m^3（4h，大鼠吸入）。

2.3.2　氧化亚氮的生态环境效应

氧化亚氮对地球环境有危害。对水体、土壤和大气可造成污染，特别是它能破坏大气臭氧层，还具有强烈的温室效应，是《京都议定书》规定的 6 种温室气体之一[23-25]。

大气 N_2O 的重要来源之一是农田生态系统[26-28]。在土壤中，N_2O 由硝化、反硝化微生物产生，人们向农田中施入过量氮肥，促进微生物活动，通过硝化、反硝化过程使氮素转化为 N_2O。污水生物脱氮硝化和反硝化过程也会引起氧化亚氮的排放，溶解氧的限制、亚硝酸盐的积累和羟胺的氧化都是氧化亚氮产生的原因。

N_2O 在大气中存留时间长，并可被输送到平流层，导致臭氧层破坏，引起臭氧空洞，使人类和其他生物暴露在太阳紫外线的辐射下，对人体皮肤、眼睛、免疫系统造成损害。

与二氧化碳相比，虽然 N_2O 在大气中的含量很低，属于痕量气体但其单分子增温潜势却是二氧化碳的约 300 倍，对全球气候的增温效应在未来将越来越显著，N_2O 浓度的增加已引起科学家的极大关注，对这一问题正在进行深入的研究[29]。

2.3.3　氧化亚氮的操作处置与储存

处置和操作氧化亚氮装置时应密闭操作，操作环境应提供良好的自然通风条件。操作人员必须经过专门培训，严格遵守操作规程，远离火种、热源，工作场所严禁吸烟，远离易燃、可燃物，防止气体泄漏到工作场所空气中。由于氧化亚氮具有氧化剂性质，所以应避免与还原剂接触。搬运时轻装轻卸，防止钢瓶及附件破损。配备相应品种和数量的消防器材及泄漏应急处理设备。

进行氧化亚氮储存装置或设备操作时，一般不需要进行特殊防护，与高浓度氧化亚氮接触时可佩戴自吸过滤式防毒面具（半面罩）。眼睛一般不需特殊防护，穿一般作业工作服，戴一般作业防护手套。要避免高浓度吸入，进入罐区、限制性空间或其他高浓度区作业，须有人监护。

氧化亚氮钢瓶或储罐应置于阴凉、通风的库房，远离火种、热源，库温不宜超过 30℃，应与还原剂、易（可）燃物分开存放，切忌混储。储区应备有泄漏应急处理设备。根据目前的环保法律法规，生产装置上的含氧化亚氮尾气一般可以直接排放到大气中。

2.3.4　中毒急救措施

常温常压条件下，氧化亚氮纯品或混合物呈气体状态，吸入是最主要的接触途径，一般短时间皮肤接触、眼睛接触不会引起明显的不适，危害性不大。通过食入接触氧化亚氮的情况极少。如果吸入少量氧化亚氮，应迅速脱离现场至空气新鲜处，保持呼吸道通畅。如呼吸困难应及时就医，可输氧气。如呼吸停止，立即进行人工呼吸。

2.3.5 泄漏处理与消防措施

氧化亚氮本身并不会燃烧和发生爆炸，但是当遇到乙醚、乙烯等易燃气体燃烧时能起到助燃作用，可加剧燃烧，其本身可能产生氮氧化物等有害燃烧产物。氧化亚氮与亚硫（酸）酐、无定形硼、磷化氢、醚类、铝、肼、苯基锂和碳化钨激烈会发生反应，有着火和爆炸的危险。高于 300℃时，气体是强氧化剂，可能与氨、一氧化碳、硫化氢、油脂和燃料形成爆炸性混合物。

一旦发生氧化亚氮气瓶或装置泄漏，应尽可能首先关闭泄漏源，同时迅速撤离泄漏污染区人员至上风处，并进行隔离，严格限制人员出入泄漏污染区。建议应急处理人员戴自给正压式呼吸器，穿一般作业工作服。如不能切断泄漏源，也要尽可能控制泄漏源，合理通风，加速扩散。漏气容器或设备要妥善处理，修复、检验后再用。

如果发生泄漏火灾，消防人员须佩戴防毒面具、穿着全身消防服，在上风向灭火，控制火势。迅速切断电源，用雾状水保持冷却火场中容器，用水喷淋保护切断气源的人员，然后根据着火原因选择适当的灭火剂灭火。

2.4 大气中氧化亚氮的控制与工业减排途径

全球气候变暖所造成的影响越来越显著，各国政府将不得不制定更加严格的温室气体排放标准，从而引起人们对温室气体减排的更多关注，促进减排技术的全面发展。温室气体 N_2O 由于来源广泛且生成机理多样化，应依据 N_2O 的不同来源，制定相应的减排措施和要求。

大气中氧化亚氮的来源复杂而多样，生成的机理也各不相同，要遏制地球大气中氧化亚氮浓度升高的趋势，应采用全局性、系统性的思维模式，针对不同的来源降低产生强度，制定相应的减排措施，从各个来源同时抑制或减少 N_2O 的排放，才能确保 N_2O 的排放总量得到有效控制。

2.4.1 自然环境及农业

研究表明，自然草地、湖泊、海洋、农田土壤和热带地区土壤释放的氧化亚

氮量占全球 N_2O 排放量的比例超过 70%。非种植土地和自然水体氧化亚氮的排放受环境和气候影响，人类很难干预其产生的强度。人们可以影响农业种植土壤 N_2O 的排放量，这将有助于减少全球 N_2O 的总排放量，但由于土壤 N_2O 的排放受气候、土壤性质、耕作方式等多重因素的影响，所以控制土壤 N_2O 的排放将是一项长期而艰巨的任务。

据 2016 年的统计结果显示，我国农业用地总面积占全国土地总面积的 56.2%。经过近 40 年的发展，我国一些学者针对不同区域土壤 N_2O 排放情况作了全面的研究，积累了一整套较为完善的基础数据，从而为抑制或减少土壤 N_2O 的排放提供了切实可行的措施和方法。通过研究农田土壤 N_2O 的产生机理及影响因素，有学者建议选用合适的氮肥品种，肥料尽可能深施或混施，并根据农作物不同生长时期分次施肥，这样有利于农作物吸收，提高肥效，减少氮素的积累，从而降低农田土壤 N_2O 的排放。也有学者研究了乙炔抑制法和环境因子抑制法对减少土壤 N_2O 排放量的贡献，实验结果表明，乙炔抑制法和环境因子抑制法对抑制土壤 N_2O 的排放具有一定的积极作用。

分析农业种植释放氧化亚氮的因素可以发现，随着化肥工业和农业的发展，人工肥料的使用强度大大提高，所以，要从源头上控制农业土壤 N_2O 排放最有效的方法是减少化肥的使用量。要做到这一点，一方面要提高农业种植技术，以较少的化肥施用量获得较高的作物产量，另一方面，要提高人们的环保意识，主动少施肥，特别是化学肥料。

2.4.2　生活及工业废水处理

随着工业生产的发展和生活水平的提高，产生的工业废水和生活污水量不断增加，水质污染问题日益严重，对于污水废水的处理要求不断提高，污水废水处理过程中 N_2O 的控制也受到人们的重视。研究人员通过研究污水废水中 N_2O 的生成机理，试图寻找一种经济、可靠的方法控制污水处理厂 N_2O 排放。有学者提出了采用 DNA 探针及定量 PCR（聚合酶链式反应）技术，对生物脱氮中影响 N_2O 产生的关键酶进行量化研究，从而实现 N_2O 减量化控制的研究思路。也有学者[28]研究了短程、全程、同步硝化反硝化过程，发现溶解氧质量浓度为 2.0 mg/L 时，同步硝化反硝化过程脱氮效率可达 99%，此时系统排出的 N_2O 量最低。但是这些研究还只处于实验室阶段，要对污水废水处理过程产生的 N_2O 进行控制，一方面需要加强相关的技术研发，更主要的是需要环保政策与法规的支持。

2.4.3　硝酸及石化工业

虽然对自然环境和农业种植土壤 N_2O 的排放研究较多，但这方面的 N_2O 减排技术有限，效果并不明显，对于废水处理领域 N_2O 的减排情况也是类似。工业领域排放的氧化亚氮在整个大气中所占的比例虽然不大，但是其 N_2O 的生成机理比较明确，特别是其排放浓度高，其减排措施的实施可行性较高，目前减排技术研究得比较多，完全可通过一些环保减排措施或者回收利用，或者使 N_2O 转化为 N_2 和 O_2 实现零排放。

在工业生产中，N_2O 主要来源于硝酸、己二酸、脂肪酸、己内酰胺、丙烯腈等的生产过程。其中，硝酸生产和己二酸生产中 N_2O 的排放量约占全球总排放量的 5%。要减少工业释放的 N_2O 量，一方面可通过采用先进的工艺及控制技术，限制 N_2O 的生成；另一方面可在装置中增设尾气控制减排的设施，如选择性非催化还原（SNCR）、选择性催化还原（SCR）、催化分解和热裂解等减排装置。

2.4.4 化石燃料和生物质燃烧

化石燃料燃烧中产生的 N_2O 主要来源于燃煤电厂、燃煤锅炉等。通过采用燃前、燃中和燃后技术手段，可以在一定程度上减少氧化亚氮的排放。目前已有一些工业化的技术，比如针对循环流化床 N_2O 排放较高的问题，人们从流化床设计到尾气处理都进行了大量研究，一些技术已经在工业上得到应用。内燃机发动机也是氧化亚氮的排放源，尽管目前各国都采取了严格的排放标准，利用催化剂技术控制尾气污染物排放，但是作为一种移动 N_2O 排放源，其控制效果也是十分有限的。

生物质主要是指农林业生产过程中除粮食、果实以外的秸秆、树木等木质纤维素，农产品加工业下脚料，农林废弃物及畜牧业生产过程中的禽畜粪便和废弃物等物质。目前，主要采用燃烧、填埋等方式处理生物质，其中生物质燃烧应用较为普遍。生物质燃烧和化石燃料燃烧具有相似的反应机理，可通过控制炉膛的反应温度、燃料量、反应停留时间、炉窑结构等参数减少燃烧过程中 N_2O 的产生量，从源头上有效控制 N_2O 的排放。同时也可采用工业的措施，如在燃烧尾气处理时增添脱 N_2O 工艺，从而确保 N_2O 的减排。

2.4.5 工业氧化亚氮减排方法

由于氧化亚氮工业排放源源头清晰，排放浓度高，这就为氧化亚氮的减排提供了技术上的可行性。考虑到 N_2O 作为产品的广泛应用前景，首选的减排方法是回收 N_2O 加以利用。其次的减排方法是直接将 N_2O 还原或分解为无害产物，如氧气和氮气。

　氧化亚氮减排原理
　　　　　　与应用

2.4.5.1　氧化亚氮回收利用技术

硝酸和己二酸生产过程所产生的尾气中 N_2O 含量较高，采用直接脱除的处理方法虽然可以满足环保要求，但也是一种对潜在资源的浪费。因此，回收纯化制备不同级别的 N_2O 产品是氧化亚氮减排的最佳途径，且相关技术已经经过长期的研究。在满足环保要求的同时，回收利用副产品还会实现收益，目前世界上已有企业建成或在建产能可观的尾气回收纯化 N_2O 的工程项目。

回收纯化尾气中 N_2O 组分的过程与工业硝酸铵热分解制备氧化亚氮过程中以低纯度产品为原料制备高纯度产品的情况不同，工业尾气中杂质成分复杂，针对不同工艺过程尾气中 N_2O 含量以及杂质组分的不同，往往需要通过多个纯化单元操作来提纯，最终纯化得到满足相关应用领域指标要求的高纯度 N_2O 产品。

依据化工过程氧化亚氮尾气来源的不同，尾气中所含杂质组分也相应会有很大差别，通常情况下会含有 CO_2、CO、H_2O、NO、NO_2、H_2、N_2、烃类中的多种组分。例如，尼龙单体己二酸工业尾气中通常含有 NO、NO_2、CO_2、N_2、O_2、Ar、H_2O、THC 等杂质，而硝酸工业尾气包括氮氧化物（NO、NO_2、N_2O、N_2O_3、N_2O_4 等）、H_2O、NH_3、N_2 等。

纯化工业尾气 N_2O 的方法通常包括洗涤（吸收）、吸附、精馏、低温液化等多种处理单元，以完成纯化过程。有专利技术利用化学净化、吸附以及精馏的集成工艺脱除尾气中杂质后得到高纯 N_2O 产品，其中化学净化过程利用碱液脱除尾气中的酸性气体（CO_2、NO_2），吸附单元利用分子筛物理吸附脱除 C_2H_2、NO、CO、H_2O 等杂质，最后利用精馏单元脱除其他相对挥发度大的组分后在塔底得到产品，产品纯度可以达到 6N（注：6 个"9"）。也有专利技术首先利用干燥、吸附单元脱除尾气中水分和重组分杂质，然后利用精馏的方法分离脱除其他杂质，在塔底得到产品，产品纯度最高可达到 6N。

美国空气化工产品公司的专利技术报道了适用于处理杂质组分较简单的含 N_2O 尾气的回收技术。还有专利报道了利用两级精馏过程完成尾气中 N_2O 的回收纯化，通过脱重、脱轻两级精馏工艺，在脱除轻组分塔底得到纯度达到 5N 的 N_2O 产品，这种工艺对设计及操作条件的要求相对严格，并且其中相近沸点杂质组分的存在会对最终产品纯度有所影响。

2.4.5.2　氧化亚氮分解减排技术

目前氧化亚氮作为气体产品的应用领域有限，而且尾气回收法获得的 N_2O 产品往往不被应用厂家认可。为了达到环保的要求，多数排放氧化亚氮的企业采取脱除工业尾气中 N_2O 的方法来满足环保指标。工业尾气脱除 N_2O 成熟的技术主要有高温热分解法、直接催化分解法和选择性催化还原法。

高温热分解法是将氧化亚氮尾气通入经燃料气燃烧产生的高温（1200～

1500℃）环境中，在高温炉中 N_2O 分解为 N_2 和 O_2，这种技术工艺简单，不需要催化剂，但是因为需要外加燃料操作费用较高，需要大量消耗燃料气，且高温反应设备的维护难度较大，还可能产生二次污染，因此利用高温热分解方法脱除化工尾气中 N_2O 在实际应用中会受到一定限制。目前，这种技术已有工业应用，例如日本朝日化学公司和著名化工公司杜邦已将此方法用于己二酸工厂中。20世纪 90 年代后期，法国罗地亚（Rhodia）公司也开始研发热分解氧化亚氮减排技术，氧化亚氮是罗地亚公司制备己二酸的副产品。该公司于 1998 年在法国沙拉普（Chalampé）的生产装置中采用这一技术，参与清洁发展机制（CDM）后，根据清洁发展机制要求，2007 年罗地亚公司在位于巴西波林尼亚（Paulinia）和韩国汶山（Munsan）的己二酸装置中也采用氮氧化物削减技术，这是该公司两项最大的清洁发展项目。

直接催化分解法是在催化剂的作用下使氧化亚氮直接分解为无害的氧气和氮气。由于这种方法不需要引入其他参与反应的物质，工艺相对比较简单，反应温度与热分解法相比大大降低，具有成本较低且不会引起二次污染的优点，因此引起研究者和工业企业界的广泛关注。

直接催化分解法的核心是催化剂，研究和开发高活性的低温分解催化剂成为人们关注的焦点。自 20 世纪 70 年代，包括巴斯夫、杜邦等化工巨头积极研发 N_2O 催化分解催化剂及工艺，研究者研发了大量的可用于催化分解 N_2O 的各类催化剂，在实验室研究成果的基础上开始在工业中建设相应装置，并形成了大量专利技术。目前已研发的催化剂依据活性组分的不同主要可以分为负载型贵金属催化剂、过渡金属氧化物催化剂和分子筛负载型催化剂三大类。

负载型贵金属催化剂是较早被研究用于氧化亚氮催化分解的催化剂，借助载体的大比表面积和活性组分的高分散性、高活性，负载型贵金属催化剂的活性较高，此类催化剂的活性受活性组分和载体种类的共同影响会有一定差别。目前常用的贵金属有 Rh、Ru、Pd、Pt、Au 和 Ir 等，常用的载体有 Al_2O_3、MgO、SiO_2、TiO_2 和 ZrO_2 等。

贵金属催化剂具有较高催化活性和良好的抗水抗硫性能，但由于贵金属催化剂的活性温度窗口较窄和成本高，限制了这类催化剂的实际应用。

过渡金属氧化物催化剂的催化活性较高，由于其低廉的生产成本和优良的高温热稳定性，成为最有应用前景的一类氧化亚氮催化分解催化剂。过渡金属氧化物催化剂通常负载在耐高温载体上，而且通常以复合氧化物为主，复合氧化物也可以形成很多结构稳定的尖晶石、六铝酸盐类物质。过渡金属氧化物主要有 MnO_2、Fe_3O_4、Co_3O_4、CoO、NiO、CuO 等。通常，通过加入碱土金属氧化物（如 CaO、MgO）和稀土金属氧化物及其复合金属氧化物等来改善过渡金属复合氧化物催化剂的各种性能。目前已经工业化的氧化亚氮直接催化分解工艺大多数采用的是过渡金属复合氧化物催化剂。

分子筛催化剂大多以 ZSM-5、ZSM-11 以及 X 型等分子筛为载体，负载过渡金属或贵金属（如 Fe、Co、Ni、Cu、Ru、Rh、Pd 等）一种或多种氧化物作为活性组分，制备的方法包括离子交换法和浸渍法。分子筛负载型复合金属氧化物催化剂活性较高且有较好的热稳定性，但是由于分子筛的水热稳定性较差，且高温时分子筛结构稳定性也不十分理想，尽管在工业过程中已有尝试，但是要获得广泛实际应用还需要做大量基础研究工作。

选择性催化还原法也是一种有潜在应用前景的氧化亚氮减排技术，通常选用氨或天然气为还原剂，加入负载型贵金属催化剂或其他类型的催化剂，通常在 $200 \sim 600\,^{\circ}\mathrm{C}$ 的适宜反应温度下，将 N_2O 还原为氮气、水或二氧化碳等产物，从而实现 N_2O 的脱除。

催化还原法脱除 N_2O 的技术在俄罗斯和美国的硝酸工厂已有应用案例。这种方法的脱除率较高，但随脱除反应的进行会引入新的杂质如 NH_3、CO、CO_2，形成了二次污染。同时，还原剂的使用也会提高脱除过程的成本，因此该方法在商业应用推广过程中同样会受到一定限制。但是，对于采用天然气为燃料的内燃机，以甲烷作还原剂处理汽车尾气中 N_2O 的工艺可能会有较好的应用前景。

目前利用直接催化分解工艺处理工业氧化亚氮尾气的应用装置较多，涉及的催化剂及工艺技术主要来自巴斯夫（BASF）、杜邦、英威达、Radici 等公司的专利技术。近年来，我国一些石化企业引进国内 CDM 机制进行氧化亚氮尾气减排，但大多与专利工艺一起引进国外的催化剂，如中石油辽阳石化分公司采用巴斯夫公司开发的金属氧化物催化剂，河南神马尼龙化工有限责任公司采用英威达公司的催化剂产品，安徽淮化股份有限公司和黑化集团 CDM 项目均采用 Johnson Matthey 公司的催化剂。同时，国内一些研究单位与企业合作，也在开发具有独立知识产权的 N_2O 催化分解催化剂，试图替代外国进口催化剂。

参考文献

[1] 氧化亚氮:GB/T 28729—2012[S].

[2] Trogler W C. Physical properties and mechanisms of formation of nitrous oxide[J]. Coordination Chemistry Reviews, 1999, 187(1): 303-327.

[3] 刘光启, 马连湘, 刘杰. 化学化工物性数据手册: 无机卷[M]. 北京: 化学工业出版社, 2002.

[4] 张元礼. 己二酸生产中 N_2O 废气的综合治理[J]. 石油化工, 2005, 34(增刊): 707-708.

[5] 邱正璞. N_2O 氧化苯制苯酚 Fe-ZSM-5 催化剂成型及宏观性能研究[D]. 北京: 北京化工大学, 2016.

[6] 张玉玲. 铁基新沸石上 N_2O 氧化苯制苯酚及丙烷制丙烯[D]. 大连: 大连理工大学, 2014.

[7] Parkinson G. A one-step phenol process moves to commercialization[J]. Chemical Engineering, 1998, 105

(4):27.

[8] 特莱斯 J H, 勒斯勒尔 B, 平科斯 R, 等. 制备环酮的方法: CN200780023958. 0[P]. 2009-07-08.

[9] 特莱斯 J H, 吕佩尔 W, 魏格尔 U, 等. 制备环酮的方法: CN200980133363. X[P]. 2011-07-27.

[10] 居特勒 C, 柯什霍夫 J, 施瓦茨 I. 制备环酮的方法: CN200510108864. 6[P]. 2006-04-26.

[11] Pérez-Ramírez J, Kondratenko E V. Steam-activated FeMFI zeolites as highly efficient catalysts for propane and N_2O valorisation via oxidative conversions[J]. Chem Commun, 2003, : 2152-2153.

[12] Wang X X, Zhang Q H, Guo Q, et al. Iron-catalysed propylene epoxidation by nitrous oxide: dramatic shift of allylic oxidation to epoxidation by the modification with alkali metal salts[J]. Chem Commun, 2004, 12: 1396-1397.

[13] Wang X X, Zhang Q H, Yang S F, et al. Iron-catalyzed propylene epoxidation by nitrous oxide studies on the effects of alkali metal salts[J]. J Phys Chem B, 2005, 109 (49): 23500-23508.

[14] Wang Y, Yang W, Yang L, et al. Iron-containing heterogeneous catalysts for partial oxidation of methane and epoxidation of propylene[J]. Catalysis Today, 2006, 117(1/2/3): 156-162.

[15] 郭倩, 汪晓星, 张庆红, 等. K^+-FeO_x /SBA-15 催化剂中共存阴离子对其丙烯环氧化性能的影响[J]. 厦门大学学报 (自然科学版), 2005, 44 (5): 593-595.

[16] Held A, Kowalska-Kuś J, Łapiński A, et al. Vanadium species supported on inorganic oxides as catalysts for propene epoxidation in the presence of N_2O as an oxidant[J]. Journal of Catalysis, 2013, 306: 1-10.

[17] Starokon E V, Dubkov K A, Parmon V N, et al. Cyclohexanone preparation via the gas phase carboxidation of cyclohexene by nitrous oxide[J]. React Kinet Catal Lett, 2005, 84(2): 383-388.

[18] Starokon E V, Shubnikov K S, Dubkov K A, et al. High-temperature carboxidation of cyclopentene with nitrous oxide[J]. Kinetic and Catalysis, 2007, 48(3): 376-380.

[19] Starokon E V, et al. Liquid phase oxidation of alkenes with nitrous oxide to carbonyl compounds [J]. Adv Synth Catal, 2004, 346: 268-274.

[20] 丛昱, 吕飞, 杨天卓, 等. 氧化亚氮新型推进剂催化分解技术研究[C]//中国化学会第三届全国化学推进剂学术会议论文集, 湖南张家界, 2007: 54-58.

[21] 国家药典委员会. 中华人民共和国药典(2015 年版)[M]. 北京: 中国医药科技出版社, 2015.

[22] 陈艳珊, 石廷刚. 简述医用氧化亚氮的用途与制备[J]. 医用气体工程, 2018, 3(1): 28-30.

[23] 联合国. 联合国气候变化框架公约: 京都议定书[M]. 1998.

[24] UNEP. Drawing down N_2O to protect climate and the Ozone Layer: A UNEP synthesis report[R]. United Nations Environment Programme (UNEP), Nairobi, Kenya, 2013.

[25] Pauleta S R, Carepo M S P, Moura I. Source and reduction of nitrous oxide[J]. Coordination Chemistry Reviews, 2019, 387: 436-449.

[26] 刘巧辉. 基于 IPCC 排放因子方法学的中国稻田和菜地氧化亚氮直接排放量估算[D]. 南京: 南京农业大学, 2017.

[27] 王少彬, 苏维瀚. 中国地区氧化亚氮排放量及其变化的估算[J]. 环境科学, 1993, 14 (3): 42-46.

[28] Gu J X, Zheng X H, Ding W X, et al. Regulatory effects of soil properties on background N_2O emissions from agricultural soils in China[J]. Plant and Soil, 2007, 295(1): 53-65.

[29] 李聪. 利用双污泥反硝化除磷工艺降低污水处理过程中 N_2O 的产生[D]. 济南: 山东大学, 2013.

氧化亚氮减排原理
与应用

第3章

直接催化分解减排法

氧化亚氮作为第三大温室气体，其温室效应及对大气臭氧层的破坏作用逐渐受到人们的重视，被认为是严重污染环境的气体之一，在大气环境的污染源中，氧化亚氮已成为人类排放的首要消耗臭氧层的物质。从 2005 年 2 月我国参加签约的《京都议定书》正式生效开始，作为负责任的大国，我国与世界各国广泛合作，大力开展环境污染物减排工作。氧化亚氮作为重要的温室气体，其减排对于我国实现减排承诺至关重要。

工业领域排放氧化亚氮最主要来源是无机化工领域的硝酸工业和石油化工领域与硝酸氧化有关工艺过程。硝酸生产过程的氧化亚氮主要来自氨气氧化过程，这一反应是氨氧化制硝酸的副反应过程，通常氨氧化炉出口的 N_2O 浓度达到 $1×10^{-3}$～$2×10^{-3}$。我国硝酸行业产能逐年增加，但是，氧化亚氮减排措施并未普及，目前仅有少数几家单位进行了 N_2O 减排工作。

己二酸生产是另一个重要的氧化亚氮排放源，早在 20 世纪 90 年代，科学家们已经关注到己二酸生产对大气层中氧化亚氮浓度增长的重要影响。由于绝大多数己二酸生产装置采用环己烷法工艺，即环己烷经过无催化氧化后得到环己基过氧化氢，在催化剂作用下环己基过氧化氢分解成环己醇和环己酮，醇酮混合物经硝酸氧化生成己二酸，从而释放氧化亚氮副产物，该方法每生产 1t 己二酸产生 0.25～$0.27t$ 浓度高达 40% 左右的氧化亚氮废气。截至 2022 年底，我国己二酸年总产能已接近 300 万吨，年排放氧化亚氮约 75 万吨，而已建设减排装置的企业寥寥几家，可见我国工业氧化亚氮减排任务艰巨。

氧化亚氮直接催化分解减排技术被认为是最有效、最经济可行的 N_2O 减排方法。该方法的核心装置分解反应器的操作温度远远低于高温热分解法，反应释放的热量足以维持分解反应的进行，而且可以对反应尾气回收高品质热能，正常运行过程中不需要外加辅助原料，反应尾气的二次污染物极低。因为直接催化分解法具有上述优点，近年来世界上新建的氧化亚氮减排装置多以该工艺为主，学术界也大力研发直接催化分解工艺的关键催化剂技术。本章将对氧化亚氮直接催化分解的反应机理、催化剂技术、催化反应工艺以及工业应用案例进行介绍。

3.1　氧化亚氮的催化反应机理

常温下，氧化亚氮是一种结构比较稳定的气态物质，从分子结构和一些性质来看，它与二氧化碳比较类似。N_2O 的标准生成焓为 $\Delta H_f^{\ominus} = 82.08kJ/mol$，$N_2O$ 分解为氮气和氧气的焓变为 $\Delta H_{298}^{\ominus} = -163kJ/mol$，无催化剂存在下，分解反应的活化能为 $E_a = 250kJ/mol$。

$$2N_2O(g) \longrightarrow 2N_2(g) + O_2(g) \quad E_a = 250kJ/mol \tag{3-1}$$

一般认为反应活化能在 $20 \sim 120kJ/mol$ 之间的反应在没有催化剂的条件下，通过提高反应系统温度是可以持续发生反应的，而氧化亚氮分解的活化能远超过这个范围，所以，N_2O 在无催化剂的条件下要发生分解反应需要极高的温度。

在热力学上，氧化亚氮理论上很容易分解成 N_2 和 O_2，但其极高的分解反应活化能成为动力学上的障碍，要实现氧化亚氮分解反应，除提高反应温度外，还可以借助催化剂的参与来改变氧化亚氮的分解反应路径，从而降低反应的活化能，在动力学上达到较快的反应速率，使分解反应实际可行，其原理可以用图3-1来说明。

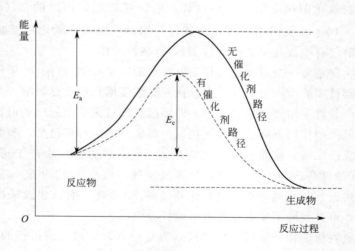

图 3-1　催化剂的参与改变了化学反应的路径

例如，对于氧化亚氮的分解反应，如果采用贵金属 Pt 和 Au 分别作催化剂时，其分解反应的活化能分别降为 136 kJ/mol 和 121kJ/mol，从而大大降低了反应的困难程度。所以，要实现氧化亚氮分解，在工业上具有技术可行性和工艺经济性，寻求高活性和长久稳定性的分解催化剂是实现氧化亚氮直接催化分解过程工业化的重要途径，工业催化已经成为现代化学工业的重要技术。

3.1.1　氧化亚氮的均相热分解机理

氧化亚氮分解反应的机理研究最早可追溯到 20 世纪初，一些学者完全从探究氧化亚氮分解机制的理论角度开始研究其均相分解反应过程。

1905 年，德国科学家 Hunter[1] 采用流动法对氧化亚氮的分解进行初步研究，他让氧化亚氮通过一个加热的陶瓷空心球进行反应，得出结论是氧化亚氮分解是一个双分子反应，通过反应速率常数的测定得到分解反应的活化能为 259.75kJ/mol（62.04kcal/mol，1kcal＝4.1868kJ）。当时 Hunter 的研究并不深入，不能确定是均相反应还是非均相反应，研究的压力范围也没有超出常压条件，但是这可能是最早的对氧化亚氮分解反应的研究工作。

为了进一步验证 Hunter 的结论，1924 年，Hinshelwood 和 Burk[2] 采用在一个二氧化硅玻璃球内进行氧化亚氮分解实验。他们改变反应温度和初始氧化亚氮的压强，实验结果证明该分解反应确实是双分子反应，而且反应速率常数不受反应容器器壁表面的影响，即使在反应体系中加入一定表面积的 Pt 和 Rh，在 838～1125K 的温度范围内也没有发现明显的催化作用现象，说明他们的反应是完全均相分解反应。对于 Pt 和 Rh 对氧化亚氮没有催化作用的这一结论倒是有违后来科学家们的实验结论。在 20 世纪 30 年代初，以 Volmer[3] 为代表的一批德国科学家对氧化亚氮的气相均相分解反应进行了大量研究工作，他们得出结论，在较高压强时[＞658.6kPa(6.5atm)]，反应速率正比于 N_2O 浓度的一次幂，属于单分子反应；在较低压强时，反应速率正比于 N_2O 浓度的二次幂，这时是双分子反应，反应更复杂。

但是也有一些研究者对高温下的均相反应得出了不同结果，为了确定在高压下氧化亚氮分解反应机理，Hunter[4] 采用静态法研究了温度在 840～999℃、压强在 10.1～4053kPa（0.10～40atm）下的氧化亚氮均相分解反应。其得出的结论是在实验的压强范围内，反应可能存在三种不同的"准单分子"反应的叠加，即分子碰撞激活反应、活化分子与普通分子碰撞失活反应和活化分子的分解反应。在不同的反应压强范围内三种反应主导性不同，总体表现出三种不同的反应速率，即压强低于 608kPa、608～3040kPa 和 3040kPa 以上（6atm、6～30atm

和 30atm），在这三个不同压强范围内，在 0～608kPa（0～6atm）范围内反应活化能从 211.43kJ/mol（50500cal/mol）急速上升到 251.21kJ/mol（60000cal/mol），在 608～3040kPa（6～30atm）范围内活化能从 251.21kJ/mol 缓慢上升到约 272.14kJ/mol（65000cal/mol），其后反应的活化能几乎与反应压强没有关系了。

3.1.2 贵金属催化剂分解氧化亚氮机理

20 世纪二三十年代开始，在对氧化亚氮均相分解反应机理研究的基础上，人们对氧化亚氮在催化剂表面的反应机理进行了广泛深入的理论和实验研究，特别是以贵金属作为催化剂的氧化亚氮分解反应机理得到了深入的研究。1925 年，Hinshelwood 和 Prichard[5] 研究了在一个长 16cm、直径 3.5cm 的石英管中加热 Pt 丝对 N_2O 分解反应过程的影响，整个石英管放置在冰水中使其保持 0℃，反应属于静态反应。他们得出结论，Pt 丝在 600～1200℃范围内，其表面上发生了非均相催化反应，反应分解氧和外加氧的存在都会降低反应速率，特别是在低压时氧对反应速率阻碍的影响比高压更明显，反应速率可表示为 $-d[N_2O]/dt = k[N_2O]/(1+b[O_2])$，反应活化能为 132.04kJ/mol（32500cal/mol），他们比较了催化反应与均相热分解反应，Pt 催化分解反应是单分子反应，而均相热分解反应是典型的双分子反应，其反应活化能要高达 251.21kJ/mol（60000cal/mol），催化分解反应速率明显高于均相热分解反应。

Hinshelwood 和 Prichard[6] 采用类似加热 Pt 丝催化 N_2O 分解反应的方法，研究了加热 Au 丝催化 N_2O 分解反应，结果发现，N_2O 在 Au 表面的催化分解机理与在 Pt 表面的不同，分解氧对反应速率没有影响，表明氧原子在 Au 表面的吸附很弱，加入氧气和空气（N_2+O_2）对反应速率没有影响。他们得出，N_2O 在 Au 表面的催化分解反应速率方程可表示为 $-d[N_2O]/dt = k[N_2O]$，这与 N_2O 的均相反应速率方程 $-d[N_2O]/dt = k[N_2O]^2$ 和在 Pt 表面上的催化分解速率方程 $-d[N_2O]/dt = k[N_2O]/(1+b[O_2])$ 都不同。

1930 年，Cassel 和 Gluckauf[7] 研究了在 6.67～133.3Pa（0.05～1mmHg）低压下 N_2O 在 Pt 表面上的分解，得到的结论是反应速率与 N_2O 一次方成正比，氧对反应速率有阻碍作用，氮气没有影响。1931 年，Schwab 和 Eberle[8] 采用了类似 1925 年 Hinshelwood 和 Prichard 的实验研究，但是 Schwab 和 Eberle 的结论与 Hinshelwood 和 Prichard 的结论相反，他们的结论是外加氧气对反应速率没有影响。Van Praagh 和 Topley[9] 也采用类似方法研究了在更低的压强下 [<13.3Pa（0.1mmHg）] N_2O 在 Pt 丝表面的催化分解行为，实验发现在 500℃以下反应存在一个活化诱导期，他们对 Pt 催化的活化诱导期过程进行了详

氧化亚氮减排原理
与应用

细的研究和分析。

非均相催化反应的一个重要现象是反应产物会使反应速率减慢，通常可以用反应产物优先吸附来解释，很多情况下，这种影响通常反映在描述反应的速率方程中。与此问题研究最多的是氧化亚氮在 Pt 表面上的催化分解反应，氧会阻碍氧化亚氮的分解反应，但是结论并不尽相同。

1934 年，Steacie 和 McCubbin[10] 为了验证在氧化亚氮催化分解反应过程中氧作用不同的结论，为避免均相反应的发生，他们研究了在 $485 \sim 570 ℃$ 较低的温度范围内氧化亚氮在海绵状 Pt 上的催化分解反应。他们得出的实验结论与 Hinshelwood 等用 Pt 丝实验的结论一致，反应速率只与 N_2O 和分解氧有关系，与 N_2O 浓度的一次方成正比，分解氧会减缓反应速率，外加氧气也会对氧化亚氮的分解速率产生阻滞，但是其原因是它只阻碍了 N_2O 从流体主体向 Pt 金属原子表面的扩散。分解氧以氧原子状态吸附在催化剂表面，而外加氧以分子状态吸附在催化剂表层。

为了进一步验证外加气体对 N_2O 催化分解反应的影响，1936 年 Steacie 和 McCubbin[11] 进一步对比研究了多孔 Pt 催化剂和 Pt 丝网催化剂情况下外加气体对氧化亚氮催化分解的影响。结果表明，对于多孔 Pt 催化剂，结果与以前的实验一致；而对于 Pt 丝网催化剂，加入氮气对分解反应速率没有影响，加入氧气的情况下，不论是先加或者与氧化亚氮同时加入，对反应速率的影响是一样的。

作者进一步研究了加入氮气、二氧化碳气体和水蒸气的情况，结果都表明对氧化亚氮催化分解速率的影响很微弱。他们得出与以前一致的结论，即反应速率正比于 N_2O 浓度的一次方，反比于（$1+b$ [O_2]），其中的氧浓度是指表面分解氧而不是外加氧。

为了考察在其他贵金属催化剂上氧气对氧化亚氮催化分解反应的影响规律，Steacie 和 Folkins[12] 实验研究了在还原法制备的银催化剂上氧化亚氮以及有氧气加入时催化分解反应速率。结果表明纯 N_2O 在银催化剂上的分解反应符合 $-d[N_2O]/dt = k[N_2O]/(1+b[O_2])$ 规律，说明反应产物对分解反应有阻碍作用，反应物（N_2O）在银催化剂上吸附较弱，产物在催化剂表面属于中等强度的吸附作用。

如果外加氧气影响分解反应速率，则较高的氧气浓度就会淹没表面分解氧的影响，因而反应速率方程中分母项会变为常数，也就是氧气的影响在反应过程中是恒定的，反应速率方程变为只与反应物浓度的一次方成正比，即 $-d[N_2O]/dt = k[N_2O]$。他们在外加氧的实验中得出结论，在加入氧较多时（N_2O 为 $3.75 \sim 7.8kPa$、O_2 为 $0.83 \sim 4.3kPa$），加入氧的影响与表面分解的氧对反应速率的影响是一样的，即反应速率与 N_2O 浓度的一次方成正比。但是从文献数据图表来看，他们的数据用线性关系来描述显然存在着明显的误差。为了进一步验证外加氧的影响，作者在更低的外加氧浓度［N_2O 为 12.26～27.34kPa（9.20～20.51cmHg）、O_2 为 0.32～0.71kPa（2.40～5.34mmHg）］下进行分解实验，结果表明分解反应速率不再与 N_2O 浓度的一次方成正比，说明外加氧气对反应的影响没有表面分解氧的作用明显。这一结果与一些研究者在 Pt 催化剂表面上的实验结论是一致的。

1963 年，Redmond[13] 在 2.67～533.2Pa（0.02～4.0mmHg）和 545～820℃ 范围内，研究了氧化亚氮在铂丝线上的分解反应，结果表明，反应符合 Langmuir-Hingshelwood（LH）单分子反应，反应速率既受分解产生的氧原子影响，也受外加氧气阻滞。高压下会有少量一氧化氮产生，但是氮气和一氧化氮都对分解反应没有影响。动力学研究表明，分解速率与氧化亚氮压强成正比，与 $1 + K_2 p_{N_2O}^{1/2}$ 成反比，氧化亚氮在铂丝线上催化分解反应的表观活化能为 133.98kJ/mol（32kcal/mol）。Redmond 给出了氧化亚氮在铂丝线上催化分解的反应机理：

$$N_2O + S \underset{k_1'}{\overset{k_1}{\rightleftharpoons}} N_2O_{ads} \tag{3-2}$$

$$N_2O_{ads} \xrightarrow{k_0} N_2 + O_{ads} \tag{3-3}$$

$$O_{ads} \underset{k_2}{\overset{k_2'}{\rightleftharpoons}} \frac{1}{2}O_2 + S \tag{3-4}$$

其中，O_{ads} 为吸附氧原子；S 为催化剂表面空的活性位。

Redmond[14] 还研究了 Ir 和 Pd 静态条件下的吸附反应动力学行为，结果发现氧化亚氮在这两种金属丝线上的表面吸附反应都符合 Langmuir-Hinshelwood 动力学。

1983 年，Takoudis 等[15] 在 400～1200℃、N_2O 的压强为 1.33～66.65Pa（0.01～0.50Torr）范围内对多晶 Pt 丝线进行了连续反应过程研究，结果表明，在所研究的范围内，所有反应速率数据都符合 Langmuir-Hinshelwood 关系，反应的活化能为 146.12kJ/mol（34.9 kcal/mol）。如图 3-2 实验数据所示，在低温时，反应速率与氧化亚氮浓度无关，随着温度升高，反应速率逐渐与氧化亚氮的压强有关，在 1000～1200℃ 范围内，反应速率与氧化亚氮的压强呈一次幂关系。

他们给出了如下的反应机理：

$$N_2O + S \underset{k_d}{\overset{k_a}{\rightleftharpoons}} N_2O—S \tag{3-5}$$

$$N_2O—S \xrightarrow{k_R} N_2 + O—S \tag{3-6}$$

氧化亚氮减排原理
与应用

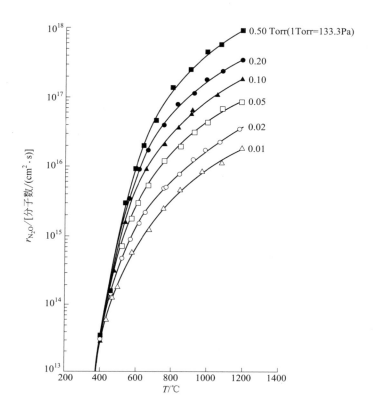

图 3-2　N_2O 分解速率与温度的关系（实线为 LH 方程曲线）

$$2O{-}S \underset{k'_a}{\overset{k'_d}{\rightleftharpoons}} O_2 + 2S \qquad (3\text{-}7)$$

他们得出结论，该反应的反应速率不需要考虑催化剂表面的非均匀性或者覆盖度参数。

随着人们对物质结构认识的深入和分析计算技术的进步，许多研究者开始从分子原子层面研究氧化亚氮在催化剂表面更微观的分解机理。

Tanaka 等[16] 采用氧同位素示踪法研究了 Rh 黑催化剂表面氧脱附机理，实验结果表明在 N_2O 存在下，在 220℃ 较低的温度下 Rh 黑表面氧就能解吸成氧气，这时存在着 Langmuir-Hinshelwood（LH）和 Eley-Rideal（ER）两种反应机理，而单独 Rh 黑的表面氧在 TPD 实验中直到 600℃ 还见不到明显的解吸氧。他们给出的解释是 N_2O 的分解反应在催化剂表面激发了表面氧能量的转化，其原理如图 3-3 所示。

Kondratenko 等[17] 进行了类似的实验研究，但是他们的实验温度更高。他

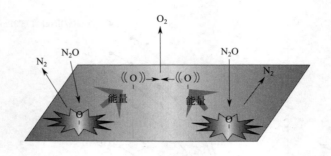

图 3-3　N_2O 分解过程中的 O_2 解吸模型

们采用产物瞬时分析法（TAP）研究了在工业典型的氨燃烧炉温度范围（1073～1273K）内，$N_2{}^{16}O$ 脉冲与预先用同位素 ^{18}O 处理的 Pt-Rh 丝网催化剂的瞬态反应过程，研究发现，N_2O 分解产物来自两种途径：一种是预处理时吸附在催化剂表面的氧原子相互结合形成 O_2，即 LH 机理；另一种是预处理时吸附在催化剂表面上的氧原子与气相中的 N_2O 或者吸附在催化剂上的 N_2O 分子中的氧原子之间结合成氧分子，即 ER 机理。在温度较高时，氧分子的生成更倾向于前一种途径。

　　Burch 等[18] 通过密度函数法（DFT）进行了模拟计算，实验研究表明，N_2O 分子在室温下（25℃）就能在 Pt 原子表面进行分解反应，在低温（＜450℃）时，分解产生的氧原子吸附于活性中心（Pt 原子或 Pt 晶体缺陷），造成了氧原子对活性中心的"自毒化"，因而稳态操作时无法观测到 N_2O 的转化，只有在较高温度时，吸附在活性中心上的氧原子结合成氧分子并从活性中心上解吸下来，使活性中心重新获得催化活性，所以在较高反应温度下的实验中能检测到 N_2O 具有一定的转化率。模拟计算结果表明，在催化剂的 Pt（111）面上，N_2O 分子呈垂直方式以端 N 原子与 Pt 原子化学吸附，且吸附能很小。N_2O 的解离反应源于线性分子的摆动，分子不再呈线性状态，上端的 O 原子靠近 Pt 原子并形成过渡状态，键角和键长都发生变化，一旦 N_2O 与表面 Pt 开始生成 Pt—O 键，就很容易分解生成 N_2 和吸附氧 O_{ads}，反应的活化能只有 0.32eV，表明反应在较低的温度下就能发生，其过程模型如图 3-4 所示。晶体表面上的缺陷具有更高的催化活性，计算表明在 Pt（211）面上，N_2O 分子的端 N 原子和 O 原子分别能与不同的 Pt 原子成键，计算的反应活化能为 0.44eV，稍大于 Pt（111）面上的反应活化能，这与想象的稍有出入，其状态模型如图 3-5 所示。

　　2004 年，Kondratenko 和同事[19] 在分析了 Hinshelwood 等提出的机理基础上，即首先 N_2O 在 Pt 催化剂表面可逆吸附，然后 N_2O 不可逆分解为 N_2 和吸附的氧原子，最后两个吸附的氧原子结合成氧分子，氧分子可逆地解吸进入气相

氧化亚氮减排原理
与应用

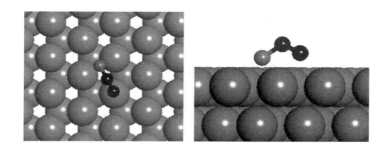

图 3-4 Pt (111)面上的过渡态 $N_2O \longrightarrow N_2O + O_{ads}$

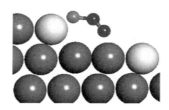

图 3-5 Pt (211)面上 N_2O 解离的可能过渡态 (亮色原子为阶梯 Pt 原子)

中，即：

$$N_2O + S \Longleftrightarrow N_2O - S \tag{3-8}$$

$$N_2O - S \longrightarrow N_2 + O - S \tag{3-9}$$

$$2O - S \Longleftrightarrow O_2 + 2S \tag{3-10}$$

而 Riekert 等提出的机理是：N_2O 首先不可逆地吸附在催化剂活性中心并分解为 N_2 和吸附氧原子，吸附的氧原子与气相中的 N_2O 分子反应生成 N_2 和 O_2，气相中的氧气可逆地吸附在催化剂活性中心上，吸附在活性中心上的氧分子不可逆地解离为吸附的氧原子，即：

$$N_2O + S \longrightarrow N_2 + O - S \tag{3-11}$$

$$N_2O + O - S \longrightarrow N_2 + O_2 + S \tag{3-12}$$

$$O_2 + S \Longleftrightarrow O_2 - S \tag{3-13}$$

$$O_2 - S + S \longrightarrow 2O - S \tag{3-14}$$

对于这两种机理，Kondratenko 等认为第二种模型所基于的是静态实验，其本征动力学可能受到传递现象的影响，因而作者采用瞬态反应技术结合同位素技术进一步来验证其机理模型的合理性。实验结果分析表明，N_2O 分解反应过程中，气相中的分子氧主要是催化剂表面上的吸附氧原子与气相中的 N_2O 直接反应生成的，吸附氧原子来源于气相中的 N_2O 分子与表面活性中心的相互作用以及来自吸附的前驱体氧分子的解离，而吸附氧原子之间的结合速率很低。从而证明了 Riekert 等机理的合理性，也证明了气相中的氧气对 N_2O 反应有抑制作用。

3.1.3 金属氧化物催化剂分解氧化亚氮机理

基于对贵金属催化剂催化分解氧化亚氮反应机理的认识，自然会引起人们对金属氧化物催化氧化亚氮分解过程的兴趣。

20 世纪 30 年代初，德国的 Schwab 及其同事[20] 对氧化亚氮在各种氧化物上的分解反应进行了大量研究，其实验研究 N_2O 催化分解的氧化物催化剂包括 CuO、MgO、Al_2O_3、ZnO、CdO、TiO_2、Cr_2O_3、Fe_2O_3、In_2O_3。这些氧化物催化剂催化分解氧化亚氮的起始反应温度在 $300\sim700$ ℃ 之间，不同的氧化物之间存在较大差别。一般来说，动力学关系与 N_2O 浓度的一次方成正比，但是在氧化锌和氧化镉表面上观察到氧会阻碍分解反应，而在氧化铟表面上发现反应与 N_2O 浓度的分数次方成正比。

Dell 等[21] 根据 Schwab 及其同事的实验结果，对 N_2O 在氧化物表面上的催化分解反应机理进行了研究，结果分析表明，金属氧化物催化剂活性与存在晶格缺陷有一定的联系，非化学计量的氧化物存在过剩氧，催化活性更高。Dell 等选择具有这种特性的氧化亚铜作为氧化亚氮催化分解催化剂，将氧化亚铜、氧化铜和三氧化二铬催化分解氧化亚氮的实验结果结合 Schwab 及其同事和 Schmid 与 Keller 的实验结果进行分析，他们把氧化物催化剂按导电类型分成三类即 p 型半导体、n 型半导体和绝缘体，结果表明，氧化物催化剂的活性明显与半导体类型具有相关性。p 型半导体氧化物具有较高的催化活性，如 CuO、NiO 和 CoO，而 n 型半导体氧化物的催化活性最低，如 Al_2O_3、ZnO、Fe_2O_3 和 TiO_2，绝缘体氧化物的催化活性居于中等，但是也有个别例外的情况，他们分析了不同类型氧化物催化活性高低的原因。

1950 年，Wagner[22] 从催化表面状态的角度进行了更深入的解释。众所周知，许多氧化物在高温下的电导率取决于环境气氛中的氧气压强，对于像氧化锌、氧化镉这样的氧化物，Wagner 提出可从少量的过剩金属存在的"准自由电子"的观点来解释，提出了如下的催化反应机理：

$$催化剂+2e^- +N_2O \Longrightarrow N_2+O^{2-}_{(吸附态)} \tag{3-15}$$

$$O^{2-}_{(吸附态)}+N_2O \Longrightarrow N_2+O_2+催化剂+2e^- \tag{3-16}$$

Wagner 推断，气氛中的氧气压强高则氧化物的导电性降低，从而降低了"准自由电子"的浓度。对于电子过剩半导体氧化物，根据反应机理式(3-15)、式(3-16)，假设式(3-15) 是速率控制步骤，氧气压强增加时，电导率与氧气压强的关系自然会导致反应速率的下降。Wagner 分别用单独的氧化锌作催化剂和用氧化锌与氧化镉混合物作催化剂，尽管混合氧化物的电导率比单独氧化锌高五十倍，但是催化反应活性并没有明显的区别。这说明用与电导率关联的"准自由电子"机理假设并不能很好解释氧化亚氮在某些氧化物催化剂上的催化反应速率受氧气影响现象。Wagner最终并未对所采用的氧化物催化氧化亚氮分解机理给出明确的结论。

20 世纪 60 年代末到 70 年代初，以 Winter 为核心的科学家研究小组对氧化物催化氧化亚氮分解反应机理进行了系统研究，涉及的氧化物催化剂几乎覆盖了大部分碱土金属、过渡金属和稀土金属氧化物。1969 年，Winter 等[23] 系统地研究了稀土倍半氧化物催化分解氧化亚氮的反应机理及催化分解 N_2O 的反应动力学。几乎同时，Winter[24] 还对 BeO、MgO、NiO、ZnO、CaO、SrO、Al_2O_3、Fe_2O_3、Cr_2O_3、Ga_2O_3、CeO_2、HfO_2、ThO_2、SnO_2、TiO_2、CuO、Rh_2O_3、MnO_2、IrO_2 等十九种纯氧化物催化氧化亚氮分解机理进行了研究，通过对催化反应的指前因子和活化能动力学参数研究发现，气相氧与表面晶格氧交换反应的阿伦尼乌斯参数指前因子 A 和活化能 E 与相应氧化亚氮分解性能有强相互关联，而这些性能随着氧交换反应的晶格参数如分子体积、最近的 M—O 或 O—O 键距而变化。

Winter 等在前期研究氧化物表面氧原子解离过程的基础上，提出 N_2O 催化分解为氮气和氧气的过程包括 5 个基元反应，即：

$$N_2O_{(g)} \Longleftrightarrow N_2O_{(ads)} \tag{3-17}$$

$$N_2O_{(ads)} + e^-（来自催化剂）\longrightarrow N_2O^-_{(ads)} \tag{3-18}$$

$$N_2O^-_{(ads)} \longrightarrow O^-_{(ads)} + N_2 \tag{3-19}$$

$$O^-_{(ads)} + N_2O_{(g)} \longrightarrow O_2 + N_2 + e^-（去催化剂）\tag{3-20}$$

$$O^-_{(ads)} + O^-_{(ads)} \Longleftrightarrow O_2 + 2e^-（去催化剂）\tag{3-21}$$

其中，吸附的活性氧原子结合成氧分子并从活性中心上解吸的反应是总反应的控制步骤，也是气相氧分子在催化剂表面离解并与表面晶格氧交换的控制步骤。他们通过对包括 Sc、Y、In 三种金属和 La、Nd、Sm、Eu、Gd、Tb、Dy、Ho、Er、Tm、Yb、Lu 十二种稀土金属倍半氧化物，在压强从 1mmHg 到 20～30cmHg 范围的氧化亚氮催化分解实验数据分析，得到催化反应的动力学速率方程为：

$$\frac{-\mathrm{d}p_{N_2O}}{\mathrm{d}t} = K \frac{p_{N_2O}}{(p_{O_2})^{1/2}} \tag{3-22}$$

作者还利用实验数据分析了总速率常数 K 与各基元反应速率常数之间的关系，并对氧化亚氮在稀土金属倍半氧化物表面上的反应机理进行了深入系统的解释，指出，N_2O 在氧化物表面上解离反应的初始步骤是氧化亚氮分子在氧化物表面上的阴离子空位的化学吸附反应。

1974 年，Winter[25] 又对氧气在氧化亚氮催化分解中的行为进行了系统的实验研究和分析。他们对 31 种氧化物催化剂在 50~200Torr（6.67~26.66kPa）压强范围内进行氧气影响实验，发现有 15 种氧化物催化剂在分解氧化亚氮时分解反应不受氧气的影响，具体实验采用的氧化物如表 3-1 所示。

◆ 表 3-1　外加氧气对 N_2O 分解反应的影响

对分解反应无影响	抑制（毒化）分解反应	对分解反应无影响	抑制（毒化）分解反应
CaO	MgO	La_2O_3	Ga_2O_3
SrO	NiO	Nd_2O_3	In_2O_3
(NiO)*	MnO_2	Sm_2O_3	Sc_2O_3
ZnO	SnO	Gd_2O_3	Eu_2O_3
TiO_2	ThO_2	Dy_2O_3	Er_2O_3
HfO_2	IrO_2	Yb_2O_3	Tm_2O_3
CeO_2	Fe_2O_3		Fe_2O_3
Al_2O_3	Cr_2O_3		Lu_2O_3
Y_2O_3	Rh_2O_3		Ho_2O_3

注：" * "表示新制备的样品。

Winter 等在前期提出的氧化亚氮在金属氧化物表面催化分解机理的基础上，对这些不受气相氧气影响的氧化物表面反应机理进行了进一步分析和修正，认为在不受氧气影响的氧化物表面，催化反应中心的距离很近，N_2O 分解后的氧离子迅速与邻近活性中心上的氧离子结合形成氧分子，释放出限域了电子的活性中心，气相中的氧气既来不及接近 N_2O 分解后的活性中心上的阳离子，也无法吸附在限域了电子的活性中心上，从而在总反应上表现出气相中的氧气对 N_2O 分解的反应不产生影响。

早期人们对氧化亚氮反应机理及动力学的研究多数是在静态间歇式反应的条件下，对贵金属和纯氧化物催化剂的催化分解机理和动力学进行研究。随着氧化亚氮催化分解从纯粹的理论转向应用研究，科学家们开始对复合氧化物、各种固溶体以及分子筛类催化剂的反应机理和动力学进行大量研究。

3.1.4　氧化亚氮分解机理

1996 年，Kapteijn 等[26] 对氧化亚氮非均相催化分解反应机理和动力学进行了系统总结。

键级是分子轨道法中表示相邻的两个原子成键强度的一种数值。在非对称的 N_2O 分子中，N—N 的键级为 2.7，N—O 的键级为 1.6，显然，无论是 N_2O 的分解还是与其他分子的反应，首先应该是从 N—O 断裂。

关于 N_2O 的分解反应机理，近一个世纪以来研究结果已基本得到共识，但是对一类催化剂甚至是同一种催化剂，不同的学者可能观察到不同的结果，得出

氧化亚氮减排原理
与应用

不尽相同的结论，所以很难得到一个统一化的结论。学者们对 N_2O 分解反应机理的主要关注点是 N_2O 的分压、O_2 在分解过程中的作用以及温度对反应的影响。

N_2O 在固体催化剂上的非均相催化反应主要包括以下几个步骤：第一步是 N_2O 在催化剂表面上的吸附反应，但是研究表明，吸附的 N_2O 并不一定都参与分解反应，也就是说吸附中心并不一定是分解反应中心。第二步是吸附在反应活性中心上的 N_2O 分子分解为 N_2 和吸附在反应中心上的 O 原子，N_2 分子脱离催化剂表面进入气相主体。第三步是两个反应活性中心上的 O 原子结合成 O_2 分子并从催化剂表面上解吸下来进入气相主体，同时释放出反应活性中心。或者是气相主体中的 N_2O 分子与反应活性中心上的 O 原子结合，生成 O_2 和 N_2 分子，同时释放出反应活性中心。上述各步反应可表示为：

$$N_2O + * \underset{k_{-1}}{\overset{k_1}{\rightleftharpoons}} N_2O^* \tag{3-23}$$

$$N_2O^* \overset{k_2}{\longrightarrow} N_2 + O^* \tag{3-24}$$

$$2O^* \underset{k_{-3}}{\overset{k_3}{\rightleftharpoons}} O_2 + 2* \tag{3-25}$$

$$N_2O + O^* \overset{k_4}{\longrightarrow} N_2 + O_2 + * \tag{3-26}$$

考虑到部分吸附的 N_2O 并不参与反应，也可以解释为这样的吸附中心并不是催化反应的活性中心，则第一步和第二步反应可以合并为：

$$N_2O + * \overset{k_2'}{\longrightarrow} N_2 + O^* \tag{3-27}$$

上述反应步骤中，N_2O 分子在反应活性中心上的吸附和两个反应活性中心上的氧原子结合成一个氧气分子并脱离活性中心的反应过程是可逆的。

氧气的阻滞作用可以归因于吸附氧气分子的可逆解离反应，可以是方程式 (3-25) 的逆向反应，或者是经由气相吸附的氧分子。对于在金属表面上，有人也提出了如下的反应过程：

$$O_2 + * \overset{k_5}{\longrightarrow} O_2^* \overset{*}{\underset{快}{\longrightarrow}} 2O^* \tag{3-28}$$

但是，一些研究者在某些特定的催化剂中观察到，两个反应活性中心上的氧原子结合成一个氧气分子并脱离活性中心的反应过程并不是可逆的，因而也产生了气相中的氧气是否会对氧化亚氮分解反应产生阻滞效应的争论。从大量的文献结果来看，不能用一个结论来总结这两种观点的对错。可能对特定的催化剂，这个过程就是可逆的，甚至不同的氧气浓度范围对可逆过程的影响也是不一样的，在较低的氧气浓度范围内氧气对反应有阻滞作用，而高于一定浓度后就观察不到阻滞作用了；而对另一类催化剂就是不可逆的，也就是氧气对分解反应没有影响。上面这两种结论也反映在其相应的反应动力学方程中。

3.1.5 氧化亚氮分解动力学

早期的氧化亚氮催化分解动力学研究是在静态的间歇反应器中进行的，其结果与稳态反应过程有很大差距，很难应用于工业实际反应过程，而流动反应器的稳态过程研究结果更符合实际情况。

多数实验研究涉及的氧化亚氮的分压在 $0.1\sim10$ kPa 范围内，而氧气的影响仅仅来源于反应的产物，这样氧气的范围就仅限于氧化亚氮浓度与其转化率的乘积。也有少数研究在其反应物中预先加入氧气，这样就大大扩展了氧气分压的范围。

研究者们已经提出了多种氧化亚氮分解反应动力学方程式，下面仅就重要的方程给以归纳[26-28]。

基于式(3-23)～式(3-26)的前三个反应步骤，假设第一步和第三步处于可逆平衡状态，对于稳态过程，假设催化剂表面反应活性中心的浓度为 N_T，则反应动力学方程可以表示为：

$$r = \frac{k_2 K_1 N_T p_{N_2O}}{1 + K_1 p_{N_2O} + \sqrt{p_{O_2}}/\sqrt{K_3}} \tag{3-29}$$

其中，分母代表空的催化剂活性中心与被 N_2O 分子和 O 原子占据的催化剂活性中心之间的分布，吸附的 N_2O 和 O_2 会降低反应速率。这个动力学表达式最初来源于氧化物催化剂催化分解氧化亚氮的过程，后来证明对其他催化剂也是适用的。

当氧化亚氮分子在催化剂表面的吸附量较低时（N_2O 分子覆盖率小），反应的第一步和第二步可以合并为：

$$N_2O + * \xrightarrow{k_2'} N_2 + O^* \tag{3-27}$$

从而上述动力学方程可以简化为：

$$r = \frac{k_2' N_T p_{N_2O}}{1 + \sqrt{p_{O_2}}/\sqrt{K_3}} \tag{3-30}$$

研究结果表明，分母中的氧气分压项一般不能忽略。在氧气分压较高时，氧气分子在催化剂表面活性中心上的覆盖率较高，空的活性中心较少可以忽略，则方程可以简化为：

$$r = k_2' \sqrt{K_3} N_T \frac{p_{N_2O}}{\sqrt{p_{O_2}}} \tag{3-31}$$

这一理论推导得到的动力学反应速率方程与实验得到的经验方程数据比较表明，氧化亚氮分压的指数在 $0\sim1$ 之间，通常为 1 或稍低于 1。氧气分压的指数在 $0\sim-0.5$ 之间，随着催化剂的不同而不同，氧气分压对反应速率的阻滞作用通常分为无影响、中等影响和强影响三种。

对于有的催化剂，氧气分压对反应速率没有影响，但是这并不说明没有氧占据催化剂活性中心。瞬态动力学和程序升温解吸实验表明，有大量的氧占据存在于催化剂表面上的活性中心，这表明氧解吸过程会影响总反应速率。归纳起来有两种可能的解释，一种是两个活性中心上的氧原子结合并解吸脱离催化剂表面这一步反应是不可逆过程，所以，气相中的氧分子不可能解离并吸附到催化活性中心上，这样就简化了反应速率方程。但是条件是，在 N_2O 分压较低时，反应速率与氧化亚氮分压呈一次方关系，而在 N_2O 分压较高时，反应速率与氧化亚氮分压呈二次方关系，这也说明在催化剂表面上的两个氧原子没有相互反应生成氧分子，比如在 CaO 表面的氧程序升温解吸实验和 Li/MgO 催化剂上都证实了这一点。

另一种解释是，表面活性中心上的氧与气相中的 N_2O 反应后脱离催化剂表面，也就是发生了 3.1.4 小节中的第四个反应，这样反应速率方程可表示为：

$$r = \frac{2k_2'k_4N_T}{k_2'+k_4}p_{N_2O} \tag{3-32}$$

根据 k_2' 和 k_4 的情况可以进一步简化。

如果 $k_2' \ll k_4$，表面氧的影响就不会在反应速率方程中有所体现，动力学方程就可以简化为：

$$r = 2k_2'N_Tp_{N_2O} \tag{3-33}$$

反之，如果 $k_4 \ll k_2'$，气相中的 N_2O 分子与表面氧的结合反应速率就是最慢的，催化剂表面就会出现氧的累积，动力学方程可以简化为：

$$r = 2k_4N_Tp_{N_2O} \tag{3-34}$$

这种情况出现在铁离子交换的沸石催化剂上，在铜离子沸石催化剂上这种表现程度较小，而对 Co-ZSM-5 催化剂表现为中等程度，其表面的覆盖率在 $40\% \sim 50\%$。

对于金属催化剂，氧气的阻滞作用表现为氧分压的 -1 次方而不是 -0.5 次方，于是可以解释为在氧分子吸附后紧接着是氧分子的快速解离步骤，即反应式（3-28），这样两个反应的结果就可以用两个相似的催化反应循环来描述，即反应式（3-26）与式（3-27）和反应式（3-27）与式（3-28）。第一个反应循环中表面氧是由 N_2O 提供的，而第二个反应循环中表面氧是由 O_2 提供的。两种情况下，表面氧都是与 N_2O 反应后移除的，其分步反应速率和总反应速率可表示为：

$$r^{(1)} = \frac{k_2'k_4N_Tp_{N_2O}^2}{(k_2'+k_4)p_{N_2O}+2k_5p_{O_2}} \tag{3-35}$$

$$r^{(2)} = \frac{k_4k_5N_Tp_{N_2O}p_{O_2}}{(k_2'+k_4)p_{N_2O}+2k_5p_{O_2}} \tag{3-36}$$

$$r = k_4 N_T p_{N_2O} \frac{k_2' p_{N_2O} + k_5 p_{O_2}}{(k_2' + k_4) p_{N_2O} + 2k_5 p_{O_2}} \tag{3-37}$$

这一结果表明，当氧气的分压 p_{O_2} 极低时，总反应速率方程式中 $k_5 p_{O_2}$ 项可以忽略，于是总速率方程可以简化为：

$$r = r^{(1)} = \frac{k_2' k_4 N_T}{k_2' + k_4} p_{N_2O} \tag{3-38}$$

在较高的氧气分压时，总反应速率方程中的 $k_2' p_{N_2O}$ 和 $(k_2' + k_4) p_{N_2O}$ 相对较小可以忽略，于是总速率方程可以简化为：

$$r = r^{(2)} = \frac{k_4 N_T}{2} p_{N_2O} \tag{3-39}$$

这表明，在这两种极端情况下，氧气对反应速率没有影响，而在氧气分压中等情况下，氧气对总反应速率有阻滞作用，这与一些实验研究者观察到的结果是一致的。上述分析说明，各反应步骤在不同的氧气浓度范围内对总反应的贡献率存在着差别，而且对不同的催化剂也存在着较大差异。

氧化亚氮反应气体的杂质会对催化分解反应产生影响，如因吸附作用可能产生可逆的阻滞作用，因毒化产生不可逆的失活，或者有其他的副反应发生。工业过程中的杂质气体主要有水、NO、SO_2、CO、CO_2 和卤素等，这些组分对催化分解反应速率在工业实际中的应用有着重要的影响，但是对这些影响的研究远远没有针对氧化亚氮纯组分研究得充分。

水的影响。水对氧化亚氮催化分解反应的影响有几类，有的对反应有阻滞作用，有的对催化剂的性能根本没有影响。在钙钛矿和氧化锆负载的铜催化剂表面，观察到表面上的羟基化现象，直接造成催化剂表面活性位数量的下降。多数的报道表明，水对催化反应速率的影响是可逆的，除非造成了催化剂结构的破坏，比如对于 Cu-ZSM-5 和丝光沸石，水会造成催化剂脱铝，这样会永久造成催化剂不可逆损害。由于吸附过程是放热反应，其阻滞作用在低温时最明显，而在高温时影响就会消失，但另一方面，高温容易造成水热失活。研究表明，由 H-ZSM-5 制备的 Co-ZSM-5 水热稳定性好于由 Na-ZSM-5 制备的催化剂，其原因是存在没有置换的 Na 离子。中国石油辽阳石化公司氧化亚氮减排清洁发展机制（CDM）项目氧化亚氮催化分解装置运行表明，在夏季高湿季节装置的分解效率明显降低，之后氧化亚氮的分解率又会恢复到正常水平，分析表明是空气中的水分增加造成了对氧化亚氮分解反应的阻滞作用引起的。该公司采用的是德国巴斯夫工艺和催化剂，催化剂为氧化铝负载的铜锌复合氧化物催化剂。

二氧化碳的影响。一般二氧化碳对氧化亚氮催化分解没有影响，除非产生了稳定的碳酸盐。在一定条件下，如果二氧化碳的存在使催化剂的活性组分或其他组分转化为碳酸盐，催化剂的性能就会下降，这种现象对于以过渡金属氧化物为

氧化亚氮减排原理
与应用

活性组分的催化剂容易发生。有报道在流化床燃烧气氛中，$CaCO_3$ 比 CaO 更稳定，但是催化分解氧化亚氮的活性远低于 CaO。

一氧化氮的影响。NO 对氧化亚氮催化分解具有竞争吸附和因生成硝酸盐和亚硝酸盐而使催化剂失活的影响。对于 Cu/ZrO，由于在催化剂表面上产生硝酸盐而产生明显的抑制作用，特别是在低于 770K 的情况下。另一方面，在 Co-ZSM-5、Fe-ZSM-5 等催化剂表面上，NO 可以与表面活性氧反应生成 NO_2，这一过程可以加速氧化亚氮的分解过程，而对 Cu-ZSM-5 催化剂，NO 对氧化亚氮的分解速率没有任何影响。

二氧化硫的影响。众所周知，SO_2 因为产生硫酸盐而对氧化催化剂来说是毒性物质，但是对于氧化亚氮催化分解的影响人们做的研究工作并不多，因为煤炭中存在含硫物质，所以只有在流化床燃烧相关的研究工作中有一些涉及，其中 CaO 是一种优良的氧化亚氮催化分解催化剂，在粉煤燃烧过程中，经常以石灰石的状态混入，通过生成 $CaSO_4$ 来捕集 SO_2，但是硫酸钙对氧化亚氮分解是几乎没有活性的。因为这一转换关系，所以流化床燃烧过程在降低了 SO_2 排放的同时，增加了 N_2O 的排放。在氧化催化剂、选择性催化还原和三元催化过程中也涉及少量氧化亚氮分解研究，因为其中一般也存在痕量硫。

对于分子筛催化剂，观测到 SO_2 的影响非常多样。二氧化硫对 Co-ZSM-5 催化剂有重要的抑制作用，对 Cu-ZSM-5 产生失活作用，而对 Fe-ZSM-5 反而增加了 N_2O 的分解脱除速率，增加脱除应该与下述反应有关：

$$SO_2 + O^* \xrightarrow{k_8} SO_3 + * \tag{3-40}$$

NO 在 Co-ZSM-5、Pt 催化剂表面上的选择性催化还原过程中也发现了类似的现象，所以，对不同的催化剂应该分别研究其反应动力学过程。

在催化剂开发中，一个重要的目标是 SO_2 的耐受性，钙钛矿用于催化氧化反应的研究表明，Ti、Zr 等元素助剂的加入能降低硫酸盐生成，从而增强了耐 SO_2 毒性。据报道只有少数催化剂具有良好的 SO_2 耐受性，比如 Co-ZSM-5 和基于 Rh_2O_3 作为活性相的氧化体系催化剂。

一氧化碳的影响。CO 是一种还原剂，它可以直接与 N_2O 发生如下反应：

$$N_2O + CO \longrightarrow N_2 + CO_2 \tag{3-41}$$

它可以容易地从催化剂表面将活性氧移除，从而保持催化剂表面有稳定的氧化态活性中心，因而强化 N_2O 催化分解过程。这个现象可以从 ZSM-5 催化剂的实验结果得到验证，比如对于 Co-ZSM-5 催化剂，CO 的加入可以强化 2~3 倍，而铜和铁的 ZSM-5 催化剂提高的倍数更大。

在 CO 过量的情况下，在 Cu-ZSM-5 催化体系中一氧化碳除了与 N_2O 反应，还对反应有抑制作用，即使在 600~700K 的温度下 CO 的强吸附作用也会导致催化剂活性的下降和活化能的增加（见表 3-2）。

◆ 表3-2　各类气体混合物 N_2O （1×10^{-3}）在过渡金属离子交换的 ZSM-5 催化剂上催化分解的表观活化能

过渡金属	表观活化能/(kJ/mol)		
	只有 N_2O	$CO/N_2O = 2$	3% O_2
Co	110	115	118
Cu	138	187	170
Fe	165	78	187

N_2O 分解反应动力学方程归纳如下，如果 O_2 对 N_2O 分解反应没有抑制影响作用，则：

$$\frac{-\mathrm{d}p_{N_2O}}{\mathrm{d}t} = k_1 p_{N_2O} \tag{3-42}$$

如果 O_2 的影响为中等程度，则：

$$\frac{-\mathrm{d}p_{N_2O}}{\mathrm{d}t} = \frac{k_2 p_{N_2O}}{p_{O_2}^{1/2}} \tag{3-43}$$

如果 O_2 对 N_2O 分解反应有强烈的抑制作用，则：

$$\frac{-\mathrm{d}p_{N_2O}}{\mathrm{d}t} = \frac{k_2 p_{N_2O}}{1 + b p_{O_2}^{1/2}} \tag{3-44}$$

3.2　贵金属催化剂

用于氧化亚氮催化分解的催化剂按元素类型来分，主要包括贵金属、过渡金属、稀土金属以及碱土金属。按金属的物质形态来分，除贵金属元素通常为纯态金属催化剂外，几乎都是金属氧化物催化剂。如果从物质结构来分，可分为纯金属、金属氧化物或复合金属氧化物、负载型金属氧化物或负载型复合金属氧化物、钙钛矿类、水滑石、分子筛型和六铝酸盐型催化剂等。

本节将主要以贵金属元素类型为主线，结合结构分类对贵金属类氧化亚氮催化分解催化剂进行归纳介绍。

贵金属主要指金、银和铂族金属（钌、铑、钯、锇、铱、铂）等8种金属元素。贵金属催化剂用于氧化亚氮催化分解研究得最早也比较充分，早期的研究主要聚焦在氧化亚氮的分解反应机理。尽管对贵金属氧化亚氮催化剂的研究较早，但是从实际应用的经济性和该类催化剂的缺点考虑，工业上还未见到有实际应用的案例。

3.2.1 纯贵金属或氧化物

在贵金属催化剂中，研究得最多的是金属 Pt 催化剂，其次是金属 Rh、Au、Ag 等，也有少量贵金属氧化物催化剂被用于氧化亚氮催化分解的研究报道。表 3-3 汇总了主要的贵金属催化剂研究结果信息。

◆ 表 3-3 贵金属（包括贵金属氧化物）N₂O 催化分解催化剂研究结果信息

金属	物质状态	温度范围/K	N₂O 分压或浓度	O₂ 分压或浓度	反应体系	其他组分	反应的活化能	参考文献
Pt	铂丝	870~1470	6.7~53kPa	<15kPa	静态	N₂	136kJ/mol	[5]
Pt	铂丝	约 773	<13.3Pa		静态			[9]
Pt	海绵状铂	760~840	2.6~66kPa	<66kPa	静态			[10]
Pt	多孔铂+铂丝网	843	8kPa	0.5~53.26Pa	静态	He、CO₂、H₂O		[11]
Pt	铂丝	818~1093	2.67~533.2Pa		静态	N₂、NO	133.9kJ/mol	[13]
Pt		1270~1370	5~22kPa	30kPa	静态			[27]
Pt	多晶铂丝	673~1473	0.01~0.5kPa		流动		146kJ/mol	[15]
Pt-Rh	Pt(95%)-Rh(5%)合金丝网	1073~1273			脉冲			[17]
Pt	5% Pt/SiO₂，5% Pt/C	298~773			脉冲			[18]
Pt	多晶铂丝网	573~1073				Xe、Ne	81~173kJ/mol	[19]
Ir	铱丝	1008~1375			静态	N₂	167.4kJ/mol	[14]
Pd	钯丝	1013~1217			静态	N₂	125.6kJ/mol	[14]
Rh	铑黑	室温~1073	0.516%		流动脉冲	CO		[16]
Au	金丝	1107~1263	26.7~53.3kPa	26.7kPa	静态	空气	121.4kJ/mol	[6]
Au		718~878	200~7070kPa		流动		141.8kJ/mol	[28]
Ag	还原银	约 648	0.78~110.78kPa	3.20~42.98kPa	静态			[12]

从表 3-3 可以看出，对贵金属催化氧化亚氮分解的研究多数在机理研究方面，涉

及的 N_2O 浓度很低，且多数实验是在静态反应器或脉冲反应器中进行的，一些反应都是在较低温度下进行的，研究反应目标不是转化率，通常在较低的转化率下研究反应过程，所以反应的活化能等数据并不能真实反映该催化剂在实际应用中的性能。

贵金属催化剂 Pt、Pd、Rh、Ir、Au、Ag 催化氧化亚氮分解的起活温度通常在 600K 以上，其中对金属 Pt 的研究最多。催化分解反应速率正比于氧化亚氮的浓度，氧气在一定的分压下对反应有抑制作用，达到一定值后反应速率就不受氧浓度影响。氮气作为另一个反应产物对分解速率也有抑制作用，但影响程度远低于氧气。

贵金属催化氧化亚氮分解反应的表观活化能在 $120\sim170kJ/mol$ 之间，2015年，Chen 等[29] 采用密度函数理论对 Pt、Pd、Rh 和 Ni 金属催化剂催化氧化亚氮分解反应活性进行了理论模拟，理论预测活性结果为 Rh＞Pd＞Pt，与文献报道的结果基本相符。从实际应用角度考虑，Kondratenko 等[30] 在 2006 年对纯Pt、Rh 和不同组成的 Pt-Rh 合金催化氧化亚氮分解反应进行了实验研究，发现这些催化剂初始 10min 的活性顺序为 $Pt_{100}＞Rh_{100}＞Pt_{95}\text{-}Rh_5＞Pt_{90}\text{-}Rh_{10}＞Pt_{80}\text{-}Rh_{20}$（下标数值为含量），但是纯 Pt 很快失去催化活性，而纯 Rh 活性稳定并逐渐提高，转化率保持在 40％左右。他们给出的解释是 Rh 逐渐转化为 Rh_2O_3，并认为 Pt-Rh 不适用于 N_2O 催化分解反应。

3.2.2　负载型贵金属催化剂

对氧化亚氮催化分解的研究除了纯理论意义外，考虑到实际应用，其经济效益几乎不是考虑的重点，更多的是涉及环保效益和社会效益。特别是对于贵金属催化剂，鉴于其高昂的经济成本以及在高温下的流失不稳定性，从 20 世纪末开始各国科学家由对纯贵金属的机理理论研究转向负载型贵金属催化剂的应用型研究，反应体系也是模拟工业实际的连续反应，考虑到这类催化剂的较高生产成本，在工业应用中，单独的贵金属氧化亚氮催化分解催化剂一般只在特殊的情况下应用，而且一定是采用负载型结构。多数情况下，贵金属催化剂会与过渡金属组分进行复合使用，既发挥贵金属的高活性优点，也发挥过渡金属的高热稳定性优势，更重要的是这样的复合氧化物负载型催化剂在生产成本上有突出的优点，这为其工业应用展现出了良好的实用前景。负载型贵金属催化剂的相关研究文献信息列于附录表 1。

Li 等[31] 系统地研究了 Pt、Pd、Rh、Ru 负载在 ZSM-5 和 Al_2O_3 上的催化剂分解氧化亚氮的催化活性，发现 Rh 和 Ru 催化活性较高，Rh-ZSM-5 和 Ru-ZSM-5 在 250℃ 就表现出明显的催化活性，而以 ZSM-5 为载体的催化剂的活性明显高于以 Al_2O_3 为载体的催化剂，对于 Pd 催化剂更明显，Pd/Al_2O_3 的 $T_{50\%}$

温度要比 Pd-ZSM-5 高 100℃。相比之下，Pt-ZSM-5 催化活性最低，在 500℃ 时分解率仅有 20％。如图 3-6 所示，催化活性顺序为 Rh-ZSM-5＞Ru-ZSM-5＞Rh/Al₂O₃＞Pd-ZSM-5＞Ru/Al₂O₃＞Pd/Al₂O₃＞Pt-ZSM-5，相应 90％ 分解转化率对应的温度 $T_{90\%}$（℃）分别为 325、330、340、374、419、490、498（$T_{20\%}$）。

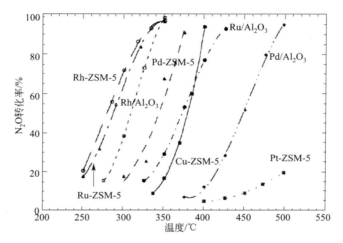

图 3-6　贵金属催化剂的分解活性——离子交换型与 Al₂O₃ 浸渍型比较

（催化剂用量：0.1g；物料流率：100cm³/min；N₂O 浓度：0.099％）

Chang 等[32] 考察不同分子筛负载 Ru 催化剂分解氧化亚氮的催化活性，采用的分子筛为离子交换负载型/八面体沸石 HNaUSY 和 ZSM-5，通过离子交换制备的分子筛催化剂，与 Ru-NaZSM-5 相比，Ru-HNaUSY 催化剂有非常高的活性，在 120℃ 就有明显的活性，但是完全分解温度与 Ru-NaZSM-5 催化剂相差不大，如图 3-7 所示。氧对 Ru-HNaUSY 的影响比对 Ru-NaZSM-5 显著，低温时更明显。催化剂的反应活性顺序为 Ru-HNaUSY＞Ru-NaZSM-5＞Na-ZSM-5，相应的 $T_{90\%}$ 分别为 330℃、330℃、636℃，对应的 $T_{70\%}$ 分别为 237℃、314℃、606℃。

Centi 等[33] 研究了金属 Rh 在不同载体上的催化反应活性，载体采用了离子交换法的 ZSM-5 和等体积浸渍法 TiO₂、ZrO₂ 以及 Mg-Al 尖晶石氧化物，实验结果表明反应活性顺序为 Rh/ZSM-5＞Rh/TiO₂＞Rh/Mg-Al＞Rh/ZrO₂＞Rh/Al₂O₃，相应的催化剂完全分解氧化亚氮温度分别为 420℃、450℃、500℃、550℃、550℃，可见分子筛负载型催化剂的活性最高。

Zeng 等[34] 实验研究了不同负载量的 Ru/Al₂O₃ 催化剂催化分解氧化亚氮的催化活性，结果表明，在 0.2％ 负载量时氧化亚氮分解转化率最高，在 Ru％（质量分数）＝0.00～0.26 负载量范围内，催化剂的 $T_{90\%}$ 在 392～486℃ 之间。

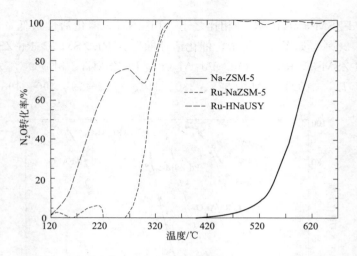

图 3-7 Ru-HNaUSY、 Ru-NaZSM-5 以及 Na-ZSM-5 催化活性比较

日本京都理工学院的 Imamura 等[35] 考察了 Rh 负载在 Ce-Zr 复合氧化物载体上的催化分解性能，结果表明 CeO_2 在高温焙烧下易脆，而 ZrO_2 的加入极大增强了 CeO_2 的热稳定性，复合氧化物载体在 900℃ 下焙烧后还保持优良的稳定性，负载的 Rh 与载体有强相互作用，Rh 负载在物质的量比 Ce/Zr＝7/3 的载体上，在 900℃ 表现出优异的氧化亚氮催化分解活性，氧化亚氮 50％ 转化率时的温度达到 240℃ （如图 3-8 所示），分析其原因是高分散度和与载体的相互作用，但

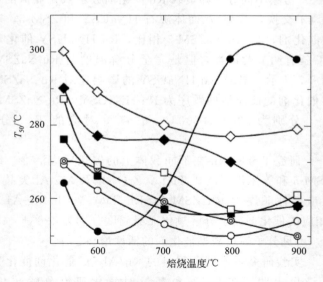

图 3-8 焙烧温度对催化剂分解氧化亚氮活性 （$T_{50\%}$）的影响

[Ce/Zr：（●）100/0；（○）90/10；（◎）70/30；（■）50/50；（□）30/70；（◆）10/90；（◇）0/100]

氧化亚氮减排原理
与应用

是当焙烧温度提高到 1200℃，催化剂比表面积会急剧减小，并且 Rh 在载体表面出现团聚现象，活性大幅下降。

Centi 等[36] 实验研究了 ZrO$_2$ 负载 Rh 催化剂分解氧化亚氮的特性，发现该催化剂存在原位活化现象，如图 3-9 所示，即经焙烧再经过氢气还原后的催化剂在氧化亚氮催化分解过程中，当反应从 150℃ 程序升温到 500℃ 后，N$_2$O 完全分解，再降温操作时在相同的温度下分解转化率明显提高，即使在外加氧浓度高于氧化亚氮两个数量级的情况下也是这样。为验证这一现象，Centi 等制备了 TiO$_2$-Al$_2$O$_3$ 和 ZrO$_2$-Al$_2$O$_3$ 两种复合氧化物载体的 Rh 催化剂，发现催化剂 Rh/TiO$_2$-Al$_2$O$_3$ 并未存在这种现象，说明这种原位活化现象是载体 ZrO$_2$ 所独有的。进一步采用 0.05％ N$_2$O＋6％ O$_2$＋2％ H$_2$O＋He 进料，原位还原现象就消失了。Centi 等对这种现象的解释是 ZrO$_2$ 表面与 Rh 颗粒的氧空位的羟基化现象，氧空位的存在有助于 Rh 表面 N$_2$O 分解氧原子迁移到载体 ZrO$_2$，从而以 O$_2$ 形式解吸到气相，当 ZrO$_2$ 表面羟基化后，这一过程受到了抑制，于是 Rh 表面被分解氧原子覆盖不能及时迁移，从而降低了催化剂分解氧化亚氮的本征活性。

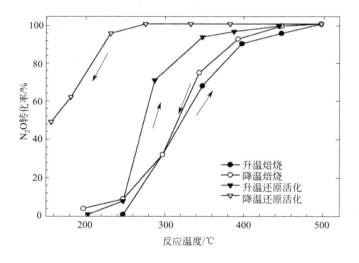

图 3-9　氧化亚氮分解率与温度的关系

Haber 等[37] 的研究表明，在 Rh/Al$_2$O$_3$ 中掺杂碱金属能改变 Rh 的分散性，从而明显影响催化剂的活性。随 K 和 Cs 加入量增加催化活性呈线性提高并在 0.08％（摩尔分数）后趋于稳定，而 Li 和 Na 在 0.08％（摩尔分数）处活性出现突跃，然后活性下降。催化剂碱金属加入量与催化剂的活性（$T_{50\%}$）的关系如图 3-10 所示。

Tzitzios 等[38] 研究了 Al$_2$O$_3$ 负载 Ag、Pd 及 Ag-Pd 双金属的负载型催化剂分解氧化亚氮的催化活性，结果表明，相对于单纯的 Ag 和 Pd 催化剂，具有协

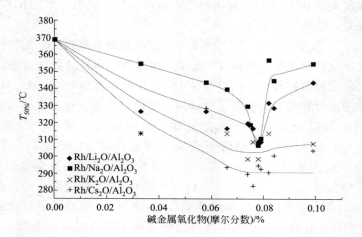

图 3-10 Li、 Na、 K、 Cs 的加入量对 Rh/Al$_2$O$_3$ 催化剂活性的影响

同效应的 Ag-Pd/Al$_2$O$_3$ 双金属催化剂是活性最高的氧化亚氮催化分解和催化还原催化剂。如图 3-11 所示，纯 Ag/Al$_2$O$_3$ 催化剂的分解活性并不高，950K 时的分解率才 75%，纯 Pd/Al$_2$O$_3$ 在 837K 时分解率仅有 57%。但是在 Ag 中加入 Pd 后，催化活性显著提高，在 0.05%～3% 的 Pd 添加量范围内，添加 3% 时活性最高，Ag（5%）-Pd（3%）/Al$_2$O$_3$ 的 $T_{100\%} = 502℃$（775K），$T_{95\%} = 439℃$（712K），$T_{90\%} = 424℃$（697K），$T_{50\%} = 396℃$（669K）。

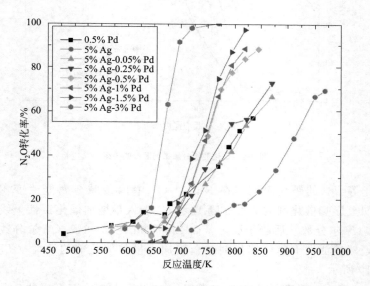

图 3-11 Pd 添加量对 Ag-Pd/Al$_2$O$_3$ 催化剂催化分解活性的影响

Pirngruber 等[39] 针对硝酸厂 N_2O 尾气中存在 NO 的情况，研究了在 NO 存在下 Fe、Ru 双金属 FER 负载催化剂的催化活性。结果表明，在 FeRu-FER 催化剂上，Fe 与 Ru 存在协同作用，其结果是双金属催化剂的氧化亚氮催化分解性能高于各自单金属催化剂的性能。如图 3-12 所示，催化剂的活性顺序为 FeRu-FER＞Fe-FER＞Ru-FER。

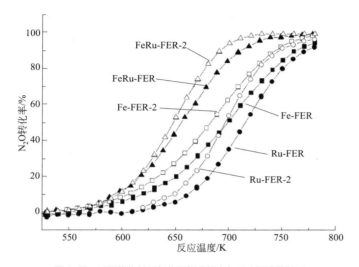

图 3-12　不同催化剂下氧化亚氮分解率与反应温度的关系

（进料：$0.15\% N_2O + 0.04\% NO + N_2$；体积空速：$GHSV = 60000h^{-1}$；2 表示制备的批次）

反应物料中 O_2 的存在对催化反应有抑制作用，影响程度顺序为 Ru-FER＞FeRu-FER≫Fe-FER。物料中 NO 在 Fe 上优先吸附及反应产物减轻了 NO 对 Ru 的抑制作用，Fe 与 Ru 的协同作用提高了催化剂分解氧化亚氮的性能。

C. Ohnishi 等[40] 比较系统地研究了 Ir、Ru、Rh、Pd 金属负载型催化剂的催化活性、载体对 Ir 金属活性的影响以及 O_2 对催化分解反应的抑制作用规律。实验结果表明，贵金属催化剂反应活性顺序为 $Ir/Al_2O_3＞Rh/Al_2O_3＞Ru/Al_2O_3＞Pd/Al_2O_3≫Al_2O_3$，含 Ir 1% 的催化剂 Ir/Al_2O_3 催化活性最高，其 $T_{100\%} = 414℃$，$T_{95\%} = 358℃$，$T_{90\%} = 338℃$，$T_{50\%} = 231℃$。Ohnishi 等考察了不同载体对 Ir 负载催化剂催化活性的影响，其活性顺序为 $Al_2O_3＞Co_3O_4＞SiO_2 ≈ TiO_2 ≈ ZrO_2＞ZnO ≈ NiO＞La_2O_3＞CuO ≈ MgO$。在低温阶段，$O_2$ 对反应有一定的抑制作用，但是当反应温度高于 350℃ 时氧就逐渐可以从催化剂表面解吸到气相中，其抑制作用明显减弱，当温度高于 400℃ 时催化活性就恢复正常，这时氧几乎没有抑制作用。

2007 年以来，中国科学院大连化学物理研究所张涛课题组[41] 以航天发动机推进剂为背景，对贵金属 Ir 取代的六铝酸盐型等催化剂进行了深入研究，对这类催化剂，由于氧化亚氮的反应浓度很高，甚至是纯 N_2O，分解反应过程的温度高达 1000℃ 以上，因此在考虑催化分解活性的同时还要考虑催化剂的高温热稳定性。如图 3-13 所示，实验结果表明，六铝酸盐 $BaFeAl_{11}O_{19-\alpha}$ 本身催化氧化亚氮的活性极低，而 Ir 取代的 $BaIr_xFe_{1-x}Al_{11}O_{19-\alpha}$ 表现出显著的催化活性，在 Ir 取代 Fe 一半原子的情况下，其催化分解的起始温度仅为 600K（327℃），催化活性 $T_{100\%}=451℃$，$T_{95\%}=398℃$，$T_{90\%}=395℃$，$T_{50\%}=368℃$。相对比，Ir 负载型样品 $Ir/BaFeAl_{11}O_{19-\alpha}$ 和 Ir/Al_2O_3 的催化反应活性都远低于取代型六铝酸盐催化剂，$Ir/BaFeAl_{11}O_{19-\alpha}$ 催化活性在 550℃ 仅有 20%，Ir/Al_2O_3 催化活性 $T_{100\%}=561℃$，$T_{95\%}=538℃$，$T_{90\%}=518℃$，$T_{50\%}=449℃$。而单纯的六铝酸盐 $BaFeAl_{11}O_{19-\alpha}$ 几乎没有催化活性，$T_{7.7\%}=550℃$。

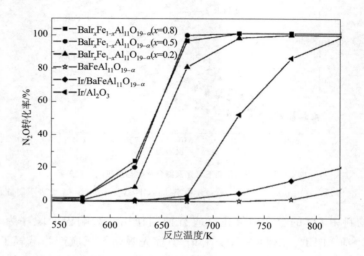

图 3-13　不同 Ir 负载型催化剂 $BaIr_xFe_{1-x}Al_{11}O_{19-\alpha}$、　$Ir/BaFeAl_{11}O_{19-\alpha}$、
$BaFeAl_{11}O_{19-\alpha}$、　Ir/Al_2O_3 氧化亚氮分解率与反应温度的关系

　　进一步实验结果表明[42]，共沉淀制备的 Ir 六铝酸盐催化剂，部分 Ir 以取代离子进入 $BaFeAl_{11}O_{19-\alpha}$ 形成 $BaIr_xFe_{1-x}Al_{11}O_{19-\alpha}$，多余部分以 IrO_2 状态负载于六铝酸盐表面。比较 $BaIr_xFe_{1-x}Al_{11}O_{19}$ 与 $BaIr_xAl_{12-x}O_{19}$ 样品，六铝酸盐骨架内的 Ir 活性高于表面负载的 IrO_2 颗粒，Fe 离子有利于六铝酸盐的形成，并使 Ir 易于进入骨架内取代 Fe 离子。

　　为进一步考察 Ir 原子在六铝酸盐结构中所占据的晶格点，Zhu 等[43] 采用 Al 完全被 Fe 取代的六铝酸盐 $BaFe_{12}O_{19}$ 为研究对象，通过掺杂不同的 Ir 金属，确定了 Ir 优先占据的八面体位置。氧化亚氮催化分解实验结果表明，在 0～0.6 取代范围内，Ir 取代量为 0.6 原子数时活性最高，与他们前期的实验结果类似。

Zhang 团队还研究发现[44]，Ir 负载于三氧化二铝载体时，TiO_2 的掺入导致 TiO_2 与 Al_2O_3 发生协同作用，催化剂 $Ir/TiO_2-Al_2O_3$ 的催化活性明显高于 Ir/TiO_2 和 Ir/Al_2O_3 的活性，如图 3-14 所示，并且在高温下保持良好的稳定性。

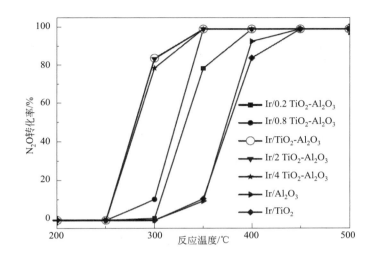

图 3-14　催化剂 $Ir/TiO_2-Al_2O_3$、Ir/TiO_2 和 Ir/Al_2O_3 催化分解转化率与温度的关系

Xu 等[45] 考察了 Au 掺杂于 Co-Al 复合氧化物催化剂的催化反应活性，还考察了添加 Na 元素的影响，结果表明，离子置换制备的 Au-Co-Al 催化剂活性略高于共沉淀法制备的 Au/Co-Al 复合氧化物催化剂，但是 100%转化率温度没有明显区别。Na 负载的 Na/Co-Al、Na/Au-Co-Al 催化剂活性也略高于没有 Na 掺杂的催化剂，但是活性差距仅限于初始反应阶段，而 $T_{100\%}$ 温度并没有明显的差别。掺杂 Na 元素与不掺杂相比，完全分解温度降低了约 20℃。

Karaskova 等[46] 针对硝酸生产厂含 N_2O 废气，采用贵金属 Pd、Pt 以及稀土金属 La、Ce 和碱金属 Li、Na、K 修饰 Co-Mn-Al 插层复合氧化物（LDH）制备了系列催化剂样品，研究了其氧化亚氮催化分解性能。结果表明 Pd、Pt 修饰的 Co-Mn-Al 复合氧化物与没经修饰的样品相比催化活性变化不大，Pd 修饰的 Co-Mn-Al 复合氧化物比 Pt 修饰的活性稍高。

Komvokis 等[47] 针对流化床燃煤含 N_2O 尾气处理，实验研究了不同制备方法获得的 Ru/Al_2O_3 催化剂的性能，结果表明，采用原位还原法得到的负载 Ru 金属纳米粒子催化剂活性明显高于浸渍法负载的 RuO_2 催化剂，如图 3-15 所示。该催化剂会受 H_2O、SO_2 和 NO 影响而部分失活，但是通过再生可以恢复到 90%的活性。

Beyer 等[48] 系统地研究了 Rh 金属负载于 MgO、SiO_2、CeO_2、Al_2O_3 和 TiO_2 载体催化剂的催化活性，Rh 负载于 MgO 和 SiO_2 载体的催化剂活性基本

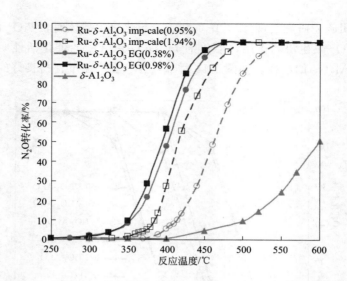

图 3-15 不同方式负载的 Ru-δ-Al$_2$O$_3$ 催化剂在 N$_2$O+ O$_2$ 中的分解反应活性

一样，反应活性最高。催化剂的活性主要取决于载体，如图 3-16 所示，催化剂活性顺序为：Rh/MgO（$T_{50\%}=249℃$）$\approx$ Rh/SiO$_2$（$T_{50\%}=249℃$）$>$ Rh/CeO$_2$（$T_{50\%}=289℃$）$>$ Rh/Al$_2$O$_3$（$T_{50\%}=341℃$）$\approx$ Rh/TiO$_2$（$T_{50\%}=342℃$）。氧气对 Rh/MgO 和 Rh/CeO$_2$ 活性抑制明显，对 Rh/Al$_2$O$_3$、Rh/TiO$_2$ 和 Rh/SiO$_2$ 不明显。

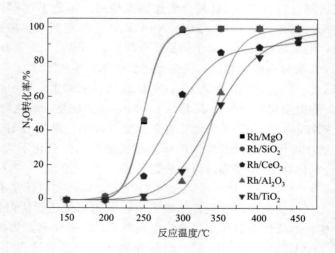

图 3-16 氧存在时，不同催化剂下 N$_2$O 转化率与反应温度的关系

Ce、Zr 和 La 通常用于稳定催化剂结构促进剂，Ce 同时也是优良的给氧体，

La 可以调节金属活性中心。基于这一思想，Konsolakis 等[49] 实验研究了 Pt 在稀土氧化物改性的 Al_2O_3 载体上的催化性能，没有改性的样品 Pt/Al_2O_3、CeO_2 改性的 $Pt/Al_2O_3-CeO_2$、CeO_2 和 La_2O_3 改性的 $Pt/Al_2O_3-CeO_2-La_2O_3$ 样品分解 N_2O 性能以及 2% O_2 气氛环境下的催化性能如图 3-17 所示。

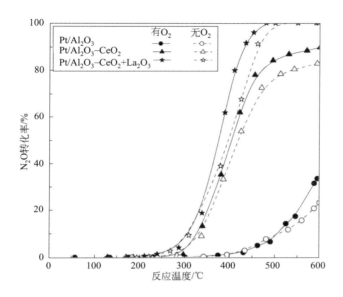

图 3-17　无氧和有氧环境下，改性和没有改性催化剂的催化分解性能

Konsolakis 等还将所制备的 $Pt/Al_2O_3-CeO_2-La_2O_3$ 催化剂的性能与类似的贵金属负载型催化剂的性能进行了比较，如表 3-4 所示，可见除了 Rh 以外，作者制备的改性催化剂性能非常优良。

◆ 表 3-4　整体结构催化剂分解 N_2O 性能比较

整体结构催化剂	金属负载量（质量分数）/%	GHSV/h^{-1}	进料组成	$T_{50\%}$/℃	500℃ N_2O 分解率 X_{500}/%
Pt/Al_2O_3	0.1	10000	0.1% N_2O	—	10
$Pt/Al_2O_3-CeO_2$	0.1	10000	0.1% N_2O	405	85
$Pt/Al_2O_3-CeO_2-La_2O_3$	0.1	10000	0.1% N_2O	375	100
$Pt/Al_2O_3-CeO_2-La_2O_3$	0.1	10000	0.1% N_2O+2% O_2	400	100
$Ir/Al_2O_3-CeO_2$	0.2	25000	0.61% N_2O	540	25
$Fe-Ir/Al_2O_3-CeO_2$	1.5(Fe)+0.2(Ir)	25000	0.61% N_2O	470	80
$Ni-Rh/Al_2O_3-CeO_2$	1.5(Ni)+0.2(Rh)	25000	0.61% N_2O	480	80

整体结构催化剂	金属负载量 （质量分数）/%	GHSV/h^{-1}	进料组成	$T_{50\%}$/℃	500℃ N_2O 分 解率 X_{500}/%
Ni-Rh/Al$_2$O$_3$-CeO$_2$	1.5(Ni)+0.2(Rh)	25000	0.61% N$_2$O+0.76% O$_2$	500	50
Rh/TiO$_2$	0.07	10000	0.06% N$_2$O	415	95
Rh/TiO$_2$	0.2	10000	0.06% N$_2$O	380	95
Rh/TiO$_2$	0.2	10000	0.06% N$_2$O+2% O$_2$	410	95
Rh/Al$_2$O$_3$	0.8	8600	0.05% N$_2$O	320	100
Rh/Al$_2$O$_3$	0.8	8600	0.05% N$_2$O+2% O$_2$	320	100
Rh/Al$_2$O$_3$	0.4	8600	0.05% N$_2$O+2% O$_2$	355	100
Rh/Al$_2$O$_3$	0.2	8600	0.05% N$_2$O+2% O$_2$	385	100
LaCoO$_3$/Al$_2$O$_3$	6.0	10000	0.5% N$_2$O	490	55
LaCoO$_3$/Al$_2$O$_3$	6.0	10000	0.5% N$_2$O+5% O$_2$	510	45
Fe-mordenite	Not referred	30000	0.5% N$_2$O+5% O$_2$	540	25
Fe-ZSM-5	0.4	6000	0.05% N$_2$O+6% O$_2$	425	100

  Konsolakis 等[50] 考察了董青石蜂窝载体上 Pt 负载于经稀土氧化物和 K 改性的 Al$_2$O$_3$ 催化剂的催化性能，如图 3-18 所示，稀土氧化物（CeO$_2$-La$_2$O$_3$）的加入明显能提高 Pt 在 Al$_2$O$_3$ 上的催化活性，K 的加入进一步提高了催化剂反应活性。

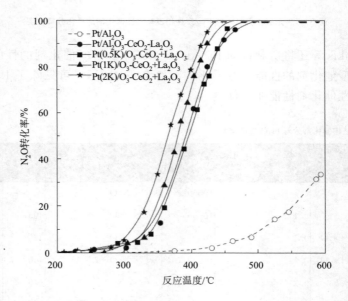

图 3-18　无氧条件下负载于董青石蜂窝载体上的催化剂活性

对于低浓度 N_2O 催化分解，研究表明 Ru 负载型催化剂具有很好的活性，Li 和 Armor[31] 发现在 ZSM-5 载体上，不同元素的催化活性顺序为 Ru、Rh＞Pd＞Cu＞Fe＞Pt＞Ni＞Mn，Zeng 和 Pang[34] 开发的氧化铝负载的 Ru 催化剂在 400℃ 就具有良好的活性。

Zhang 等[51] 从应用于火箭发动机推进剂角度考虑，研究了在高浓度、高温下采用六铝酸盐型催化剂抑制 Ru 在高温下流失的可能性。实验结果表明，铁离子取代的 $BaRu_{0.2}Fe_xAl_{10.8-x}O_{19}$ 催化剂在 1100～1200℃ 的高温下焙烧也能有效地抑制 Ru 的挥发，从而提高了六铝酸盐中 Ru 离子的取代量，提高了催化剂的活性。催化剂的反应活性如图 3-19 所示。

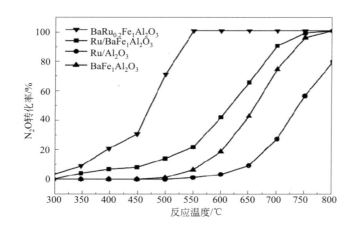

图 3-19　不同载体负载的 Ru 催化剂氧化亚氮分解转化率与温度的关系

Zheng 等[52] 实验研究了氧化物和炭基载体对 Ru 催化剂分解氧化亚氮催化活性的影响，发现 Ru 的催化活性与负载氧化物载体有直接关系，如图 3-20 所示，活性顺序为（$T_{50\%}$）：Ru/TiO_2（307℃）＞Ru/Al_2O_3（330℃）＞Ru/SiO_2（348℃）＞Ru/CeO_2（483℃）＞Ru/MgO（＞500℃）。氧对氧化物负载的 Ru 催化剂活性都有影响，对氧的敏感性顺序为 Ru/SiO_2＞Ru/Al_2O_3＞Ru/TiO_2＞Ru/CeO_2，这个顺序与催化剂活性顺序并无关联。对于活性炭（AC）和 SiC 载体，Ru/AC 活性明显高于 Au/SiC，由于氧化性气体的存在，在产物中检测到 CO_2 和少量 CO。

Kubonová 等[53] 研究了 Al 改性的 MCM、SBA 负载的 Rh 催化剂分解 N_2O 的催化性能，结果表明，具有催化活性作用的是离子态的 Rh（Rh^+ 和 Rh^{3+}）而不是金属 Rh，铝改性的 MCM41 负载的 Rh 催化剂 Al-MCM＋Rh 分解氧化亚氮的转化率与 SBA 负载的 Rh 催化剂性能相当，不同方法 Al 改性或修饰的 MCM 催化剂催化转化率顺序为：Al-MCM＋Rh（2.7%）＞MCM＋Al＋Rh

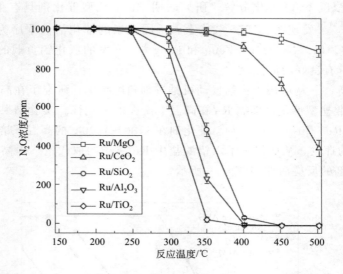

图 3-20　氧化物负载的 Ru 催化剂分解氧化亚氮浓度与温度的关系

（2.7%）＞SBA＋Rh（2.7%）≈MCM＋Rh（2.7%），在惰性环境和 O_2、H_2O、NO 环境的催化反应活性数据如图 3-21 和表 3-5 所示。

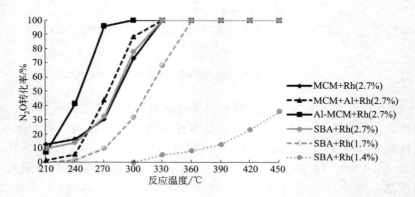

图 3-21　Rh 改性的 MCM、MCM＋Al、Al-MCM 及 SBA 催化剂性能比较

◆ 表 3-5　硅质载体 MCM、Al-MCM 和 SBA 负载铑催化剂催化分解 N_2O 50% （$T_{50\%}$）和 90% （$T_{90\%}$）转化率对应的温度

样品	N_2,N_2O $T_{50\%}/℃$	N_2,N_2O $T_{90\%}/℃$	＋O_2,H_2O $T_{50\%}/℃$	＋O_2,H_2O $T_{90\%}/℃$	＋O_2,H_2O,NO $T_{50\%}/℃$	＋O_2,H_2O,NO $T_{90\%}/℃$
MCM＋Rh(2.7%)	284	319	385	418	419	448
MCM＋Al＋Rh(2.7%)	274	304	406	437	424	454

样品	N_2,N_2O $T_{50\%}$/℃	N_2,N_2O $T_{90\%}$/℃	$+O_2$,H_2O $T_{50\%}$/℃	$+O_2$,H_2O $T_{90\%}$/℃	$+O_2$,H_2O,NO $T_{50\%}$/℃	$+O_2$,H_2O,NO $T_{90\%}$/℃
Al-MCM＋Rh(2.7%)	245	267	305	340	388	416
SBA＋Rh(2.7%)	282	317	393	429	420	449
SBA＋Rh(1.7%)	315	351	409	442	442	474
SBA＋Rh(1.4%)	485	581	—	—	—	—

Yentekakis 等[54] 研究了负载型 Ir 催化剂的烧结特性与氧化物载体之间的关系，他们选择了 γ-Al_2O_3、Y_2O_3-ZrO_2、Gd_2O_3-CeO_2、Al_2O_3-CeO_2-ZrO_2 四种氧化物及复合氧化物载体，如图 3-22 所示，结果发现氧化物负载型 Ir 金属催化剂的热烧结特性与载体氧化物材料的晶格氧不稳定密切相关，载体中的氧越不稳定，Ir 越不易烧结，从而催化剂的催化性能越稳定。

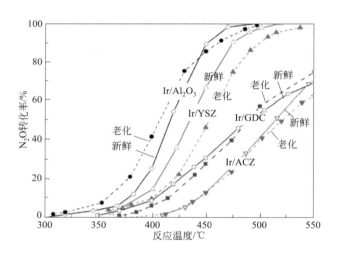

图 3-22　Ir 氧化物负载型催化剂的起燃性能曲线

Carabineiro 等[55] 以 Au 负载在 Fe_2O_3、CeO_2、ZnO、TiO_2、Al_2O_3 五种载体上的催化剂分解氧化亚氮为研究对象，在五种载体中，Fe_2O_3、CeO_2 具有高还原性，而 TiO_2、Al_2O_3、ZnO 具有中等还原性。纯氧化物的氧化亚氮催化分解活性顺序为 Fe_2O_3≫CeO_2＞ZnO＞TiO_2＞Al_2O_3，负载 Au 后催化剂的催化活性顺序没有改变。载体的氧化还原性主导了分解氧化亚氮的催化活性，Au 的加入进一步强化了催化剂的氧化还原性。在氧环境中，催化剂反应活性受到轻微抑制作用，特别是在低温阶段，这主要是表面竞争吸附的影响，但是五种负载型催化剂的反应活性顺序也没有改变，认为氧化物载体的性质主导了催化剂的性质。

Chen 等[56] 利用密度函数法（DFT）设计了负载型 RhM（M＝Co、Ni、Cu）/SBA-15 催化剂，实验结果表明，催化剂分解氧化亚氮的催化活性顺序与预测一致，即 Rh_7Co_1/SBA-15＞Rh/SBA-15＞Rh_7Ni_1/SBA-15＞Rh_7Cu_1/SBA-15，实验结果如图 3-23 所示。

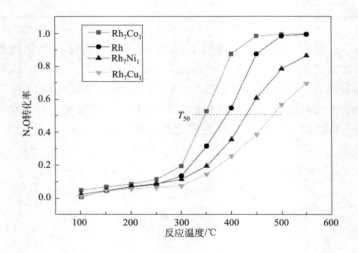

图 3-23　不同样品氧化亚氮催化转化率与反应温度的关系

Yu 等[57] 研究了 $Ag-Co_3O_4$ 复合氧化物催化剂分解氧化亚氮的催化性能，实验发现 Ag 的加入明显提高了 Co_3O_4 的催化活性。氧、水及 NO 对 Ag-Co 复合氧化物催化剂分解氧化亚氮反应的分解速率有抑制作用，并且氧、水及 NO 的抑制效应按顺序逐渐增强，但是 Ag-Co 复合氧化物的耐气体杂质的能力明显高于浸渍法制备的 K-Co 催化剂，所以尽管在无氧、无水及无 NO 气体杂质的情况下，K-Co 催化剂具有较高的催化活性，但是从实际应用的角度考虑，Ag-Co 复合氧化物催化剂更适合于实际硝酸厂尾气的氧化亚氮消除过程。

Kim 等[58] 认为，CeO_2 作为 Rh 催化剂载体有利于阻止 Rh 的团聚，而 Zr^{4+} 的引入有助于改善氧化还原性以及金属与载体的相互作用，所以 Zr-Ce 复合氧化物载体提高了 RhO_x 在催化剂表面的分散性和催化活性，也改善了催化剂耐氧和水的性能，如图 3-24 所示，实验结果证明了这一点。

Hinokuma 等[59] 系统地研究了 Ir 在氧化物载体 Al_2O_3、CeO_2、SiO_2、MgO、TiO_2、ZrO_2、Nb_2O_5、SnO_2 上催化分解 N_2O 的催化性能，分析表明 Ir 以 IrO_2 状态附着于载体表面，催化剂分解氧化亚氮性能实验结果如图 3-25 所示，催化剂活性顺序为（按 $T_{50\%}$）：ZrO_2＞SnO_2＞Al_2O_3＞CeO_2＞Nb_2O_5＞

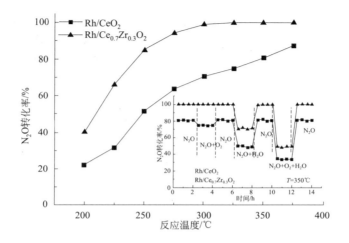

图 3-24　N_2O 在催化剂 Rh/CeO_2 和 $Rh/Ce_{0.7}Zr_{0.3}O_2$ 上的分解特性

$TiO_2 > MgO > SiO_2$。

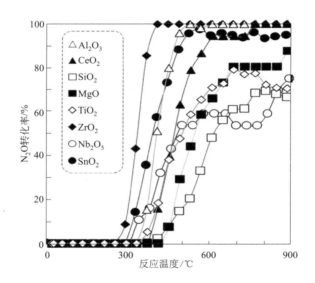

图 3-25　不同氧化物载体负载 Ir 催化剂分解氧化亚氮的性能

　　Li 等[60] 以机动车尾气 N_2O 减排为目标，系统地考察了 Rh 负载型催化剂的性能，考察的载体包括以 Al_2O_3 和 CeO_2 为主的纯氧化物和复合氧化物、Co/Ce/Al/Mn/La 等尖晶石复合氧化物和多种分子筛载体，将不同环境条件下催化剂的催化性能汇总于表 3-6 中。

◆ 表3-6   400℃^①下催化剂在不同进料条件下催化分解氧化亚氮的分解率　　　　　　　　　　　　　　　　单位：%

编号	催化剂^②	新制备的			经老化的		
		进料 1^③	进料 2^④	进料 3^⑤	进料 1^③	进料 2^④	进料 3^⑤
1	Rh/Al_2O_3	99	98	17	3	3	1
2	Rh/CeO_2	98	75	8	99	92	32
3	$Rh/OSC-1$	97	77	7	5	3	0
4	$Rh/OSC-2$	100	94	19	24	14	1
5	$Rh/SiO_2/ZrO_2$	25	23	0	2	3	1
6	$Rh/Zr/La/Al_2O_3$	97	85	6	2	3	1
7	$Rh/Y/Nd/La/ZrO_2$	100	94	12	13	7	1
8	$Rh/CeO_2/Al_2O_3$	100	98	8	4	5	1
9	$Rh/SiO_2/Al_2O_3$	97	97	7	2	2	0
10	$Rh/BaO/Al_2O_3$	100	98	21	5	4	1
11	$Rh/CoAlO$	97	88	10	5	2	0
12	$Rh/CoCeAlO$	88	84	6	5	1	0
13	$Rh/CoMnAlO$	93	77	7	1	1	0
14	$Rh/CoAlO$	100	100	18	4	2	0
15	$Rh/Ce/CoAlO$	99	98	18	4	2	1
16	$Rh/Ce/CoLaAlO$	72	32	3	3	2	1
17	$K/CoAlO$	2	1	1	0	1	1
18	$CoAlO$	4	2	1	2	2	1
19	$CoMnAlO$	8	6	1	1	0	0
20	$CoLaAlO$	3	2	0	3	2	0
21	$Rh-ZSM-5$	95	87	0	20	18	0
22	$Rh-Y$	100	97	0	4	5	0
23	$Rh-MOR$	94	87	0	76	68	0
24	$Rh-FER$	74	67	0	8	9	0
25	$Ce/Rh-ZSM-5$	46	37	0	2	3	0
26	$Ce/Rh-BEA$	77	67	1	2	3	0
27	$Ce/Rh-Y$	32	27	1	5	4	0
28	$Rh-Ce/ZSM-5$	36	30	0	4	3	0
29	$Rh-Ce/BEA$	100	100	1	99	95	0
30	$Rh-Ce/Y$	74	62	0	4	3	0

注：① 所有催化剂在 250、300、350 和 400℃，但表中仅列入了 400℃的结果。

② 所有催化剂中 Rh 的负载量为 1%（质量分数）。

③ 进料 1（Feed 1）为 0.02% $N_2O+5\%$ CO_2+N_2 平衡。

④ 进料 2（Feed 2）为 0.02% $N_2O+5\%$ $CO_2+5\%$ O_2+N_2 平衡。

⑤ 进料 3（Feed 3）为 0.02% $N_2O+5\%$ $CO_2+5\%$ H_2O+N_2 平衡。

氧化亚氮减排原理
与应用

可以看出，一些尖晶石类 Rh 负载型催化剂在无水条件下，新制备的催化剂具有优良的催化活性，但是经过水热老化或者在湿进料情况下就失去了活性。分子筛 Rh 负载型催化剂在无水条件下甚至老化后都具有较高活性，但是对水极度敏感。而 Rh/CeO_2 是一个例外，特别是在存在 H_2O 和 O_2 的情况下，水热老化明显地提高了催化剂的活性，载体 CeO_2 在负载 Rh 以前经焙烧也出现类似活性提高的现象。XPS 分析表明，Rh/CeO_2 新催化剂经老化后表面出现 Rh 元素的富化现象，STEM 分析表明，埋藏在新催化剂内部的 Rh 在经过热处理后被拉出到载体的表面。所有的 Rh 催化剂都会受到 H_2O 的抑制作用，而以分子筛负载型催化剂最差，相对于其他催化剂，Rh/CeO_2 对水的敏感性差。DRIFTS 数据表明催化剂对水的敏感性与催化剂的亲水性相关，催化剂表面 OH 基团覆盖率高就会降低其分解氧化亚氮活性。H_2-TPR 结果表明在低于 100℃ 时 Rh/CeO_2 就可以还原，经还原的 Rh/CeO_2 催化剂在 250℃ 就几乎可以将低浓度 N_2O 完全分解。

总结众多的贵金属催化剂分解氧化亚氮研究结果表明，影响贵金属催化剂催化分解 N_2O 反应活性的因素主要包括：贵金属元素的种类、贵金属元素在催化剂中物态、催化剂载体、催化剂的制备方法、催化剂的应用条件等多种复杂因素。这些因素往往存在交互作用，很难采用清晰严谨的规则来判断具体一个催化剂样品的活性状态。

在金、银、钌、铑、钯、锇、铱、铂八种贵金属元素中，除 20 世纪早期以研究 N_2O 分解反应机理为主要目的采用纯金属或氧化物作为催化剂外，20 世纪后期以来主要采用负载型催化剂进行实际应用研究。不同的研究者对这些催化剂研究得出的结论也不尽相同，总体来看研究 Au、Ag 催化剂相对较少，特别是对 Os 系催化剂的研究极少见。Au、Ag 催化剂在低温时活性比较高，但不太适用于高温情况，特别是 Ag 催化剂在高温下挥发和团聚现象严重，催化剂活性受到严重影响。早期对 Pt 催化剂反应机理研究占主导地位，但是从应用角度看，Pt、Pd 并不太适用于在高温下作为分解 N_2O 的催化剂，高温下挥发和团聚造成的催化剂活性下降是它们明显的缺点，所以研究工作相对偏少。在贵金属催化剂中钌、铑、铱催化剂的活性比较高，是贵金属类催化剂研究的重点。

贵金属在负载型催化剂中的物质形态主要包括纯金属、氧化物和离子状态。通过浸渍法、沉淀法制备的负载型贵金属氧化物经焙烧后，通常在表面上贵金属呈氧化物状态，如果经过 H_2 等还原剂还原则呈纯金属状态，同时也与还原程度以及贵金属物种与载体的相互作用有关，也可能贵金属存在不同的物态。在复合氧化物、取代型（如尖晶石、钙钛矿、六铝酸盐等）、离子交换型（如分子筛等）中，贵金属主要以离子状态存在，也可能存在多种不同价态。

负载型贵金属催化剂的性能与载体密不可分，载体通常可分为纯氧化物、复合氧化物、分子筛等。复合氧化物中，除了部分为纯氧化物的简单混合即固溶体外，由于氧化物之间的相互作用，在一定条件下呈现特殊结构，如常见的尖晶石结构、钙钛矿结构、六铝酸盐结构等，这些特殊结构的催化剂在一些方面如热稳定性、耐水特性等往往具有特殊优势。一般分子筛结构贵金属催化剂具有较高的催化活性，但是由于分子筛的结构特性，其在耐水性方面具有先天性缺陷。

制备方法往往对所得催化剂的活性等具有一定影响。常用的负载型催化剂的制备方法有浸渍法、沉淀法、沉淀浸渍法、共沉淀法、等体积浸渍法、离子交换法、溶胶凝胶法，也有固相反应法、气相沉积法、等离子体法等不常被采用的方法，考虑到工业过程的技术可行性和经济成本，浸渍法和沉淀法应该是工业催化剂制备的主流方法。

从工业实际应用的角度考虑，贵金属催化剂的选择不能简单地仅从催化剂的活性来考虑，要从催化剂的活性、机械性能、热稳定性、抗毒化性能、原料易得性、经济性、技术可行性等多种因素综合衡量考虑。

3.3　过渡金属氧化物催化剂

过渡金属作为氧化亚氮催化分解催化剂的早期研究主要以纯过渡金属氧化物或复合金属氧化物为对象，研究 N_2O 在过渡金属氧化物催化剂表面的分解反应机理。随着科学界将氧化亚氮直接催化分解的研究目标聚焦到工业应用领域，人们发现尽管在催化反应活性方面过渡金属催化剂可能不如贵金属催化剂，但是过渡金属催化剂的催化反应活性并不低于贵金属催化剂多少，此外，过渡金属催化剂在热稳定性、耐杂质毒性方面有着天然优势，同时经济性远高于贵金属催化剂。

除了作为氧化亚氮分解催化剂活性组分以外，过渡金属氧化物还是非常优良的催化剂载体，特别是与一些碱土金属氧化物、稀土金属氧化物复合后的复合氧化物可以提高催化剂的活性和热稳定性、耐毒化性能等，所以 20 世纪后期以来约 80％ 的相关文献集中在过渡金属催化剂方面，特别是 21 世纪以来，随着世界各国对氧化亚氮减排的重视，工业化的氧化亚氮减排项目几乎都采用了以过渡金属氧化物或复合氧化物为催化剂的直接催化分解工艺，过渡金属氧化物催化剂研究更是成为研究的热点方向。

1996 年，Kapteijn 等[26] 对之前的过渡金属催化分解氧化亚氮的文献进行了比较系统的总结，具体信息如表 3-7 所示，为了原文献信息的完整性，原文献表格中包含的非过渡金属催化剂一并列入其中。

氧化亚氮减排原理
与应用

◆ 表 3-7　各催化剂分解 N_2O 的条件

催化剂体系	T-范围/K	p_{N_2O}/kPa	p_{O_2}/kPa	反应器类型	其他气体
纯氧化物					
$CaO,Fe_2O_3,CuO,Rh_2O_3,IrO_2$	500~700	6.7~35	13.26	间歇外循环	
$MgO,NiO,SrO,Cr_2O_3,CeO_2,ThO_2,SnO_2,MnO_2$	700~800				
$BeO,ZnO,Al_2O_3,Ga_2O_3,HfO_2,TiO_2$	800~1000				
$La_2O_3,Nd_2O_3,Sm_2O_3,Eu_2O_3,Gd_2O_3,Ho_2O_3,Tm_2O_3,Yb_2O_3,Lu_2O_3$	600~800	3,6.7~35	13.26	间歇	
$Sa_2O_3,Y_2O_3,In_2O_3,Tb_2O_3,Dy_2O_3,Er_2O_3$	800~950				
Nd_2O_3,Dy_2O_3,Er_2O_3	700~900	0.03~12	0.02~2	·间歇	
$MnO,Mn_3O_4,Mn_2O_3,MnO_2$	570~670	5~20	0.5~8	流动	
MgO	600~850	25~30	—	间歇	
Co_3O_4,NiO	550~650	100	—	流动	
CuO	650~750				
$ThO_2,Al_2O_3,CdO,SnO_2,CeO_2,ZrO_2,Fe_2O_3,ZnO,Nd_2O_3,Cr_2O_3$	700~900				
$MgO,CaO,Sb_2O_4,WO_3,BeO,U_2O_3,SiO_2,GeO_2$	900~1100				
CoO,Cr_2O_3,NiO,CuO	500~900	0.001~0.1	100	流动	
CaO	1120	0.025~0.05	4	流动	CO_2,H_2O,SO_2
MnO_2,V_2O_3,CuO	550~900	0.0078	—	流动	
CuO,CeO_2	800~1100				
CoO	500~770	6,12	—	间歇	
Fe_2O_3	500~800	0.013~0.052	—	间歇	
CaO	500~800	15	—	流动	
SrO	600~750	0.3,6.7~35	—	间歇,流动	
La_2O_3	600~970	0.12	—	流动	
复合氧化物					
固溶体					
CoO 与 MgO	500~700	8	—	间歇	
NiO 与 MgO	600~750	8	—	间歇	
Cr_2O_3 与 Al_2O_3	650~900	2,40	—	间歇	
尖晶石					
MAl_2O_4（$M=Co,Cu,Ni,Mg,Zn$）	750~100	100	—	流动	

催化剂体系	T-范围/K	p_{N_2O}/kPa	p_{O_2}/kPa	反应器类型	其他气体
MCr_2O_4（M＝Co，Ca，Ni，Mg，Zn）	750～1000				
MCo_2O_4（M＝Co，Cu，Ni，Zn，Ni＋Cu）	400～520	6.7,26	—	间歇	
$Cu_xCo_{3-x}O_4$（$x=0～1$）	700～800	6.7,26		间歇	
$Co_xMg_{1-x}Al_2O_4$（$x=0～1$）	600～750	8	—	间歇	
钙钛矿型					
ABO_3					
$LaMO_3$（M＝Co，Ni，Cr，Mn，Fe）	700～900	0.1		流动	
$La_{1-x}Sr_xMnO_3$（$x=0～1$）	600～800	6.7,26	—	间歇	
$MTiO_3$（M＝Ca，Sr，Ba，Mg，Mn）	600～800	6.7,26	—	间歇	
$MMnO_3$（M＝La，Nd，Sm，Gd）					
$LaMO_3$（M＝Cr，Fe，Mn，Co，Ni）					
A_2BO_4					
M_2NiO_4（M＝La，Pr，Nd）	650～750	6.7,26	—	间歇	
M_2CuO_4（M＝La，Pr，Nd，Sm，Gd）	670～750	6.7,26	—	间歇	
La_2MO_4（M＝Co，Ni，Cu）	700～900	0.1	—	流动	
La_2CuO_4	610～750	6.7,26	—	间歇	
$La_{1.85}Sr_{0.15}CuO_{4-\lambda}$	610～750				
$La_{2-x}Sr_xCuO_4$（$x=0～1$）	700～900	0.5～1.0	0.25～10	流动	
$La_{2-x}Sr_xCuO_4$（$x=0～1$）	650～900	3	—	流动	
$MSrFeO_4$（M＝La，Pr，Nd，Sm，Gd）	690～750	6.7,26	—	间歇	
类水滑石					
$M-Al-CO_3-HT$（M＝Co，Ni）	400～500	6.7		间歇	
$M-Al-CO_3-HT$（M＝Cu）	500～600				
$M-Al-CO_3-HT$（M＝Co，Ni，Cu，Co-La，Co-Pd，Co-Rh，Co-Mg，Co-Ru）	500～700	0.1	2.5	流动	H_2O
负载型体系					
氧化铝					
Fe_2O_3	800～950	33	—	流动	
Cr_2O_3	600～900	变化	—	脉冲反应器	
Mn_2O_3	550～650	0.08	—	间歇	

氧化亚氮减排原理
与应用

催化剂体系	T-范围/K	p_{N_2O}/kPa	p_{O_2}/kPa	反应器类型	其他气体
Rh_2O_3	470~720	0.02	—	流动	NO,CO_2,SO_2
Rh	550~650	0.1	—	流动	
Ru	600~700				
Pd,CuO,CoO	650~800				
Pt-Rh	500~700	0.0078	—	流动	
二氧化硅					
Cr,Co,Ni,Fe	570,820	100	—	流动	
Fe_2O_3	500~800	0.013~0.052	0.013	间歇	
二氧化锆					
Co,Cu,Ni,Fe,Ru	570~820	1~20	+?	流动	
Co/Ni	670~800	29	—	流动	
分子筛体系					
Fe-Mor	600~900	1~10	1~10	流动	
Fe-Y	600~900	1~10		流动	
Fe-ZSM-5	570~850	0.013~0.052	0.013~0.052	间歇	
[Fe]-ZSM-5	500~700	0.1	0~5	流动(TPR)	
Fe,Ru"在"ZSM-5	450~800	1~3.5	0~10	流动	
Co,Cu"在"ZSM-5,ZSM-11,Y,L,Ferrierite,Beta,Mor,Erionite	600~800	0.1	—	流动	
M-ZSM-5(M=Co,Cu)	600~700	0.02~0.12	2.5	流动	NO,H_2O
M-ZSM-5(M=Ni,Mn,Fe)	600~800	0.1	—	流动	
M-ZSM-5(M=Rh,Ru,Pd,Pt)	500~800	—	—	流动	
Ru"在"ZSM-5,USY	400~600	0.05~1	0~5	流动	
Cu,Co,Ni,Mn"在"Na-A	700~900	0.013~0.026	—	间歇	

注：表中内容的参考文献见文献 [26]。

从表 3-7 中可以看出，关于过渡金属氧化物催化分解 N_2O 的研究几乎覆盖了第一过渡系的全部过渡金属元素。

3.3.1 纯过渡金属氧化物

过渡金属氧化物中，Co、Fe、Ni、Cu 的氧化物催化活性最高，稀土 La 氧化物也是高活性催化剂，V_2O_5 据报道也具有较高活性，此外，碱土金属氧化物 CaO、SrO 和稀土氧化物 HfO_2 也具有较高催化活性。Mn、Cr、Zn、Cd、Sn、Mg、Th、Ce 的氧化物具有中等催化活性，其他元素的氧化物催化活性很小。Kapteijn 等[26] 根据文献用单位面积反应速率 $\mu mol/(s \cdot m^2)$ 与反应温度的倒数 $(1/T)$ 之间的关系清晰地表示出不同纯氧化物催化活性的关系（图中包含了一些非过渡金属氧化物），如图 3-26 所示。

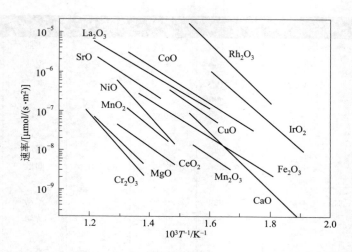

图 3-26　纯氧化物分解 N_2O 速率（10kPa N_2O 及 0.1kPa O_2 条件下）

过渡金属元素往往有多种价态，元素在氧化物中的价态也是影响催化剂活性的重要因素。锰的价态从 +2 到 +7，其中氧化物催化分解氧化亚氮的活性为 $Mn_2O_3 > Mn_3O_4 > MnO_2 > MnO$，$Mn_2O_3$ 表现出最好的催化反应活性。钒的氧化物中 V_2O_3 的催化活性最高，而 V_2O_5 几乎没有活性。由于 N_2O 催化分解反应温度较高，一些氧化物如 MnO_2、MnO、CuO、CoO 在高温下不稳定或转化为其他价态的氧化物。

纯氧化物的表观活化能一般在 $80 \sim 170kJ/mol$ 范围内，反应速率通常与氧化亚氮浓度成正比，有时由于受氧气的抑制作用氧化亚氮的指数略低于 1。如果氧气对 N_2O 分解抑制作用强，反应速率则正比于氧气浓度的 -0.5 次幂。有些氧化物催化分解 N_2O 的速率几乎不受氧气的影响，如 Ca、Sr、La、Ce、Zn、Hf，这些氧化物在有氧条件下的应用具有优势。

3.3.2　复合过渡金属氧化物

复合金属氧化物催化剂有的是几种纯氧化物的简单混合物，有的会形成特定结构的固溶体、尖晶石、钙钛矿、六铝酸盐等。一些过渡金属元素加到几乎对分解 N_2O 表现惰性的氧化物如 MgO、Al_2O_3、$MgAl_2O_4$ 中后，在极低的浓度下表现出极高的催化活性，图 3-27 为几种过渡金属在 MgO 中摩尔浓度为 1% 时的催化活性。

多价态的过渡金属元素在复合氧化物催化剂中的活性也不尽相同，如前面讲到的锰元素，实验表明在 MgO 中 Mn^{3+} 的活性要比 Mn^+ 和 Mn^{4+} 高，这与纯的

氧化亚氮减排原理
与应用

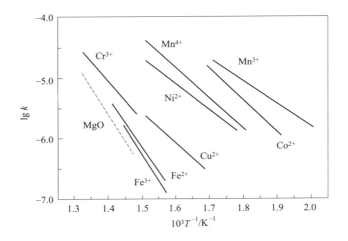

图 3-27 部分过渡金属在 MgO 中（摩尔浓度 1%）的催化活性

锰氧化物催化活性一致。

在 MgO 中高浓度的过渡金属混合物的表观活化能与纯氧化物相近，Ni、Cr 和 Co 在 MgO 中的活化能随着浓度降低而降低，这与吸附氧的键能弱化相关，分子氧在这类物系上的吸附较弱，氧的抑制作用不强。Cr 在铝酸镁和 α-氧化铝中的结果与氧化镁相似，研究表明 Co-铝酸盐是纯过渡金属铝酸盐中活性最高的体系。

尖晶石和钙钛矿是两类重要的具有固定结构的复合氧化物，尖晶石分子结构如图 3-28 所示。

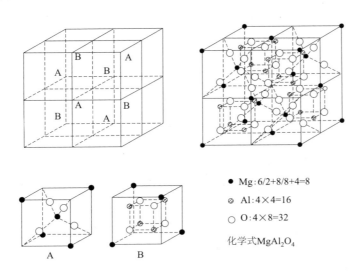

● Mg：6/2+8/8+4=8

◎ Al：4×4=16

○ O：4×8=32

化学式 MgAl$_2$O$_4$

图 3-28 尖晶石分子结构示意图

尖晶石类物质分子可表示为 AB_2O_4，该类结构具有特殊的电磁性质和催化活性，A 为占据四面体位的二价阳离子，B 为八面体位的三价阳离子。Russo 等通过改变阳离子种类（A＝Mg，Ca，Mn，Co，Ni，Cu，Cr，Fe，Zn；B＝Cr，Fe，Co）得到了一系列催化剂，并测试了它们在无氧和含氧状态下催化 N_2O 分解的活性。B 位为 Co 的催化剂体现了最好的活性，$GHSV＝80000h^{-1}$ 条件下，$MgCo_2O_4$ 的 $T_{50\%}$ 在无氧和有氧时，分别为 440℃和 470℃，这样的活性来源于晶格表面化学吸附较弱的氧物种脱附导致的氧空穴。

Yan 等[61,62] 采用共沉淀法合成了 $M_xCo_{1-x}Co_2O_4$（M＝Ni，Mg，Zn；$x＝0.0\sim0.99$）尖晶石催化剂并考察了其催化 N_2O 分解的活性，其中 $Ni_{0.75}Co_{0.25}Co_2O_4$、$Mg_{0.55}Co_{0.45}Co_2O_4$ 和 $Zn_{0.36}Co_{0.64}Co_2O_4$ 具有较佳的活性。它们在 200℃左右就可以完全催化分解 He 中 0.1% 的 N_2O，在混有 O_2（10%）和 H_2O（5%）的情况下，300℃左右也可以完全催化分解 N_2O。

Xue 等[63-65] 系统地研究了钴复合氧化物催化分解 N_2O 的性能，采用共沉淀法制备了一系列 Co-M（M＝La，Ce，Fe，Mn，Cu，Cr）复合金属氧化物及纯 Co_3O_4 催化剂，并考察了其催化分解 N_2O 的活性。结果表明在研究的系列催化剂中，Co-Ce 复合氧化物催化剂具有比 Co_3O_4 催化剂更高的催化分解 N_2O 的活性。其活性与 Ce/Co 物质的量比有直接的关系，当 Ce/Co 物质的量比为 0.05 时（$CoCe_{0.05}$ 催化剂）催化活性最佳，能够在 280℃左右实现对 0.1% N_2O 的完全消除。添加适量 Ce 不仅可以提高催化剂的比表面积，还可以提高催化剂活性位的氧化还原能力。

钙钛矿类可以用通式 ABO_3 表示，其分子结构如图 3-29 所示，A 位和（或）B 位被部分取代后的双结构可以表示为 $AA'BB'O_6$，其中 A 离子一般为较大的几乎无活性的稀土元素离子（>90pm），最常见的是 La；而 B 位（>51pm）最常见的主要是原子的最后一个电子排在 3d 轨道上过渡金属元素，如 Cu、Cr、Fe、

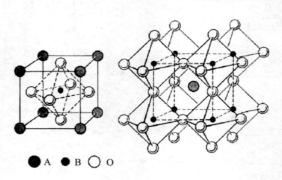

●A ●B ○O

图 3-29　钙钛矿分子结构示意图

Co、Ni、Mn、Ti，B 位离子主要与催化活性有关。A 位和（或）B 位离子部分被其他化合价离子取代会造成 B 位离子异常价态（Cu^{3+}，Ni^{3+}）和（或）氧空位，这些结构可以表示为 $A'_x A_{1-x} B'_y B_{1-y} O_{3-\lambda}$，其中 λ 为平衡阳离子电荷的氧空位。Sr 和其他的碱土元素以及 Ce 经常适于 A 位取代，而对 B 位取代的研究通常以提高钙钛矿催化反应活性为目的。

由于 A 位（包括 B 位）的可取代性，这样就存在大量的不同的钙钛矿类物质，对这类催化剂的研究，工作量巨大。钙钛矿物质具有优良的结构和热稳定性，由于它们是在高温处理条件下制备的，所以它们通常具有较低的比表面积（一般小于 $10m^2/g$）。不同的组成影响着氧缺陷，金属离子的价态变化使它们适于作为模型化合物用于研究固态化学与催化活性之间的关系，包括 N_2O 分解反应。

虽然钙钛矿物质的比表面积较低，但是它们的催化活性却相对较高[26]。以 $LaMO_3$ 类钙钛矿为例，B 位 M＝Co、Ni、Mn、Fe、Cr 时，可以发现 N_2O 分解反应的活化能（35～130kJ/mol）与氧同位素交换反应的氧键能存在良好的对应关系，显然，氧键的作用力起着重要作用。催化剂的活性顺序为 Co＞Ni、Cu＞Fe＞Mn＞Cr，如图 3-30 所示。

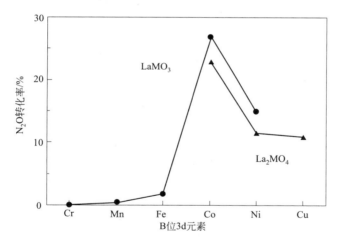

图 3-30　$LaMO_3$、La_2MO_4 类钙钛矿复合氧化物催化分解 N_2O 转化率比较

（条件：723K，0.1kPa N_2O，W/F_{N_2O}＝7200g·s/mmol）

氧对这类复合氧化物催化分解 N_2O 反应的影响差别较大。在 6.6kPa N_2O 时，氧气对 Fe 钙钛矿催化剂没有影响，对 Ni 钙钛矿有较弱的影响，而对 Co 钙钛矿有强烈的抑制作用。反应速率与 p_{N_2O} 呈一级反应，对 Co 钙钛矿催化剂与 p_{O_2} 呈 -0.5 级反应。同时，La_2O_3 对 N_2O 催化分解反应也具有活性，所以 La 离子应该也参与了分解反应过程。

改变 $MMnO_3$ 中的 A 位 M 离子（M＝La、Nd、Sm、Gd）可以使钙钛矿的

活化能从 105kJ/mol 下降到 30kJ/mol，这可以用增加了 Mn 位的电子密度来解释，从而易于氧的解吸。对于相关的 M_2CuO_4 结构尖晶石（M＝La、Pr、Nd、Sm、Gd），在 6.6kPa N_2O 时活化能处于 70～145kJ/mol 之间，而在 26kPa N_2O 时活化能下降到 45～85kJ/mol 之间，按 La、Pr、Nd、Sm、Gd 的顺序氧气的抑制作用增强。

在 $LaCuO_4$ 中用二价锶部分取代三价镧会导致 Cu 的价态升至＋2.3，Sr 取代量提高将导致氧缺陷。当 Sr 最佳取代量为 0.5 时催化剂的活性最高，此时 Cu 达到了最高平均氧化态，如图 3-31、图 3-32 所示。

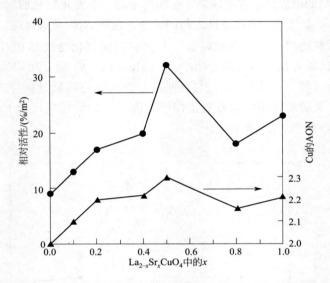

图 3-31　N_2O 分解率（以单位表面的转化率表示）随 La_2CuO_4 中 Sr 掺杂率 x 的变化（包括平均氧化数 AON）

（反应温度 723K，N_2O 分压 0.1kPa，W/F_{N_2O}＝7200g·s/mmol）

很显然，氧空位浓度是决定催化剂活性的主要因素，但是关于这方面的关联性研究没有相关文献报道。在低压下氧的抑制作用最强，但是在较高的氧分压下（＞1kPa）分解率并没有进一步下降，这与在 Pt 催化剂上观察到的类似。

宋崇林等[66] 研究了稀土钙钛矿型催化剂 $LaBO_3$（B＝Co，Ni，V，Fe，Cu，Cr，Mn，Ti）上氧物种的化学势、B 位元素的平均价态及催化剂氧种的分布及种类，同时分析了 N_2O 的催化分解反应机理。实验结果表明：①N_2O 在钙钛矿型化合物 $LaBO_3$ 上的分解反应属于表面上的催化过程，活性位由 B-O-B 骨架提供。②B 位离子 3d 电子较活泼的催化剂中阳离子的化学势较高，反应能力较强，TPR（程序升温还原分析）反应活化能较小。催化剂表面吸附氧对 N_2O 分解有抑制作用。③在钙钛矿型化合物 $LaBO_3$ 上有两类氧种，即低能位的吸附

氧化亚氮减排原理
与应用

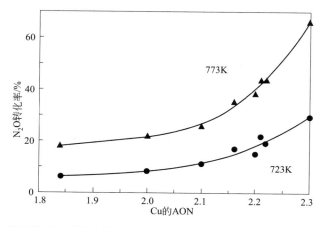

图 3-32 N_2O 转化率随 $La_{2-x}Sr_xCuO_4$ 中 Cu 平均氧化数 AON 的变化

（反应温度 723K、773K，N_2O 分压 0.1kPa，W/F_{N_2O}＝7200g·s/mmol）

氧和高能位的晶格氧。吸附氧包括气相中的吸附氧和源于 N_2O 的分解产生氧而吸附的氧，它们对反应的抑制作用大小不同，而影响的实质在于它们脱附产生氧空位的能力。

水滑石（Hydrotalcite，简称 HT）化学成分是镁和铝的碱式碳酸盐，是具有水镁石层状结构的阴离子黏土。类水滑石（Ex-hydrotalcite-like compounds，HTLCs）具有镁铝碱式碳酸盐的水镁石层状结构，通过改变其中水镁石层的金属阳离子和选择不同的阴离子，能在很大程度上调节这类化合物的碱性以及层间距，从而影响其催化性能。其中由主族元素组成的水滑石类化合物主要被用作碱催化剂，含过渡金属的水滑石化合物则被用作氧化还原催化剂。近年来这类化合物由于在催化功能方面的多样性、结构上的确定性，以及制备方便、价格便宜等引起了广泛重视，在许多新的催化反应中被用作催化剂或载体[67]。

1994 年，Kannan 及 Swamy[68] 首次将水滑石（M-Al-CO₃-HT）（M＝Ni、Co、Cu）热分解产物作为催化剂来催化分解 N_2O。反应条件为：N_2O 压力 6.7kPa，反应温度 140～310℃。测得其活性大小顺序：Ni-Al-CO₃-HT＞Co-Al-CO₃-HT＞Cu-Al-CO₃-HT。

Obalová 等[69-72] 详细研究了 Co（Ni）/Mg（Mn）/Al 结构的类水滑石热分解产物的催化性能，认为低 O_2 分压下，N_2O 的化学吸附过程是反应的速率控制步骤，而高分压下，O_2 的吸附脱附成为速率控制步骤。赵丹等[73] 合成了含 Co、Cu 和 Ni 的 M/Mg-Al-HTLCs 类水滑石，并将其焙烧产物用于 N_2O 催化分解反应。各催化剂的活性顺序为：Co/Al-HTLCs＞Co/Mg-Al-HTLCs＞Cu/Mg-Al-HTLCs＞Ni/Mg-Al-HTLCs。含 Co 类水滑石具有典型的水滑石结构，随着

Co/Al 原子比的增大，Co-O-Al 活性中心数目随之增多，催化剂的活性也相应升高。Chang 等[74,75] 对含过渡金属 Rh、Pd、Ce 的 Co-Al 类水滑石分解物进行了活性测试，认为 Rh、Pd 都是较好的活性组分，而添加适量 Ce 能促进活性提高。

含有过渡金属（Co，Cu，Ni，Rh，Ru，Pd，La）的水滑石热解后的复合氧化物具有非常高的催化分解氧化亚氮的活性，其中部分催化剂的活性甚至高于沸石催化剂，典型的催化反应活性顺序为 Co-Rh＞Co-La＞Co-Mg＞Co-ZSM-5，甚至在低于 500K 以下 N_2O 就可以分解，表观活化能为 $45\sim55kJ/mol$，反应速率为 p_{N_2O} 的一级反应，氧抑制作用不强，而水抑制作用非常强。含钴煅烧样品在 900K 以上的潮湿含氧环境中对含 10％ N_2O 的气氛具有持久的使用寿命，是一种在实际应用中有前景的催化剂。

3.4 负载型催化剂

负载型催化剂在现代催化剂工业中具有重要地位，多数工业中实际应用的非均相固体催化剂都是负载型催化剂，负载型催化剂的活性取决于活性组分和载体的共同作用结果。

负载型氧化物在面向应用目的研究中比纯氧化物更受科学家们关注，这类催化剂由于载体的比表面积大，活性组分分散性更好，通常它们的行为与纯氧化物的行为是相容的，另一方面，负载量、制备方法和温度历程决定了催化剂的最终性能，负载型氧化物和固溶体之间的区别很难区分。大多数研究涉及氧化铝作为载体的铜、钴、锰、铁、铬等氧化物，还有一些涉及二氧化硅负载的镍、铁、铬、铜和钴氧化物，但一种趋势是氧化锆被越来越多地与 Co/Ni、Cu 等配合使用，疏水性是氧化锆的重要特性。

3.4.1 分子筛型催化剂

分子筛型催化剂是一类重要的 N_2O 催化分解催化剂，也是一类活性较高的氧化亚氮催化分解催化剂。通常采用离子交换方法制备分子筛催化剂，也可以采用直接浸渍法或沉淀浸渍法制备。

铁系沸石催化剂是最早被用于分解 N_2O 的分子筛催化剂，科学家们不断开发基于过渡金属离子交换的催化剂，这些过渡金属包括 Fe、Co、Ni、Cu、Mn、Ce、Ru、Rh、Pd 等，采用的分子筛包括 ZSM-5、ZSM-11、Beta、MOR、USY、Ferrierite、A、X 等，其中一些催化剂的活性低于 600K。

金属离子与分子筛的类型共同决定了催化剂催化分解活性[26]，不同元素的分子筛催化剂活性大小与纯氧化物差别很大。Pt 金属本身是活性很好的催化剂，但是离子交换于分子筛上后几乎没有活性。Co 通过离子交换负载于 ZSM-5、Beta、ZSM-11、Ferrierite 和 MOR 上后催化活性很高，但在 L 和 Erionite 上活性一般，而在 Y 型分子筛上几乎没有活性，Fe 在 ZSM-5 上的催化活性比在 MOR 和 Y 上高很多。ZSM-5 是研究最多也是活性较高的催化剂载体，对常用的活性组分的活性顺序为 Rh、Ru＞Pd＞Cu＞Co＞Fe＞Pt＞Ni＞Mn，如图 3-33 所示。

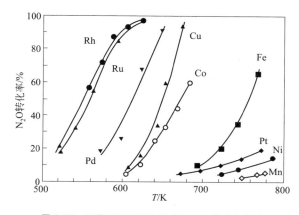

图 3-33　几种 ZSM-5 催化剂分解 N_2O 转化率比较

（反应条件：0.099kPa N_2O，空速 $W/F_{N_2O}=1455g \cdot s/mmol$）

关于金属离子含量对活性影响的报道数据较少，但是对于 Co-ZSM-5、Co-Mor 和 Fe-ZSM-5 催化剂，催化剂活性基本上正比于过渡金属离子含量。

分子筛催化剂上氧化亚氮分解的反应速率多数与 p_{N_2O} 的一次幂呈正比，表观活化能在 75～170kJ/mol 之间，而对于 Ru，报道在 46kJ/mol（Ru-ZSM-5）与 220kJ/mol（Ru-USY）之间。氧气的抑制作用对不同的催化剂来说各不相同，对负载在 ZSM-5 上的 Pd、Fe 和 Co 催化剂几乎没有影响，对 Rh 有中等程度影响，而对 Ru 和 Cu 具有强抑制作用，但是在很高氧浓度时反应速率并不再继续减小，对 Pt 和 Co 钙钛矿催化剂也观察到类似结果。

3.4.2　氧化物载体

氧化亚氮负载型催化剂的载体种类较多，除了前面介绍的分子筛型载体外，纯氧化物、复合氧化物以及具有固定结构的复合氧化物如钙钛矿、尖晶石、六铝酸盐等都可以作为催化剂载体。复合氧化物固溶体以及具有特殊结构的复合氧化物本身既可以看作载体，也可以看作催化剂，很难分清活性组分和载体。

纯氧化物载体一般指本身对分解 N_2O 几乎没有活性的氧化物，最常见的是氧化铝和二氧化硅。

氧化铝载体是指白色粉末状或已成型的氧化铝固体，是一类使用最为广泛的催化剂载体，约占工业上负载型催化剂的 70%。氧化铝有多种形态，不仅不同形态有不同性质，而且即使同一形态也因其来源不同，而有不同的性质，如密度、孔隙结构、比表面积等，这些性质对于用作催化剂载体的氧化铝有重要的意义。氧化铝大多是从其氢氧化物制备的，作为载体最常用的是 γ-Al_2O_3。

氧化铝载体有粉末状的，但大多数均为已成型的。条状、球状、锭状的氧化铝多被用作固定床反应器中催化剂的载体，微球状氧化铝载体大多被用于流化床反应器中。也可制成特定催化过程所需的异形载体，如环状、三叶状、蜂窝状、纤维状（如氧化铝纤维）等。成型的氧化铝载体多属多孔物质，孔径大小及其分布对催化过程中反应物在催化剂颗粒内部的扩散性质有重要影响。细微孔隙的孔径可小于 20nm，粗孔孔径则可达微米级，孔隙构造随品种而异。

二氧化硅作为催化剂载体的主要优点是化学性质比较稳定。二氧化硅是酸性氧化物，不与一般酸反应，因而采用二氧化硅作载体的催化剂发生反应后导致催化剂中毒的可能性小。二氧化硅具有耐磨性好、化学性能稳定、熔点高等特点，经处理后的二氧化硅具有很高的比表面积，吸附性强，催化剂负载的牢固性好，使用寿命长。气相二氧化硅（白炭黑）是重要的超细无机材料，由于其粒径很小，因此比表面积大，表面吸附力强，表面能大，具有化学纯度高、分散性能好等优点，在催化剂载体中具有很好的优势。

其他常用的氧化亚氮负载型催化剂载体还有 TiO_2、ZrO_2、CeO_2、ZnO、MgO 等。复合氧化物载体通过两种或两种以上的氧化物掺杂后，载体的某些性能可以得以改善，所以复合氧化物载体也常常被采用，比如巴斯夫公司开发的铜锌复合氧化物催化剂采用在 Al_2O_3 载体中加入 MgO。在 Al_2O_3 载体中加入 CeO_2 后提高了活性组分在载体上的分散性，从而提高了催化剂的催化活性。20世纪 90 年代，杜邦公司开发的面向工业应用的 CoO/NiO 氧化亚氮催化分解催化剂选用的载体是 ZrO_2[76,77]。

钙钛矿、尖晶石等特殊结构的复合氧化物因其高温结构稳定性，在通过部分活性氧化物取代后可直接作为 N_2O 分解催化剂外，也可以作为催化剂载体通过负载活性组分作为氧化亚氮催化分解催化剂。

3.4.3 六铝酸盐型催化剂

六铝酸盐具有很高的热稳定性，过渡金属离子部分掺杂 Al^{3+} 后，所得到的掺杂型六铝酸盐同时具有很高的热稳定性和催化活性。Machida 等[78] 在 20 世纪 80 年代末提出了具有磁铅石结构的六铝酸盐，这种复合氧化物具有高热阻，在高温下可以保持大的比表面积，因而成为研究高温催化剂的热点。

六铝酸盐的通式为 $AAl_{12}O_{19}$，其中 A 表示碱金属或碱土金属，它的晶体结构又可以分为磁铅石（MP）和 $\beta-Al_2O_3$ 两种类型[79-81]。如图 3-34 所示，它们都属于六方晶系，由互成镜面的尖晶石沿 c 轴堆积而成。两种结构的主要区别在于镜面上：MP 结构含有一个 A^{n+}、一个 Al^{3+} 和三个 O^{2-}，而 $\beta-Al_2O_3$ 结构只有一个 A^{n+}、一个 O^{2-}。镜面离子 A 为大的阳离子，如碱金属、碱土金属、稀土元素等。六铝酸盐催化剂 A 位阳离子的半径和价态决定了六铝酸盐催化剂的晶体结构类型，当 A 为碱金属和钡离子时，六铝酸盐为 $\beta-Al_2O_3$ 结构，当 A 为其他碱土金属和稀土元素时，六铝酸盐为磁铅石结构。六铝酸盐晶体结构的主要特点是含有 Al^{3+} 和 O^{2-} 所组成的层状尖晶石基块，在每一个尖晶石基块中有 32 个氧离子按立方密堆积方式排成 ABCA 四层，构成了 64 个四面体空隙和 32 个八面体空隙。通常每个晶胞由两个尖晶石基块和两个镜面组成，一个晶胞中有 24 个 Al^{3+}，其中 8 个 Al^{3+} 占据四面体空隙，16 个 Al^{3+} 占据了八面体空隙，其相对位置与铝镁尖晶石中铝和镁的位置相当，所以称它为尖晶石基块，基块的上、下面互成镜相形成了镜面。其中晶体结构中的 Al^{3+} 可以部分被过渡金属离子（如 Cr、Mn、Fe、Co、Ni、Cu 等）同晶取代，形成新的结构相同但化学组成不同的六铝酸盐复合氧化物。由于 A 位离子一般是大阳离子如 Ba^{2+}、La^{3+}、Sr^{2+} 等，其离子半径与氧离子半径（0.13nm）相近，因此不能进入氧离子所构成的空隙中，只能与氧离子处于同一层的镜面。所以它的晶体结构不是立方晶系，而是六方晶系[82-84]。

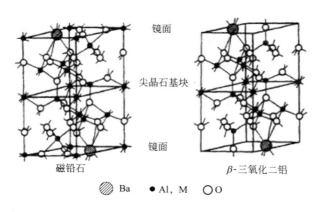

镜面

尖晶石基块

镜面

磁铅石　　　　　　　　　　　　　　β-三氧化二铝

◎ Ba　　●Al, M　　○O

图 3-34　磁铅石和 β-氧化铝的晶体结构

六铝酸盐经高温焙烧后仍能保持较大的比表面积，这与其层状结构有关。六铝酸盐是六方层状结构，尖晶石单元被层状分布的离子半径较大的阳离子分割。氧离子在尖晶石单元中填充得很紧密，在镜面层上填充较松散，使镜面层更有利于氧的扩散，因而六铝酸盐更容易沿垂直于 c 轴的方向生长，而 c 轴方向的尖晶石单元被镜面分隔，使晶体沿 c 轴方向的生长受到抑制。六铝酸盐具有各向异性，当 c/a 较大时晶体不稳定，因为这会增加表面能，这就是六铝酸盐复合氧化物具有高热阻和高比表面积的主要原因。Machida 等[85] 的实验结果表明经 1300℃ 焙烧的六铝酸盐晶粒是片状六边形，厚度约 20nm，是直径的 $1/10 \sim 1/5$ 倍。

镜面层上的大阳离子如 Ba^{2+}、Sr^{2+}、La^{3+} 起着维持比表面的作用。六铝酸盐晶格中的 Al^{3+} 被过渡金属（M）取代后提高了催化活性。由于六铝酸盐可直接制成蜂窝陶瓷结构，且具有高热稳定性、高强度、高的抗热冲击能力和高的高温催化活性等特点，不仅应用于甲烷催化燃烧，而且可以应用于其他一些高温反应，如甲烷重整、部分氧化合成制气和甲烷氧化偶联等，是一种颇具潜力的高温热稳定材料。Zhu 等[41,42] 用共沉淀法制备了 $BaIr_xFe_{1-x}Al_{11}O_{19}$ 六铝酸盐催化剂并用于 N_2O 的催化分解，其表现出了较好的活性和高温稳定性。

六铝酸盐复合氧化物特殊的晶体结构，以及因不同元素的晶格取代而表现出的不同性能，促使人们采用不同的实验方法进行制备。一般的合成方法有固相反应法和湿法合成两大类。固相反应法采用氧化物、氢氧化物或碳酸盐作为原料，混合后高温焙烧即得到目标产物。此法原料价廉易得，工艺简单，适合于大规模生产，缺点是固体原料混合的均匀性较差，易产生杂相物质，影响材料的性能。湿法合成的关键是实现前驱体各组分间混合的均匀性以消除反应时的扩散阻力，使六铝酸盐能够在较低的温度下形成，从而保持较大的比表面积和较高的催化活性。目前常用的主要方法有：沉淀法、水热合成法、醇盐水解法、溶胶-凝胶法和微乳液法。

沉淀法是较为传统的氧化物制备方法之一。它是通过化学反应使原料的有效成分沉淀，然后经过过滤、洗涤、干燥、加热分解而得到纳米粒子。沉淀法包括直接沉淀法、共沉淀法、均匀沉淀法、配位沉淀法等，其共同的特点是操作简单方便。以沉淀法制备纳米粒子，需要对传统的制备条件及其工艺进行一定程度的改进和修饰，实现可控的沉淀制备技术。共沉淀法制备工艺简单、原料便宜、易于工业产业化放大，因而具有很大的经济吸引力。吕宏缨等[86] 采用共沉淀法分别制备了 $Sr_{0.8}La_{0.2}MnAl_{11}O_{19}$ 和 $Ba_{1-x}La_xMnAl_{11}O_{19}$ 六铝酸盐催化材料，都表现出很高的高温稳定性能。Groppi 等[87] 提出碳酸铵共沉淀法制备此类催化剂。此方法原料易得，无需在无水无氧条件下进行，易于工业上大规模使用。但是该方法制备的催化剂其比表面积低。

水热合成法是分子筛合成的主要方法，该方法也可以被用来合成一些纳米氧化物催化剂。水热合成法是将一定物质的量比的反应物混合制成浆状物，搅拌均匀后装入带有聚四氟乙烯衬套的不锈钢反应釜中，在 $60 \sim 260$℃ 下老化一定时间，产物经去离子水洗涤，过滤后干燥即得产品。在合成的时候，需要加入一些有机胺类表面活性剂作为模板剂，以定向控制其晶化过程，形成特定几何结构的金属氧化物纳米粒子。若不加入表面活性剂，而通过控制晶化条件，如控制 pH 值、晶化温度、晶化时间以及前驱体的结构，也可以得到一些纳米粒子。水热法制得的纳米氧化物具有晶粒分布窄、团聚轻等特点，由于由水热法制得的纳米氧化物的晶粒粒度与所用前驱体的活性有关，前驱体的活性越大制得的纳米氧化物的晶粒粒度越小，而溶液的反应活性比胶体大。这种方法可从水溶液中直接合成高结晶度、不含结晶水的粉末，无需研磨和煅烧，且其粉末形态、大小、均匀性、成分等都可以得到严格控制，而其成本仅与共沉淀法相当。目前的文献只是涉及制备工艺及其对材料结构等方面的影响，对于在该工艺条件下所制备的六铝酸盐系列催化剂的催化性能，尚有待考察研究。

醇盐法是利用金属醇盐水解制备纳米粒子的一种重要方法。金属醇盐是金属与醇反应而生成含 M-O-C 键的金属有机化合物，其通式为 $M(OR)_n$，其中 M 是金属，R 是烷基或丙烯基等。金属醇盐的合成与金属的电负性有关，碱金属、碱土金属或稀土元素等可以与乙醇直接反应，生成金属醇盐：

$$M + nROH \longrightarrow M(OR)_n + \frac{n}{2}H_2 \qquad (3\text{-}45)$$

金属醇盐容易进行水解，产生构成醇盐的金属氧化物、氢氧化物或水合物沉淀。沉淀经过滤，氧化物经干燥，氢氧化物或水合物经脱水均可制成纳米粒子。醇盐法的特点是可以获得高纯度、组成精确、均匀、粒度细而分布窄的纳米粒子。稀土醇盐是一种活泼的有机化合物，当有水存在时，不易得到，因此需要无水化合物作原料。

溶胶-凝胶法作为低温或温和条件下合成无机纳米粒子的重要方法，在软化学合成中占有一定的地位。这种方法是从金属的有机物或无机物的溶液出发，在低温下，通过在溶液中发生水解、聚合等化学反应，首先生成溶胶（Sol），进而生成具有一定空间结构的凝胶（Gel），然后经过热处理或减压干燥，在较低温度下制备出各种无机纳米材料。溶胶-凝胶法具有一定的优点，如：所用的原料首先被分散在溶剂中而形成低浓度的溶液，可以在很短的时间内获得分子水平上的均匀性，在形成凝胶时，反应物之间可能是在分子水平上被均匀地混合；可以很容易均匀定量地掺入一些痕量元素，实现分子水平上的均匀掺杂；溶液中化学反应更易进行，仅需较低的温度；选择合适的条件可以制备出各种新型材料。

但是，这种方法也存在着一定的问题，如：所使用的原料价格比较昂贵，有些原料为有机物，对健康有害；整个溶胶凝胶过程所需时间较长，常以周、月来计；凝胶中存在大量微孔，在干燥过程中又将除去许多气体、有机物，故干燥时产生收缩。

微乳液法是利用在微乳液的乳滴中发生化学反应产生固体，以制得所需的纳米粒子。当互不相溶的两相其中一相以微滴状分散在另一相中时，可形成微乳液。由于两相表面存在巨大的界面，体系很不稳定，因此需要加入表面活性剂。当表面活性剂溶解在油中形成 W/O 分散体系，其浓度超过 CMC（critical micelle concentration）时，表面活性剂开始自发形成聚集体，即胶团。当表面活性剂在有机溶剂（油）中，形成亲水性极头朝内、疏水链朝外的结构，胶团内核中可增溶水性分子形成水核。当水核的直径小于 100Å（$1Å = 10^{-10}$ m）时称为反胶束，水核直径介于 $100 \sim 200Å$ 时称为 W/O 型微乳液或反相微乳液。反之当表面活性剂溶解在水相中形成分散体系，则形成胶束和 O/W 型微乳液。W/O 型微乳液的水核形成一个进行化学反应的"微型反应器"，可以通过控制水核的尺寸来合成不同粒径的金属纳米粒子，由于存在表面活性剂稳定的水核，这种方法合成的金属纳米粒子的表面也吸附着一层有机分子，保护纳米粒子不会被氧化和产生团聚。其反应机理一般分为两种：第一种是由混合过程控制的，首先将两个反应物 A 和 B 分别溶于形成的水核（反胶束）中，由于两个胶团颗粒之间的碰撞，在水核内发生物质的相互交换、融合及混合，引起化学反应形成产物；第二种是由扩散过程控制的，反应物 A 溶于形成的水核中，而 B 以水溶液的形式与 A 混合，水相反应物穿过微乳液界面膜进入水核内，与 A 发生反应，形成晶核并长大，最终得到纳米粒子。通过改变溶液中表面活性剂与水的浓度、反应物的浓度、反应温度、时间等条件，可以控制合成的金属粒子的尺寸及形貌。微乳液法具有制备的粒子粒径小、单分散性好，实验装置简单、易操作等优点，有很好的发展前途。

Zarur 等[88,89] 报道了"反相微乳液合成法"（reverse microemulsion synthesis）制备纳米复合氧化物 $BaAl_{12}O_{19}$。所制备的样品经过 1300℃ 的焙烧，具有很高的催化活性和较大的比表面积。国内中国科学院大连化学物理研究所张涛团队、北京石油化工学院燃料清洁化及高效催化减排技术北京市重点实验室工业尾气污染治理及催化减排技术团队在六铝酸盐型 N_2O 分解催化剂方面开展了较多研究工作。

董留涛[90] 采用共沉淀法制备的催化剂经 1200℃ 焙烧 4h 可以形成六铝酸盐晶相，其中碳酸铵是一种比较好的沉淀剂，制备的催化剂可以形成较完整的六铝酸盐结构。制备的 $LaMAl_{11}O_{19-\delta}$ 系列催化剂中，M 为 Cu、Co、Zn、Fe 和 Ni 时，$LaMAl_{11}O_{19-\delta}$ 催化剂可以形成六铝酸盐结构。其中 $LaCuAl_{11}O_{19-\delta}$ 催化剂对 N_2O 催化分解活性最好。在其制备中由于 NH_4^+ 的存在，部分 Cu^{2+} 离子会与 NH_4^+ 形成铜氨络合物随其水溶液流失，Cu 没有完全进入六铝酸盐结构。

董留涛分别采用碳酸铵为沉淀剂的共沉淀法、溶胶-凝胶法和反相微乳液法制备催化剂，发现反相微乳液法制备的催化剂具有粒径小、比表面积大的特点，但催化剂的活性没有明显提高。对反相微乳液法制备的 $LaCuAl_{11}O_{19-\delta}$ 催化剂分别进行不同温度的焙烧，经 1200℃ 焙烧 4h 后可以形成比较完整的晶体结构，对 N_2O 的催化分解具有较好的活性。

不同金属取代的 $LaM_xAl_{12-x}O_{19-\delta}$（M＝Cu、Co、Fe、Zr；$x$＝1，2，3，4）系列催化剂中，$LaCu_xAl_{12-x}O_{19-\delta}$ 系列催化剂具有较好的 N_2O 催化分解活性。其中 x＝2 为 Cu 的最佳取代量，形成了较完整的六铝酸盐结构，高温焙烧后保持了较大的比表面积。$LaCu_2Al_{10}O_{19-\delta}$ 和 $LaCuAl_{11}O_{19-\delta}$ 具有较好的 N_2O 催化分解活性。

以碳酸铵为沉淀剂的共沉淀法制备的 $LaCuMAl_{10}O_{19-\delta}$（M＝Co、Zn、Fe、Mn、Ag、Y）系列催化剂经 1200℃ 焙烧 4h 后都可以形成六铝酸盐结构。$LaCuYAl_{10}O_{19-\delta}$ 催化剂虽然没有形成较好的六铝酸盐结构，经高温焙烧后比表面积较小，但其对 N_2O 催化分解的活性最好。

采用反相微乳液法制备的 $LaCoMAl_{10}O_{19-\delta}$（M＝Zn、Fe、Ni、Ce）系列催化剂，$LaCoNiAl_{10}O_{19-\delta}$ 催化剂形成了比较单一、结晶度较高的六铝酸盐晶相，具有较大的比表面积，对 N_2O 催化分解表现出了较高的活性且远高于 $LaCoAl_{11}O_{19-\delta}$ 催化剂的活性，表明 Co 与 Ni 之间具有很好的协同作用，有助于提高催化剂的活性。

$LaCu_xM_{1-x}Al_{11}O_{19-\delta}$（M＝Co、Zn、Mg、Ce；$x$＝0.2，0.4，0.6，0.8）系列催化剂中，Cu 掺杂量的增大有助于促进六铝酸盐结构生成。$LaCu_xZn_{1-x}Al_{11}O_{19-\delta}$ 系列催化剂形成了较好的六铝酸盐结构，对 N_2O 催化分解有较好的活性，其中 $LaCu_{0.8}Zn_{0.2}Al_{11}O_{19-\delta}$ 催化剂的活性最好，起始反应温度 $T_{10\%}$ 为 531℃，完全反应温度 $T_{90\%}$ 为 683℃。

$LaCo_xM_{1-x}Al_{11}O_{19-\delta}$（M＝Fe、Ni、Ce、Zr；$x$＝0.2，0.4，0.6，0.8）系列催化剂中，$LaCo_xNi_{1-x}Al_{11}O_{19-\delta}$ 系列催化剂形成了比较单一的六铝酸盐结构，随 Co 掺杂量的增大，六铝酸盐衍射峰强度增大，峰宽变窄，具有较大的比表面积，其催化活性增大。Co 和 Ni 的最佳掺杂量为 0.8，$LaCo_{0.8}Ni_{0.2}Al_{11}O_{19-\delta}$ 催化剂催化分解 N_2O 的活性高于 $LaCoAl_{11}O_{19-\delta}$ 催化剂。

在反应条件中，$LaCu_{0.8}Zn_{0.2}Al_{11}O_{19-\delta}$ 催化剂对 N_2O 的催化分解率随空速的增大而降低；在一定浓度范围内，增大 N_2O 浓度可以提高 $LaCuAl_{11}O_{19-\delta}$ 催化剂对 N_2O 的催化分解率；O_2 浓度增大，催化剂对 N_2O 的催化分解率增大。$LaCuAl_{11}O_{19-\delta}$ 催化剂在 693℃ 下连续反应 80h，其对 N_2O 的催化分解始终保持较好活性，表明 $LaCuAl_{11}O_{19-\delta}$ 催化剂具有较好的高温稳定性。

3.5 氧化亚氮分解催化剂助剂

催化剂助剂是相对于催化剂主活性组分而言的，催化剂助剂一般没有催化活性或者具有很小催化活性，但是在主催化剂中添加少量催化剂助剂后可以大大改善主催化剂性能，最主要的是提高主催化剂的催化活性和热稳定性等性能。对于生产产品的过程，有的催化剂助剂还可以改善产品的组成，物理、化学性质等性能。

氧化亚氮分解催化剂助剂一般是指对 N_2O 的分解反应起很少的催化作用甚至不起活性作用的辅助组分，但是可以改善催化剂结构、活性组分分散性、催化剂电子性质等，从而部分提高催化剂的催化活性、热稳定性等主要性能。氧化亚氮分解催化剂助剂主要包括碱金属类、碱土金属类和稀土金属类。

3.5.1 碱金属助剂

碱金属包括 Li、Na、K、Rb、Cs、Fr，其中碱金属 Fr 极少有文献报道。氧化亚氮分解催化剂中的碱金属成分常见的主要为 Na、K，沉淀法在采用 NaOH 或 KOH 作沉淀剂制备的催化剂中经常因去除不彻底而存在少量 Na、K 成分，也有作者专门研究添加 Li、Na、K、Rb、Cs 助剂组分对催化剂的性能影响。

碱金属作为供电子体，通过添加碱金属可以改变催化剂表面活性金属的氧化还原性，弱化 N_2O 分解氧与活性金属之间的 M-O 键，从而使表面氧更易于从催化剂表面解吸下来，提高 N_2O 分解效率。研究也表明，对不同的催化剂添加不同种类不同数量的碱金属，也可以改善催化剂耐 O_2、H_2O，甚至 NO 的能力，这对 N_2O 分解催化剂的工业应用有着重要的意义。添加碱金属也可以改变催化剂表面活性组分的分散性，但是各研究者得到的规律并不一致，对不同的碱金属规律性也不尽相同。

Haber 等[37] 在含有痕量 Na_2O 的 γ-Al_2O_3 载体上通过浸渍碱金属碳酸盐后干燥焙烧制备不同碱金属（Li、Na、K、Cs）负载量载体，在此基础上再浸渍硝酸铑得到含 0.1% 的 Rh 负载型催化剂。实验结果表明，加入碱金属后影响了 Rh 在载体上的分散性，从而影响催化剂的活性，大致的改性效果是 Na<Li<K<Cs，如 3.2.2 小节图 3-10 所示。

对于 Li、Na，在表面浓度（摩尔分数）为 0.07%～0.08% 时分散性达到最大值，而 K、Cs 在这一浓度时增加到稳定值。掺杂 K、Cs 的催化剂的活性与分散性呈线性关系，而对于掺杂 Li、Na 的催化剂在浓度（摩尔分数）超过 0.07%～0.08% 后活性下降，而掺杂 Na 的催化剂活性急剧下降。

大连化学物理研究所张涛课题组系统地研究了由类水滑石前驱体焙烧得到碱金属 Li、Na、K 改性的 Co-Al 复合氧化物催化剂催化分解 N_2O 的反应性能[91]。如图 3-35 所示，结果表明，Li 掺杂的 Co-Al 催化剂对催化分解氧化亚氮性能没有明显的改进，而掺杂了 Na、K 的催化剂能显著地提高催化剂的反应活性，特别是 K 掺杂比 K/Co＝0.04 时的 Co-Al 催化剂催化 N_2O 完全分解的温度为低于 375℃，这一结果与 Asano 等[92] 报道的碱金属掺杂的 Co_3O_4 催化剂性能相当。

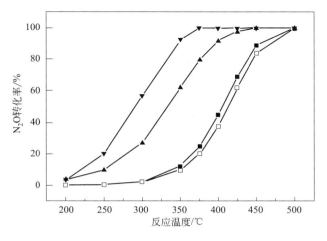

图 3-35　N₂O 转化率与反应温度的关系

（催化剂：Co-Al-500（■），0.04Li/Co-Al-500（□），0.04Na/Co-Al-500（▲），0.04K/Co-Al-500（▼）；
反应条件：0.05% N₂O，He 平衡，$W/F=0.12$g·s/mL）

进一步研究 K 掺杂量对 Co-Al 催化剂活性的影响表明，在 K/Co 物质的量比 0.02～0.12 范围内，随着 K 含量的增加，催化剂反应活性升高并在 K/Co=0.08 时达到最高活性，再进一步增加 K 含量，催化剂的活性反而降低，这是因为 K⁺ 部分覆盖了催化活性位。在 K/Co 从 0 到 0.08 之间，催化剂的比表面积稍有减小，但是当 K/Co 从 0.08 增大到 0.12 时，比表面积显著下降，这也证明了 K⁺ 的覆盖作用。

K 掺杂的 Co-Al 催化剂在较高的焙烧温度会获得更高的催化活性，同时催化剂的焙烧温度也影响 K⁺ 的最佳含量，K/Co=0.04 的样品在 700℃ 焙烧温度下获得了最高的催化活性，该催化剂即使在含 O₂ 和 H₂O 的条件下也具有很好的稳定性。分析表明，K 的加入增加了 Co 的电子密度并减弱了 Co-O 键，活化了 Co 活性中心上的 N₂O 分子，促进了催化剂表面 O 的解吸，高温焙烧使氧解吸过程更加容易。

Stelmachowski 等[93] 研究了等体积浸渍法制备的 Li、Na、K、Cs 改性的 Co₃O₄ 催化剂催化分解 N₂O 的性能。结果表明，添加碱金属后的催化剂催化分解 N₂O 反应的活性顺序为 Li＜Na＜K＜Cs，添加 Na、K、Cs 对 Co₃O₄ 催化剂活性的促进作用可归因于表面碱金属对催化剂表面电子性质的改变。该团队通过实验和理论分析[94] 进一步研究了 K 掺杂量对 Co₃O₄ 尖晶石催化剂催化活性的影响，发现 K 掺杂的 Co₃O₄ 催化剂催化活性与催化剂的功函数降低有关，这使 N₂O 分解过程中催化剂表面与反应中间物种之间的氧化还原过程更易于进行。最优的 K 负载量 1.8atoms/nm² 时，N₂O 分解的表观活化能从 78kJ/mol 降低到 28kJ/mol，而 $T_{50\%}$ 下降了 100℃。

Obalová 科研团队[46] 对比研究了由碱金属 Li、Na、K，稀土 La、Ce，贵金属 Pd、Pt 改性的 Co-Mn-Al 复合氧化物催化剂分解 N₂O 反应性能，结果表明，Na、K 改性的催化剂活性得到提升，而其他改性的催化剂与 Co-Mn-Al 相比 N₂O 的转化率没有提高，甚至降低了，如图 3-36 所示。碱金属作为电子供体改变了 O-TM 之间的键强度。掺杂 1.8%（质量分数）K 的 Co-Mn-Al 复合氧化物催化剂，即使在存在 O₂、H₂O 和 NOₓ 的情况下，分解 N₂O 的反应活性仍然是最高的。

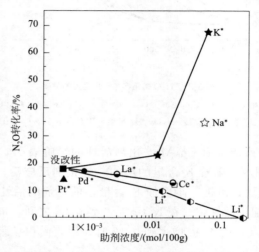

图 3-36　改性的 Co-Mn-Al 复合氧化物催化剂上助剂对转化率的影响

[反应条件：360℃，0.1%（摩尔分数）N₂O，He 平衡，$SV = 601g^{-1} \cdot h^{-1}$]

该团队进一步系统地研究了碱金属 Li、Na、K、Rb、Cs 对 Co-Mn-Al 复合氧化物催化剂催化分解 N₂O 性能的影响[95]，他们采用 Co-Mn-Al 水滑石浸渍碱金属硝酸盐并焙烧制备了 Am/Co = 0.037 的系列碱金属（Am = Li、Na、K、Rb、Cs）掺杂的 Co-Mn-Al 复合氧化物催化剂，这些催化剂分解氧化亚氮的催化活性顺序为 Li < Co₄MnAlOₓ ≈ Na < K < Rb < Cs，如图 3-37 所示。碱金属的加入改善了活性金属的电子性能和催化剂表面的酸碱功能，增强了电荷传递性能，降低了催化剂组分 Co、Mn、Al 和 O 的键能。以 2%（质量分数）K 掺杂的 Co-Mn-Al 催化剂在硝酸厂废气的中试表明，该催化剂在硝酸厂尾气实际条件下有很好的活性稳定性。

该科研团队还研究了由层状二元氢氧化物焙烧得到 K 掺杂的尖晶石状复合 Co-Mn-Al 氧化物催化剂分解 N₂O 反应性能[96]，实验结果表明，在没有 O₂、NOₓ 和 H₂O 存在条件下，掺杂 K 对 Co-Mn-Al 催化分解 N₂O 的性能没有影响，在 O₂ 和 H₂O 的反应气氛中，K 含量为 0.6%～1.9%（质量分数）范围内得到

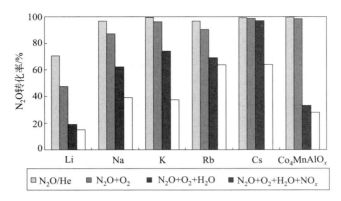

图 3-37　不同进料组成条件下，碱金属改性的 Co-Mn-Al 催化剂分解 N_2O 转化率

[反应条件：0.1%（摩尔分数，余同）N_2O，5% O_2，3% H_2O，

0.02% NO，He 平衡，450℃，$w=0.3g$，$WHSV=20000h^{-1} \cdot kg^{-1}$]

了最高活性的催化剂，而在 O_2 和 NO_x 存在的环境中，没有经过 K 改性的 Co-Mn-Al 催化剂活性最好。K 的加入改变了 Co-Mn-Al 复合氧化物催化剂中活性金属的电子性能和催化剂表面的酸碱功能。

Pasha 等[97] 制备了系列 Cs 掺杂的 CuO 催化剂，催化分解 N_2O 实验表明（如图 3-38），部分掺杂 Cs 样品的催化活性明显高于纯 CuO，当 Cs/Cu=0.1 时

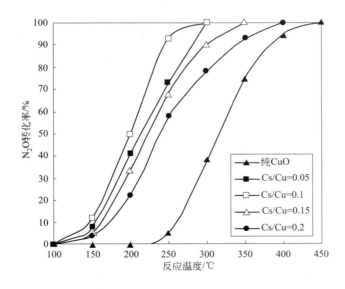

图 3-38　纯 CuO 和 Cs 改性的 CuO 分解 N_2O 催化活性

样品的催化活性最高。分析表明，Cs 的加入改善了 $Cu^{2+} \longrightarrow Cu^0$ 还原过程，从而促进了吸附氧的解吸。

总体来看，碱金属 Li 改性对 N_2O 分解催化剂反应活性的改善效果不佳，Na 改性的效果也不十分明显，而 K、Cs 能显著提高氧化亚氮分解催化剂活性，特别是 Cs 改性的效果更突出，对不同的催化剂碱金属的改性一般都存在最佳掺杂量。鉴于 Cs 的可获得性较低和成本较高的特点，许多研究者把工作集中到 K 对催化剂的改性研究，特别是结合催化分解 N_2O 活性较高的 Co_3O_4 改性研究比较集中。

Ohnishi 等[98] 所在团队制备了掺杂 Na 的 Co_3O_4 催化剂，结果表明适量掺杂 Na 会提高催化剂的催化活性，Na/Co 物质的量比在 $10^{-5} \sim 10^{-2}$ 范围内，当 Na/Co 的物质的量比在 3.8×10^{-3} 时催化剂活性最高，过量 Na 离子的存在会降低 Co_3O_4 催化剂催化反应活性。

Ohnishi 等[99] 采用 Na^+ 对 NiO 的改性研究表明，不同的 Na 含量（不同的制备方法）对 NiO 催化活性影响都较小。但是，Pasha 等[100] 研究了浸渍法制备的 NiO 负载的 Cs 氧化物（Cs_2O_3）催化剂催化分解 N_2O 的反应性能，结果表明掺杂 Cs 的 NiO 催化剂活性明显比纯 NiO 高，分析表明添加适量 Cs 可以改变 NiO 的电子特性，从而弱化 Ni-O 键，使氧的解吸更加容易，Cs/Ni 物质的量比在 $0 \sim 0.2$ 范围内，随着 Cs 掺杂量的增加催化剂活性提高，当 Cs/Ni = 0.1 催化剂达到最高催化活性，进一步增加 Cs 掺杂量则催化剂活性下降。Cs 改性的 NiO 催化剂在低温反应区以及有氧和水的气氛下均表现出良好性能。

Ohnishi 团队还研究了 K 掺杂量对 Co_3O_4 催化剂分解氧化亚氮反应活性的影响[92]，结果表明，K 掺杂的 Co_3O_4 催化剂可以极大地改善分解氧化亚氮催化活性，并且催化剂的活性强烈依赖于 K 的掺杂量。在 K/Co 物质的量比 $0 \sim 0.1$ 范围内，Co_3O_4 催化剂在有氧、无水气氛中，随着 K/Co 物质的量比增加催化剂活性升高，在 0.03 时达到催化活性极值，进一步提高 K 掺杂量催化剂活性降低。在有水的条件下，规律基本类似，但是催化剂活性明显受水的抑制，最佳 K/Co 物质的量比变为 0.02。BET 分析表明，掺杂 K 的 Co_3O_4 催化剂的比表面积随掺杂量提高，在 K/Co = 0.06 处存在比表面积极大值，这说明掺杂 K 能改善催化剂的比表面积，同时也说明比表面积并不是决定该催化剂活性的唯一因素，分析表明，Co_3O_4 催化剂中 K 的加入改善了 Co^{2+} 物种经 N_2O 分解氧氧化再生过程。

Xue 等[64] 以 K_2CO_3 和 KOH 为沉淀剂制备的 Co_3O_4-CeO_2 催化剂中，痕量 K 的存在极大提高了催化剂的催化分解活性，K 的掺杂量对催化剂活性有重要影响，但并不是唯一的影响因素，如比表面积也是影响催化剂活性的重要因素之一。

del Río 等[101]　研究了不锈钢丝网作为整体结构载体负载 K 掺杂的 Co_3O_4 催化剂分解 N_2O 性能，在较低的 K/Co 物质的量比掺杂时就可以得到高活性的催化剂，K/Co=0.029 的 Co_3O_4 催化剂使反应的活化能从约 106kJ/mol 降低到约 40kJ/mol。

Franken 等[102]　研究了 Na、K、Sr、Ba 掺杂的 $Cu_xCo_{3-x}O_4$ 尖晶石复合氧化物催化剂催化分解 N_2O 性能，如图 3-39 所示，结果表明掺杂 K、Sr、Ba 的催化剂相对纯的 $Cu_{0.25}Co_{2.75}O_4$ 催化剂，在一定的掺杂量时催化活性均有所提高，特别是 K 掺杂的催化剂活性改进显著，而 Na 在所研究的掺杂量范围内对催化剂的活性都有所抑制。

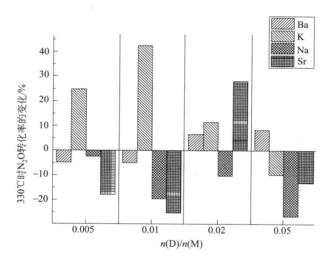

图 3-39　K, Na, Sr, Ba 及其掺杂量 {n(D)/[n(Co)+ n(Cu)]= 0.005~0.05}
对 $Cu_{0.25}Co_{2.75}O_4$ 催化分解活性的影响

（反应条件：0.1% N_2O+N_2，330℃）

Abu-Zied 等[103]　以碱金属铷改性的 Co_3O_4-CeO_2 为催化剂催化分解 N_2O，结果表明在 Rb/Co=0.0125~0.20 范围内，相比于纯的 Co_3O_4-CeO_2 复合氧化物，所有经 Rb 改性的催化剂催化活性都得到提高，其中 Rb/Co=0.025 的催化剂活性最高。分析表明，尽管随着 Rb 添加量增大催化剂 Co_3O_4-CeO_2 的比表面积持续减小，但是添加 Rb 后强化了 Co^{2+} 的给电子性能，总体结果是提高了催化剂分解 N_2O 的活性。

烟台大学徐秀峰团队在 K 改性的 N_2O 分解催化剂方面做了较多研究工作[104-107]。在类水滑石前驱体获得的 NiAl 复合氧化物上浸渍 K_2CO_3 制备了 K/Ni 物质的量比在 0.05~0.2 范围的改性催化剂，结果表明，K/Ni=0.1 时 400℃下焙烧的催化剂活性最高，分析表明，K 的加入降低了表面活性 NiO 物种的电子键能，从而 Ni-O 键更易断裂，使 O 易于从催化剂表面解吸。对 K 改性的 Mg-Mn-Co、$MgCo_2O_4$ 和 $Nd-Co_3O_4$ 催化剂分解 N_2O 性能的研究结果表明，与没有改性的催化剂相比，K 改性的催化剂具有较好的催化活性和较高的抵御 H_2O 抑制反应速率的作用，在 K 掺杂量为 0.02 时催化剂的活性都是最高的。但是该团队研究了 K 改性的 Mg-Fe 复合氧化物催化剂，结果表明添加 K 不但不能改善 Mg-Fe 催化剂催化 N_2O 分解活性，反而抑制了分解反应，这一结论有待进一步验证或解释[108]。

综合已有的研究结果，对于氧化亚氮直接分解催化剂来说，碱金属改性的催化剂活性的顺序大致为 Li<Na<K<Rb<Cs，其中研究最多的是 Na、K 改性催化剂。对于不同的主活性组分催化剂，不同的碱金属改性的作用也有所不同。同时，碱金属改性时的添加量通常存在着最佳值，以 K 改性的催化剂为例，通常 K 的添加量最优值在 1%～2%（质量分数）范围内，或者 K 与活性元素的物质的量比在 10^{-2} 数量级范围内。对于不同的碱金属或者不同的催化剂活性组分，碱金属的添加量最佳值会稍有不同。

3.5.2 碱土金属氧化物

碱土金属氧化物本身有一定的催化分解氧化亚氮效果，碱土金属除了以纯氧化物作为助剂添加在 N_2O 催化分解催化剂中以外，最多的是以结构组分掺杂在尖晶石、钙钛矿和分子筛催化剂结构中，这种情况已经不能称之为"助剂"。与碱金属类似，碱土金属元素在 N_2O 分解催化剂中也起到一定的供电子体作用，通过改变活性组分的电性质减弱 M-O 键的力强度，使催化剂表面活性中心上的分解氧易于解吸到气相中。也有的碱土金属能改善活性组分的分散性能，提高催化剂的比表面积。或者与活性组分产生协同效应，使 N-O 键易于解离，这些都会不同程度改善催化剂的催化性能。碱土金属氧化物本身也是重要的催化剂载体，碱土金属元素还是重要的尖晶石、钙钛矿、六铝酸盐等特定结构复合氧化物的结构元素，添加碱土金属元素对提高催化剂热稳定性具有重要作用。

早期碱土金属分解氧化亚氮的研究内容主要是纯碱土金属氧化物分解 N_2O 的机理和动力学。在 20 世纪 70 年代，Winter[23-25] 研究了纯碱土金属氧化物 BeO、MgO、CaO、SrO 作为 N_2O 催化分解催化剂，其目标完全是在理论上研究反应机理及反应动力学。Nakamura 等[109] 研究了 N_2O 在不同的 CaO 表面分解过程中 O 物种的产生过程，Nunan 等[110] 研究了 SrO 催化分解 N_2O 的机理。Shimizu 等[111] 研究了 CaO 在煤流化床燃烧过程中分解 N_2O 的动力学。单纯碱土金属氧化物 CaO、SrO 有一定的催化分解 N_2O 活性，而 MgO 的活性很低。

20 世纪末以来，科学家们主要从应用角度研究利用碱土金属来改进 N_2O 催化分解催化剂的活性和热稳定性等性能，其中以 Mg 改性研究最为集中。

Zeng 等[112] 采用共沉淀法制备了两种不同 Co/Mg 的复合氧化物催化剂 CR 和 CS，用于分解高浓度 [27%～29%（摩尔分数）] N_2O 气体，其中 CR 的 Co/Mg=4.37，CS 的 Co/Mg=2.35，CR 的前驱体呈类水滑石相，而 CS 前驱体呈水镁石相，经焙烧处理得到的这两种催化剂都有很高的分解 N_2O 催化活性，但 CS 活性更高，他们认为二者活性的差别不仅仅是因为比表面积的原因，含 Mg 更高的 CS 样品的高活性源于适当的 Co/Mg 比而形成的更多的 Mg-O-Co 活性中心，但是他们并没有系统地研究 Co/Mg 比对催化剂活性影响的全貌。

Pérez-Ramírez 等[113] 以含有两价阳离子（Mg^{2+}、Co^{2+}、Ni^{2+}）和三价阳离子（Al^{3+}、La^{3+}、Rh^{3+}）的碳酸盐作为中间插层的类水滑石分解产物作催化剂分解 N_2O，结果表明它们都具有高的催化活性，而 Mg 对催化剂有重要作用，它能增加焙烧产物的比表面积，在低温段能抵抗 SO_2 的毒化作用从而阻止催化剂的初期失活，但是比活性有所下降。

Obalová 等[72] 采用共沉淀法制备了系列 Co：Mg：Mn：Al 比的类水滑石化合物，焙烧后得到 Co/Mg-Mn/Al 复合氧化物分解 N_2O 催化剂，如图 3-40 所示，结果发现，含 Co、Mn、Al 的催化剂活性最高，包括在模拟硝酸厂尾气的条件下，添加 Mg 并没有显现改进催化活性的现象。

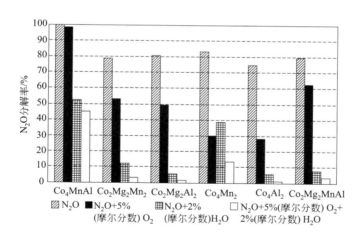

图 3-40 不同组成的 Co/Mg-Mn/Al 催化分解 N_2O 性能

（反应条件：0.1% N_2O，$W=100cm^3/min$，催化剂 0.3g，反应温度 450℃）

该团队还研究了 Ni-（Mg）-MⅢ（MⅢ=Al，Mn）类水滑石前驱体热解得到 Ni-(Mg)-Al 和 Ni-(Mg)-Mn 复合氧化物催化分解 N_2O 的性能[71]，结果表明，Ni-Al 和 Mg-Mn 催化剂都具有很高活性，但是同时含有 Ni 和 Mn 的催化剂几乎没有活性，该团队认为这种低活性是因为 Ni 和 Mn 在复合氧化物中的氧化态不同，同时也说明 Mg 的添加能提高这类催化剂的活性。该团队的研究表明，不同的催化剂体系添加 Mg 表现出了不同作用效果。

Ohnishi 团队[99] 研究了掺杂 1% 的碱土金属 Mg、Ca、Sr 和 Ba 的 Co_3O_4 催化剂反应活性顺序为 $Ba>Sr>Ca>Mg \approx Co_3O_4$，掺杂 Mg 的催化剂活性几乎与没有掺杂的 Co_3O_4（$T_{50\%}=354℃$）催化剂活性一样，而掺杂 Ba 的催化剂活性最高，其 $T_{50\%}$ 达到 209℃。对不同 Ba 掺杂量的 Co_3O_4 催化剂进一步实验表明（见图 3-41），在较低 Ba 掺杂量时催化剂的活性较低，随着 Ba 掺杂量的升高，在 Ba 负载量质量分数为 10%（Ba/Co 物质的量比为 0.065）时催化剂的催化活性达到最高（$T_{50\%}=160℃$），Ba 掺杂量再提高时催化剂的催化活性降低，XRD分析表明这时的催化剂中出现了 $Ba(NO_3)_2$ 相，表明更多的 Ba 离子没有掺杂到 Co_3O_4 本体中。与掺杂碱金属改善 Co_3O_4 催化剂活性相比，需要更大的碱土金属掺杂量才能达到提高 Co_3O_4 催化剂活性效果。

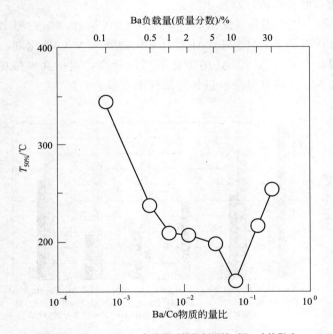

图 3-41 Co_3O_4 上 Ba 负载量对催化剂活性（$T_{50\%}$）的影响

[$CoCO_3$ 浸渍 $Ba(NO_3)_2$ 后焙烧，0.5% N_2O，2% O_2，He 平衡，$W/F=0.3g \cdot s/mL$]

Alini 等[114] 研究了 $LaB_{1-x}B'_xO_3$ 和 $CaB_{1-x}Cu_xO_3$（B = Mn，Fe；B′ = Cu，Ni）钙钛矿催化剂分解 N_2O 性能，其中 Ca 只是作为插层离子，起稳定结构作用，对该类催化剂的催化活性不起直接作用。

Russo 等[115] 制备了系列尖晶石 AB_2O_4 （A＝Mg，Ca，Mn，Co，Ni，Cu，Cr，Fe，Zn；B＝Cr，Fe，Co）催化分解 N_2O 催化剂，其中 A 位为 Mg、B 位为 Co 的催化剂 $MgCo_2O_4$ 活性最高，原因是催化剂表面含较高浓度的、化学吸附较弱的氧物种，其相关的空位可以解释为有助于氧化亚氮的催化分解。相对于 Mg，A 位为 Ca 的 $CaCr_2O_4$ 是所有样品中催化活性最差的，可见，性质相近的不同碱土金属元素在不同的活性元素组合中（没有研究 $CaCo_2O_4$ 样品）表现是不一样。

Shen 等[116] 受 L. Obalová 等研究结果启示，为了深入揭示 Co_3O_4/MgO 催化剂活性相以及该催化剂在硝酸厂尾气环境下的表现，采用共沉淀法制备了系列 Co/MgO、Co/ZnO、Co/Mn_xO_y、Co/Al_2O_3 以及 Co/CeO_2 催化剂，制备不同负载量的 Co/MgO 催化剂。结果表明，相比于纯 Co_3O_4 和其他载体，Co/MgO 催化剂活性最高，MgO 载体的强电子供体特性是活性组分 Co_3O_4 高活性的原因。Co/MgO 为 15％ 的样品催化活性最好，并且在模拟硝酸尾气条件下具有良好的耐受性和活性稳定性。

Golden 等[117] 借鉴以 N_2O 为氧化剂掺杂 Na 或 Li 的 CaO 能将甲烷催化转化为乙烷继而转化为乙烯，以纤维素为模板制备了 Na 掺杂的 CaO 分解 N_2O 催化剂，该催化剂在 NO、O_2 和 H_2O 存在的气氛中表现出高活性和稳定性。

Kumar 等[118] 以 Ba 部分取代 $LaMnO_3$ 和 $PrMnO_3$ 钙钛矿作为分解 N_2O 的催化剂，结果表明相对没有被 Ba 取代的钙钛矿，20％ Ba 取代的 $La_{0.8}Ba_{0.2}MnO_3$ 和 $Pr_{0.8}Ba_{0.2}MnO_3$ 催化活性明显得到提高，而且 Ba 部分取代的 $La_{0.8}Ba_{0.2}MnO_3$ 催化剂受氧、水和 NO 的影响更小。分析表明 Ba 取代的协同作用增加了催化剂中 Mn^{4+}/Mn^{3+} 的比例，从而改善了钙钛矿催化剂的氧化还原性，提高催化剂分解 N_2O 的活性。

烟台大学徐秀峰团队研究了 Mg 掺杂的 Mg-Fe 尖晶石复合氧化物催化剂催化分解 N_2O 性能[108]，结果表明，添加 Mg 能显著改善 Fe 氧化物催化剂催化 N_2O 分解活性。如图 3-42 所示，可见掺杂 Mg 明显提高了 Fe 氧化物的催化活性，当 Mg 掺杂比为 0.6、焙烧温度为 500℃时，$Mg_{0.6}Fe_{0.4}Fe_2O_4$-500 样品具有最高催化活性。

该团队还研究了 Mg 掺杂的 Co_3O_4 催化剂分解 N_2O 性能[105]，结果如图 3-43 所示，可见催化活性改善并不明显，分析表明，在较低的 Mg 掺杂量下（0.2）复合氧化物才能全部呈现尖晶石结构，而这一样品相比于纯 Co_3O_4 的催化活性反而有所降低。在较多的掺杂量时，样品中存在着 MgO 晶相，说明这时的样品是 Co-Mg 尖晶石与 MgO 的机械混合物，尽管这些样品的催化活性相比于纯 Co_3O_4 有所提高，但是催化活性得到改善的原因有待进一步分析。

Stelmachowski 等[119] 研究了系列 Mg 取代的 Co_3O_4 和 $CoAl_2O_4$ 尖晶石复

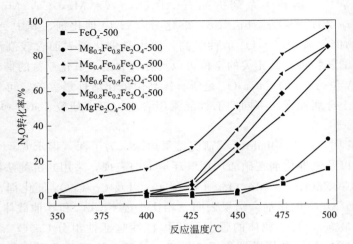

图 3-42 焙烧温度为 500℃的 $Mg_xFe_{1-x}Fe_2O_4$ 样品催化分解 N_2O 性能

（反应条件：2% N_2O，4% O_2，Ar 平衡，催化剂 1g，$F=140mL/min$）

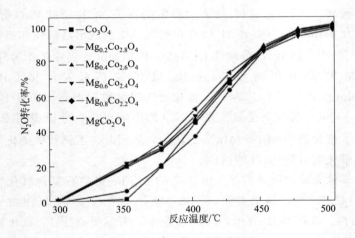

图 3-43　Mg 改性的 Co_3O_4 催化 N_2O 性能

合氧化物催化剂分解 N_2O 性能，结果表明，Mg 部分或全部取代 Co 后催化剂的活性降低，表明位于八面体中的 Co^{3+} 才是这类催化剂的基本活性中心，具有氧化还原性的 Co^{2+} 和 Co^{3+} 被没有氧化还原性的 Mg^{2+} 和 Al^{3+} 取代必然会导致催化剂活性的下降，但是可能会提高该类催化剂的热稳定性。

Zhang 等[120] 研究了共沉淀法制备的 Ba、Ce 掺杂的 NiO 催化分解 N_2O 反应性能，结果表明，NiO 中掺杂 Ba 后的复合氧化物催化剂活性得到提高，适量掺杂 Ba 能弱化 Ni-O 键。

Franken 等[102] 研究了 Na、K、Sr、Ba 掺杂的 $Cu_xCo_{3-x}O_4$ 尖晶石复合氧化物催化剂催化分解 N_2O 性能，结果表明，尽管 K、Sr、Ba 在适当的掺杂量下对催化剂的催化反应活性有明显促进作用，但是相对单纯的 $Cu_{0.25}Co_{2.75}O_4$ 催化剂，Sr、Ba 在不同的掺杂量时对催化活性呈现完全相反的影响，即在掺杂量 {n(D)/[n(Co)+n(Cu)]=0.005~0.05} 范围内，以 0.02 为分界线，Ba 掺杂量小于 0.02 时抑制催化活性，其大于 0.02 时具有促进作用，而 Sr 掺杂量大于或小于 0.02 时都起抑制作用，只在 0.02（或附近）时起促进作用，这种结论值得进一步验证。

李诗璇等[121] 系统地研究了碱土金属 Mg、Ca、Sr、Ba 掺杂的 Co_3O_4 尖晶石复合氧化物分解 N_2O 催化性能。如图 3-44、图 3-45 所示，结果表明碱土金属掺杂的改性效果为 Co_3O_4＜Mg＜Ca＜Ba＜Sr，Mg 的改性效果有限，而 Sr 的改性效果显著，当 Sr∶Co＝0.7∶2.3 时，N_2O 转化的 $T_{10\%}$ 和 $T_{95\%}$ 分别为 312℃ 和 451℃。

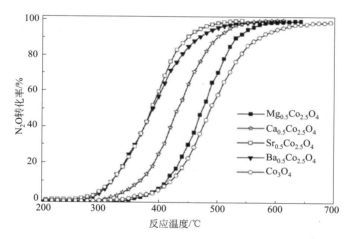

图 3-44　碱土金属改性的 Co_3O_4 尖晶石复合氧化物催化分解 N_2O 性能

（反应条件：0.68% N_2O，3% O_2，Ar 平衡，催化剂 0.2g，$F＝80mL/min$）

针对 Mg 改性的 Co_3O_4 复合氧化物催化 N_2O 的性能，多位研究者的结论很分散，多数的结论是 Mg 的掺入对 Co_3O_4 的活性改善不大，甚至有抑制作用，但是也有的表现出较好的促进作用，这也可能是由催化剂的制备方法不同所致。

纵观已发表文献的研究结果，可以发现碱土金属改性的催化剂活性顺序大致为 Mg＜Ca＜Sr＜Ba，这与碱金属改性的效果类似，即原子半径越大的碱金属改性的效果越好。对于碱土金属 Ba 的改性研究还鲜见报道。尽管碱土金属 Mg 改性的氧化亚氮分解催化剂与其他碱土金属相比"活性"效果较差，但是由于 Mg 改性后的催化剂在热稳定性方面有显著提高，所以研究 Mg 改性催化剂的研究报

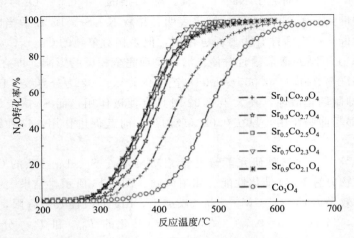

图 3-45 不同 Sr 掺杂量改性的 Co_3O_4 尖晶石复合氧化物催化分解 N_2O 性能

（反应条件：0.68% N_2O，3% O_2，Ar 平衡，催化剂 0.2g，$F = 80mL/min$）

道相对较多。在 Mg 改性的催化剂中，Mg 的添加量也存在最优范围，通常 Mg 与活性元素的物质的量比在 10^{-1} 数量级范围内，最优添加量也随活性组分和催化剂的结构不同而有所不同。

3.5.3 稀土金属氧化物

镧系元素包括镧（La）、铈（Ce）、镨（Pr）、钕（Nd）、钷（Pm）、钐（Sm）、铕（Eu）、钆（Gd）、铽（Tb）、镝（Dy）、钬（Ho）、铒（Er）、铥（Tm）、镱（Yb）、镥（Lu），以及与镧系密切相关的元素——钇（Y）和钪（Sc），共 17 种稀土金属。部分稀土金属氧化物本身具有较高的分解 N_2O 催化活性，如 La_2O_3。多数稀土金属作为掺杂组分被添加到主活性组分中，通过改善活性组分的电子性质、与活性组分产生协同作用或者提高活性组分的分散性等来提高催化剂的催化反应活性。

Winter[24,25] 在 20 世纪 70 年代初就详细系统地研究了 Sc、Y、La、Ce、Nd、Sm、Eu、Gd、Tb、Dy、Ho、Er、Tm、Yb、Lu 纯氧化分解 N_2O 反应动力学。Read[122] 在静态反应器中不同 N_2O 分压下的反应机理、动力学和活化能，在 $0.1\sim26.7kPa$（$1\sim200Torr$）范围内，Nd_2O_3、Dy_2O_3、Er_2O_3 催化反应的活化能在 $58.62\sim167.47kJ/mol$（$14\sim40kcal/mol$）之间。众所周知 $LaMnO_3$ 在很多催化过程具有催化活性，$LaMnO_3$ 可以由其他稀土离子取代 La^{3+} 而得到不同的钙钛矿型化合物，相对于其他的镧系过渡金属钙钛矿 $LaBO_3$（B=过渡金属离子），化合物 $LaMnO_3$ 具有强烈的非化学计量特性，最高可达到 $LaMnO_{3.15}$

的最大值，人们广泛地研究了这些化合物的电学和磁学性质，并与晶体结构和缺陷化学相联系。Raj 等[123] 系统地研究了改变 LnMnO$_3$ 中的 A 位 Ln 离子（Ln＝La、Nd、Sm、Gd）对此类钙钛矿催化剂分解 N$_2$O 活性的影响，结果表明可以使钙钛矿的活化能大幅下降。A 位离子通常对 N$_2$O 分解是没有活性的，它只是对钙钛矿的晶体结构产生影响，不同的稀土离子 Ln 取代可以改变晶体结构参数，从而改变活性中心与氧之间的 Mn-O 键及相邻活性中心上的 O-O 之间的相互作用。实验结果表明这四种钙钛矿稀土锰氧化物的催化活性顺序为 LaMnO$_3$＜NdMnO$_3$＜SmMnO$_3$＜LaMnO$_3$，在所研究的静态反应条件下，相应的活化能分别为 106.43kJ/mol、52kJ/mol、41.45kJ/mol、27.05kJ/mol（25.42kcal/mol、12.42kcal/mol、9.90kcal/mol、6.46kcal/mol）。

早期这些在静态反应条件下的研究数据对工业实际条件下的应用可参考性有限。20 世纪末期以来，各国研究者注重以应用为目的的 N$_2$O 分解催化剂研究，在稀土复合氧化物、特定结构的尖晶石、钙钛矿、六铝酸盐复合氧化物催化剂等方面进行了大量研究工作。其中，由于 Ce 元素具有良好的氧化还原性和促进活性成分的分散性受到广泛关注，在 ABO$_3$ 钙钛矿类复合氧化物中，A 位离子一般为较大的几乎无活性的稀土元素离子，最常见的是 La，相关研究文献众多。

稀土金属氧化物在 N$_2$O 催化分解中最受关注的是铈氧化物，尽管 CeO$_2$ 分解 N$_2$O 催化活性不高，但是由于 Ce 离子的可变价态及其在储氧功能和调控催化剂表面活性组分分散性方面的作用，研究者在 CeO$_2$ 复合氧化物催化剂、复合氧化物载体方面进行了大量研究工作。

在 CeO$_2$ 复合氧化物催化剂方面，薛莉等采用共沉淀法制备的 Co-La、Ce 复合金属氧化物比 Co$_3$O$_4$ 催化剂具有更高的 N$_2$O 催化分解反应的活性，其活性与 Ce/Co 物质的量比有直接的关系，当 Ce/Co 物质的量比为 0.05 时催化活性最佳，能够在 280℃ 左右实现对 0.1％ N$_2$O 的完全分解。催化剂中主要活性位 Co^{2+} 的氧化还原能力是影响催化剂活性的主要原因，CeO$_2$ 的加入在提高 Co$_3$O$_4$ 表面积的同时，增强了 Co^{3+} 到 Co^{2+} 的还原性，促进了吸附的氧物种的解吸。

Zhou 等[124] 制备了系列 Cu/Ce 物质的量比的 Cu-Ce-O 复合氧化物催化剂，分析表明，催化剂的活性与 Cu 物种密切相关，而 CuO 与 CeO$_2$ 的协同作用促进了 Cu 活性中心的再生，掺杂了 CeO$_2$ 的 CuO-CeO$_2$ 复合氧化催化活性明显提高，如图 3-46 所示。

Zabilskiy 等[125] 采用介孔硅模板剂法制备了 CuO-CeO$_2$ 复合氧化物分解 N$_2$O 催化剂，结果表明 CeO$_2$ 的掺杂量在 30％～75％（摩尔分数）范围内都能提高 CuO 的催化活性，如图 3-47 所示。

Liu 等[126] 也制备了系列 Cu/Ce 的 CuO-CeO$_2$ 复合氧化物催化剂，分解 N$_2$O 实验结果表明，CeO$_2$ 的掺杂提高了 CuO 的催化活性，如图 3-48 所示，该

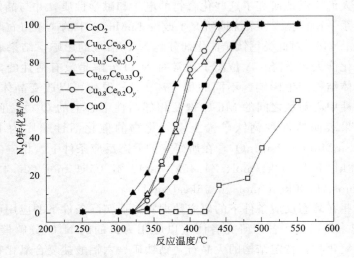

图 3-46　$Cu_xCe_{1-x}O_y$ 催化剂分解 N_2O 性能

（反应条件：0.26% N_2O+He，p=0.3MPa，$GHSV$=19000h^{-1}）

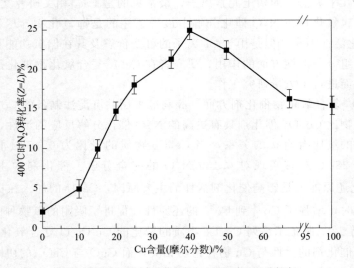

图 3-47　不同 Cu 含量催化剂在 400℃时 N_2O 分解率

（反应条件：0.25% N_2O+Ar，$GHSV$=45000h^{-1}，催化剂量 50mg）

结果与 Zabilskiy 等的研究结果相近。复合氧化物中 CuO 与 CeO_2 存在协同作用，CeO_2 限制了 CuO 晶相生长，提高了比表面积。Ce^{4+}/Ce^{3+} 和 Cu^{2+}/Cu^+ 两个氧化还原对在催化剂表面上促进了吸附氧的解吸和活性位的再生，使 N_2O 分解过程更加容易。

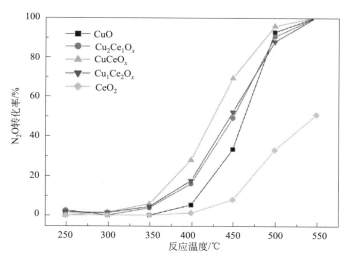

图 3-48　CuO-CeO$_2$ 复合氧化物催化剂分解 N$_2$O 性能与反应温度的关系

（反应条件：0.2% N$_2$O + 2% O$_2$ + He，0.2g 催化剂，总气体流量 200cm^3·min^{-1}，$GHSV = 70000h^{-1}$）

Zhang 等[120] 研究了共沉淀法制备的 Ba、Ce 掺杂的 NiO 催化分解 N$_2$O 反应性能，结果表明，掺杂 Ce 的 NiO 相比纯 NiO 催化反应活性明显提高，Ce 能显著限制 NiO 晶相生长，从而增大催化剂的比表面积，提高活性中心数量。在 NiO 中同时掺杂 Ba 和 Ce 对催化剂活性的改善有协同效应，Ce 的主要功能是加速 N$_2$O 的解离，而 Ba 使催化剂表面活性中心上的氧解吸更加容易，在 $GHSV$ 为 20000h^{-1}、0.2% N$_2$O 和 5%O$_2$ 的环境下，氧化亚氮在 Ce$_{1.0}$Ba$_{1.5}$Ni$_9$ 催化剂样品上完全分解温度为 300℃。样品的 $T_{50\%}$ 数据如表 3-8 所示。

◆ 表 3-8　无氧和有氧情况下催化剂活性（$T_{50\%}$）数据

催化剂	$T_{50\%}$（有氧）/℃	$T_{50\%}$（无氧）/℃	$\Delta T_{50\%}$/℃
NiO	330	320	10
Ba$_{1.5}$Ni$_9$	263	263	0
Ce$_{1.0}$Ni$_9$	373	273	100
Ce$_{1.0}$Ba$_{1.5}$Ni$_9$	235	215	20

注：反应条件为 0.2% N$_2$O，5% O$_2$，Ar 平衡，0.200g 催化剂，气体总流量 50mL/min，$GHSV = 20000h^{-1}$。

Abu-Zied 等[127] 制备了 Nd、Pr、Tb、Y 掺杂的复合 NiO 分解 N$_2$O 催化剂，结果表明，稀土元素的掺杂改善了 NiO 的催化活性，如图 3-49 所示，这些稀土元素掺杂后的样品催化活性顺序为 NiO ＜ Nd-NiO ＜ Pr-NiO ＜ Tb-NiO ＜ Y-NiO。稀土氧化物的加入减小了 NiO 晶体尺度，增大了比表面积和孔体积，催化剂活性的改善与结构修饰以及这些催化剂的电导率增加有关。比较 Zhang 等的实验结果，Ce 掺杂的 NiO 催化剂活性更高一些。

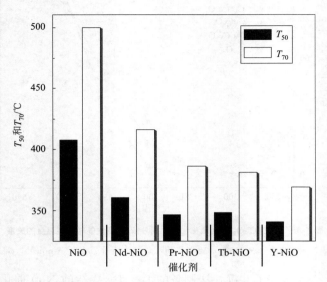

图 3-49　各种稀土元素掺杂的 NiO 样品的催化活性（$T_{50\%}$、　$T_{70\%}$）

（反应条件：0.05% N_2O＋He，催化剂量 0.5g，F＝200mL/min）

You 等[128] 制备了不同 CeO_2 掺杂量的 CeO_2＋Co_3O_4 复合氧化物分解 N_2O 催化剂，实验结果表明，部分掺杂 CeO_2 的 Co_3O_4 样品的催化活性得到明显改善，同时，经过老化的样品其催化活性得到进一步提高，如图 3-50 所示。复合氧化物 CeO_2 具有优异的储氧性能，吸附于 Co_3O_4 晶格上的活性氧传递到 CeO_2 晶格使 Co 活性中心得以再生。催化剂表面累积的活性氧将改变从催化剂表面到 N_2O 的电子转移途径（从 O^* 到 N_2O），因而导致 N—O 键的断裂，同时分析表明，可能存在催化剂向 N_2O 的电子转移。

Abu-Zied 等[103] 以碱金属铷改性的 Co_3O_4-CeO_2 为催化剂催化分解 N_2O，结果表明，Co_3O_4-CeO_2 经碱金属 Rb 改性后催化剂的催化活性得到明显提高，如图 3-51 所示。

Zhao 等[107,129] 研究发现在 Co_3O_4 中掺杂 Nd、Y_2O_3 可以改善 Co_3O_4 催化分解 N_2O 的活性，进一步添加适量的 K 可以进一步提高催化剂活性。

CeO_2 本身可以作为 N_2O 分解催化剂的载体，如果掺杂到其他载体中也常常会改善其他载体的性能。Imamura 等[35] 发现，CeO_2 本身在高温下比表面积急剧下降，但是与一定比例的 Zr［如 30%（摩尔分数）］掺杂后的复合氧化物载体在高温下（如 900℃）焙烧后仍具有较高的比表面积（21.2m²/g），而此温度

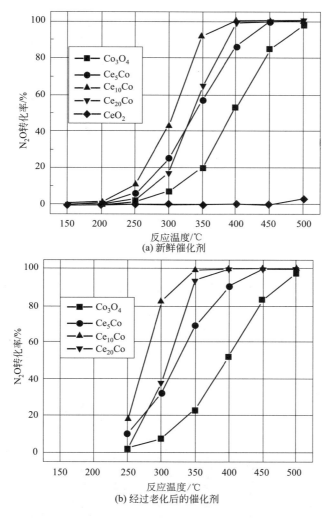

图 3-50　Ce-Co 复合氧化物分解 N_2O 的催化活性

（Ce_xCo，x 为 Ce 摩尔分数。反应条件：$0.1\% N_2O + He$，催化剂量 $0.2g$，

总气体流量 $300mL \cdot min^{-1}$，$GHSV = 80000h^{-1}$）

下焙烧的纯 CeO_2 和 ZrO 的比表面积分别为 $1.2m^2/g$、$5m^2/g$。Ce-Zr 复合氧化物负载 Rh 的催化剂在较低的 Zr 掺杂比时催化活性相对较高，同时这类复合氧化物在 $600\sim900℃$ 范围内，随着焙烧温度的升高催化活性反而升高。

Kim 等[58] 研究了 CeO_2 和 $CeO_2\text{-}ZrO_2$ 复合氧化物载体负载 Rh 催化剂分解 N_2O 的性能，结果表明，适量添加 ZrO_2 改性的复合氧化物载体可以极大改善负载 Rh 催化剂的催化分解活性，如图 3-52 所示。

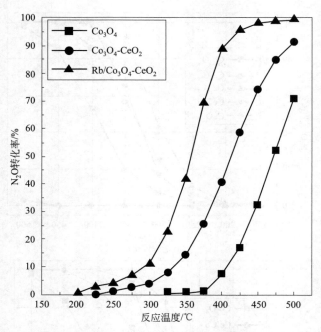

图 3-51 不同样品分解 N_2O 的转化率与反应温度的关系

（反应条件：0.1％ N_2O＋He，总流量 200cm^3・min^{-1}，催化剂 0.5g）

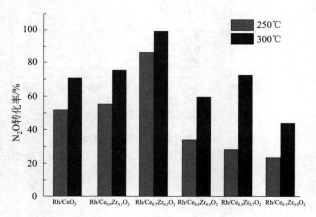

图 3-52 Rh/CeO 及 Rh/Ce$_{1-x}$Zr$_x$O$_2$ 催化剂分解 N_2O 性能

（反应条件：0.05％ N_2O＋N_2，$GHSV$＝45000h^{-1}）

    Alini 等[114] 研究发现 CeO$_2$-ZrO 负载的钙钛矿催化剂催化分解 N_2O 的性能与 Imamura 和 Kim 等制备的 CeO$_2$-ZrO 负载的 Rh 催化剂一样，也表现出较高的催化活性。

Shen 等[116] 制备的系列氧化物负载的钴氧化物 Co/MgO、Co/ZnO、Co/Mn$_x$O$_y$、Co/Al$_2$O$_3$ 以及 Co/CeO$_2$ 催化剂分解 N$_2$O 实验表明，对 Co$_3$O$_4$ 来说单纯的 CeO$_2$ 并不是好的载体。

Rico 等[130] 制备了系列沉积于堇青石蜂窝体上的 Ce-Pr 复合氧化物载体负载 Rh 的负载型催化剂，催化分解 N$_2$O 的实验结果表明，在实验的温度范围内（225～350℃），Rh 负载量为 0 的 Ce-Pr 堇青石蜂窝载体没有催化活性，而即使被 0.001％Rh 负载的样品也表现出明显的催化活性，所有负载 Rh 的样品在 350℃时都能完全分解 N$_2$O，Rh 最佳负载量为 0.2％，再提高负载量并不能进一步提高催化活性。

Konsolakis 等[49] 制备了 Pt/Al$_2$O$_3$、Rh/CeO$_2$-Al$_2$O$_3$ 和 Rh/Al$_2$O$_3$-CeO$_2$＋La$_2$O$_3$ 陶瓷蜂窝体催化剂用于分解 N$_2$O，结果表明，经过 CeO$_2$ 改性和 CeO$_2$＋La$_2$O$_3$ 改性的 Al$_2$O$_3$ 负载 Pt 催化剂催化分解 N$_2$O 的活性显著提高，如图 3-17 所示。其中经过 CeO$_2$ 和 CeO$_2$＋La$_2$O$_3$ 改性的催化剂活性相对于未改性的 Pt/Al$_2$O$_3$ 样品分别提高了 3 倍和 10 倍。分析表明，改性样品的优异催化性能主要归因于有效金属比表面积的增加以及金属-载体界面上新的具有特殊电子密度的 Pt 活性位的形成。

Pachatouridou 等[131] 比较了 γ-Al$_2$O$_3$、CeO$_2$ 和 20％CeO$_2$ 掺杂改性的 γ-Al$_2$O$_3$＋CeO$_2$ 分别负载贵金属 Ir 分解 N$_2$O 的催化性能，如图 3-53 所示，结果表明，经 CeO$_2$ 改性的 Al$_2$O$_3$ 负载的 Ir 催化剂在无氧条件下基本保持了与 Ir/γ-Al$_2$O$_3$ 性能相当的活性同时，在有氧条件下催化 N$_2$O 分解活性明显提高。

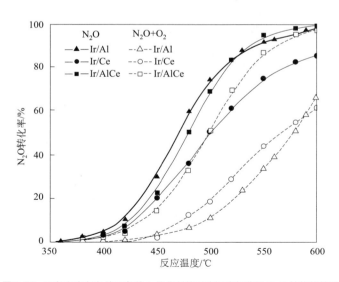

图 3-53　无氧和有氧条件下负载 Ir 催化剂的反应温度与分解 N$_2$O 性能的关系

［反应条件：0.1％ N$_2$O，2％（体积分数）O$_2$，He 平衡，$GHSV=40000h^{-1}$］

Grzybek 等[132] 采用等体积浸渍法，制备了负载 1%～20% Co_3O_4 尖晶石的 Co_3O_4/CeO_2 催化剂样品，如图 3-54 分解 N_2O 结果表明，CeO_2 负载的 Co_3O_4/CeO_2 催化活性明显高于单纯的 Co_3O_4 尖晶石氧化物，特别是在高反应温度区域明显提高了 N_2O 转化率。

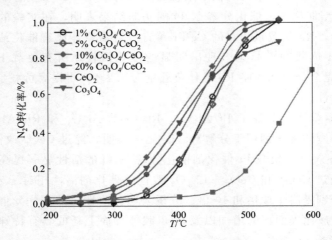

图 3-54　负载型 Co_3O_4/CeO_2 催化剂分解 N_2O 性能

（反应条件：0.1% N_2O＋He，50mg 催化剂，总流量 50mL/min，$GHSV=30000h^{-1}$）

Zhao 等[133] 以铈基金属有机骨架（MOF）为原料制备了一种新型中空多孔材料 $NiO@CeO_2$ 作为 N_2O 分解催化剂，结果表明相比于无负载的多孔载体 CeO_2 本身和浸渍法 NiO/CeO_2 样品，负载氧化镍的新型中空多孔材料 $NiO@CeO_2$ 分解 N_2O 的催化活性显著提高，如图 3-55 所示。

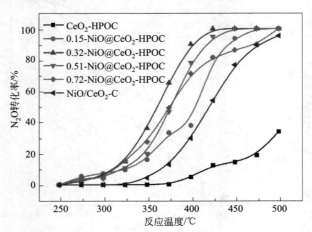

图 3-55　中空多孔 $NiO@CeO_2$ 样品分解 N_2O 性能

（-HPOC 指多孔 CeO_2；-C 指浸渍法；反应条件：2% N_2O＋He，0.2g 催化剂，$GHSV=19000h^{-1}$）

氧化亚氮减排原理
与应用

稀土元素（特别是 La）等本身就是尖晶石和钙钛矿等类型催化剂的重要组成部分，相关 Co、Mn 类活性组分的尖晶石或钙钛矿分解 N_2O 的研究报道也非常多。

Ivanov 等[134] 研究了活性较低的 $LaMnO_3$ 用 Sr 进行部分取代的 $La_{1-x}Sr_xMnO_3$（$x=0$、0.3、0.5）钙钛矿复合氧化物分解 N_2O 的催化性能，结果表明，部分 Sr 取代 La 后促进了氧在催化剂体相内的扩散及表面上氧交换，从而提高了掺杂后催化剂的催化活性。Ivanov 等还从动力学角度研究了钙钛矿 $LaMnO_3$、$La_{1-x}Sr_xMnO_3$、$La_{1-x}Sr_xFeO_3$ 分解 N_2O 的氧传递过程。

碱土金属钡在钙钛矿改性中起着重要作用。Kumar 等[135] 以 Ba 部分取代 $LaMnO_3$ 钙钛矿作为分解 N_2O 的催化剂，相比 $LaMnO_3$ 钙钛矿，$La_{0.8}Ba_{0.2}MnO_3$ 催化活性明显得到提高。

Kumar 等[118] 还以 Ba 部分取代 $PrMnO_3$ 中的 Pr，相比 $PrMnO_3$，$Pr_{0.8}Ba_{0.2}MnO_3$ 催化活性明显得到提高，其原因是 Ba 的协同作用增加催化剂中四价锰离子的比例。

以 Co 为活性组分的尖晶石和钙钛矿也是 N_2O 分解催化剂的研究焦点之一。Pérez-Ramírez 等[113] 在钴-铝尖晶石复合氧化物中以 La 部分取代 Co（Co：La：Al＝3：1：1），得到的 Co-La-Al 复合尖晶石催化剂活性相比于钴-铝尖晶石明显提高。

Dacquin 等[136] 研究了通过柠檬酸法、反应研磨法和模板剂法等制备方法得到的 $LaCoO_3$ 钙钛矿在 N_2O 分解反应中的催化性能，结果表明，反应研磨法制备的样品催化活性最高，其次是柠檬酸法制备的样品。不同方法制备的样品在结构和表面组成上存在着差别。

Obalová[46] 科研团队对比研究了由稀土 La、Ce 改性的 Co-Mn-Al 复合氧化物催化剂分解 N_2O 反应性能，结果表明，La、Ce 改性的催化剂与 Co-Mn-Al 相比 N_2O 的转化率没有提高甚至降低了，其原因可能是 La、Ce 掺杂的样品中形成了尖晶石或钙钛矿晶相，一般来说，尖晶石或钙钛矿的催化活性要低于简单的纯氧化物组分的混合物。

Liu 等[137] 研究了 Zr 部分取代 Co 的 $LaCoO_3$ 和 $BaCoO_3$ 钙钛矿催化分解 N_2O 性能，Zr 的掺杂提高了两种钙钛矿的比表面积，改变了晶体结构，使钴物种的还原和氧的吸附解吸更容易。

Wu 等[138,139] 研究了硝酸厂尾气条件下 La-Co 钙钛矿催化剂分解 N_2O 的性能，并研究部分 Fe 掺杂的 $LaCo_{1-x}Fe_xO_3$ 钙钛矿分解 N_2O 性能，结果表明，催化活性顺序为 $LaCo_{0.2}Fe_{0.8}O_3>LaCoO_3>LaFeO_3$。

Gao 等[140] 研究了 K_2NF_4 型 Nd_2CuO_4 钕-铜复合氧化物以及 Ce、Ba 部分取代 Nd 的复合氧化物催化剂分解 N_2O 性能，并提出了分解反应机理。

Xue 等[141] 制备了 La、Ce、Nd 分别掺杂的 Cu-Fe 复合氧化物催化剂，结果如图 3-56 所示，实验表明，稀土元素掺杂可改善 Cu-Fe 复合氧化物催化活性，

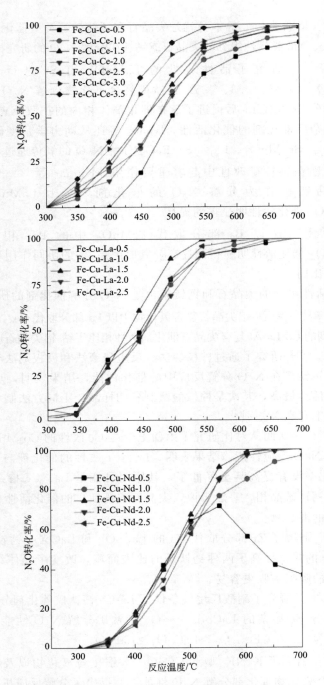

图 3-56　稀土掺杂系列催化剂反应温度与 N_2O 转化率的关系

（其中 Fe：Cu：Re＝1：2：x，x＝0.5～2.5）

　氧化亚氮减排原理
与应用

掺杂后的催化活性顺序为 La＞Ce＞Nd。掺杂后的样品中除了存在 CuO、α-Fe_2O_3 晶相外，La 掺杂的样品中存在 $LaFeO_3$ 钙钛矿和 $CuLa_2O_4$ 尖晶石晶相，Ce 掺杂的样品中存在 CeO_2 晶相，Nd 掺杂的样品中存在 Nd_2O_3 和 $Nd_5Cu_5O_{13}$ 晶相，而钙钛矿和尖晶石是样品分解 N_2O 活性高的主要因素。

　　总体来看，已报道的 N_2O 分解催化剂，按元素周期表结构可以发现第四周期过渡金属元素中 Co 和 Cu 一般具有非常高的催化活性，第五周期的 Rh 和 Ru 活性最高。基于水滑石焙烧产物、分子筛和氧化铝负载的贵金属是活性较高的催化剂。从应用角度来看，一个工业成熟的催化剂，活性并不是其被选择的唯一因素，还要综合考虑其热稳定性、抗中毒性能、机械性能、经济性等多个因素，通常要在多个因素之间取得最佳平衡。

参考文献

[1]　Hunter E. Über die zerfallgeschuindigkeit des stickoxyduls[J]. Zeitsch Physikal Chem, 1905, 53: 441.

[2]　Hinshelwood C, Burk R E. The homogeneous thermal decomposition of nitrous oxide[J]. Proc Roy Soc Lond A, 1924, 106: 284-291.

[3]　Volmer M, Kumerow H. Derthermische zerfall des stickoxyduls [J]. Zeits f physik Chemie, 1930, B9: 141.

[4]　Hunter E. The thermal decomposition of nitrous oxide at pressures up to forty atmospheres[J]. Proc Roy Soc (London), 1934, A144: 386-412.

[5]　Hinshelwood C N, Prichard C R. LI. —A comparison between the homogeneous thermal decomposition of nitrous oxide and its heterogeneous catalytic decomposition on the surface of platinum[J]. J Chem Soc, 1925, 127: 327-336.

[6]　Hinshelwood C N, Prichard C R. The catalytic decomposition of nitrous oxide on the surface of gold: A comparison with the homogeneous reaction[J]. Proc Roy Soc (London), 1925, A108: 211-215.

[7]　Cassel H, Gluckauf E. Über den Zerfall von Stickoxydul am gluheyden Platin[J]. Zeits f physik Chemie, 1930, 9 (1) B: 427-436.

[8]　Schwab G M, Eberle H. Zeits f physik Chemie, 1931, B19: 102.

[9]　Van Praagh G, Topley B. The decomposition of nitrous oxide at low pressures upon a platinum catalyst [J]. Trans Faraday Soc, 1931, 27: 312-322.

[10]　Steacie E W R, McCubbin J W. The decomposition of nitrous oxide on the surface of platinum. Ⅰ. The retarding effect of oxygen[J]. J Chem Phys, 1934, 2: 585-589.

[11]　Steacie E W R, McCubbin J W. The decomposition of nitrous oxide on the surface of Platinum. Ⅱ. The effect of foreign gases[J]. Can J Research, 1936, 14B: 84-89.

[12]　Steacie E W R, Folkins H O. The decomposition of nitrous oxide on a silver catalyst[J]. Can J Research, 1937, 15B: 237-246.

[13]　Redmond J P. Kinetics of the low pressure nitrous oxide decomposition on a platinum filament[J]. J Phys Chem, 1963, 67 (4): 788-793.

[14]　Redmond J P. Kinetics of the low pressure nitrous oxide decomposition on iridium and palladium filaments[J]. Journal of Catalysis, 1967, 7 (3): 297-300.

[15]　Takoudis C G, Schmidt L D. Kinetics of N_2O decomposition on polycrystalline platinum[J]. J Catalysis, 1983, 80: 274-279.

[16] Tanaka S, Yuzaki K, Ito S, et al. Mechanism of N_2O decomposition over a Rh black catalyst studied by a tracer method: The reaction of N_2O with ^{18}O (a) [J]. Catalysis Today, 2000, 63: 413-418.

[17] Kondratenko E V, Pérez-Ramírez J. Transient studies of direct N_2O decomposition over Pt-Rh gauze catalyst. Mechanistic and kinetic aspects of oxygen formation [J]. Catalysis Letters, 2003, 91 (3/4): 211-216.

[18] Burch R, Daniells S T, Breen J P, et al. A combined transient and computational study of the dissociation of N_2O on platinum catalysts[J]. J Catalysis, 2004, 224: 252-260.

[19] Kondratenko V A, Baerns M. Mechanistic and kinetic insights into N_2O decomposition over Pt gauze[J]. J Catalysis, 2004, 225: 37-44.

[20] Schwab G M, Schultes H Z physik Chem. , 1930, B9: 265.

[21] Dell R M, Stone S, Tiley P F. The decomposition of nitrous oxide on cuprous oxide and other oxide catalysts[J]. Trans Faraday Soc, 1953, 49: 201-209.

[22] Wagner C. The mechanism of the decomposition of nitrous oxide on zinc oxide as catalyst[J]. J Chem Phys, 1950, 18: 69-71.

[23] Winter E R S. The decomposition of nitrous oxide on the rare-earth sesquioxides and related oxides[J]. Journal of Catalysis, 1969, 15: 144-152.

[24] Winter E R S. The decomposition of nitrous oxide on metallic oxides: Part Ⅱ [J]. Journal of Catalysis, 1970, 19: 32-40.

[25] Winter E R S. The decomposition of N_2O on oxide catalysts: Ⅲ. The effect of O_2 [J]. Journal of Catalysis, 1974, 34: 431-439.

[26] Kapteijn F, Rodriguez-Mirasol J, Moulijn J A. Heterogeneous catalytic decomposition of nitrous oxide [J]. Appl Catal B, 1996, 9: 25-64.

[27] Riekert L, Menzel D, Staib M. Proceedings of 3rd International Congress on Catalysis[C]. 1965, 1: 387-395.

[28] Kalback W M. Kinetics of decomposition of nitrous oxide[J]. Ind Eng Chem Fundam, 1978, 17 (3): 165-169.

[29] Chen H, Yue J, Li Y, et al. Catalytic activity prediction of different metal surfaces for N_2O catalytic decomposition by density functional theory[J]. Computational and Theoretical Chemistry, 2015, 1057: 1-6.

[30] Kondratenko E V, Kraehnert R, Radnik J, et al. Distinct activity and time-on-stream behavior of pure Pt and Rh metals and Pt-Rh alloys in the high-temperature N_2O decomposition[J]. Applied Catalysis A: General, 2006, 298: 73-79.

[31] Li Y, Armor J N. Catalytic decomposition of nitrous oxide on metal exchanged zeolites[J]. Applied Catalysis B: Environmental, 1992, 1: L21-L29.

[32] Chang Y F, McCarty J G, Wachsman E D, et al. Catalytic decomposition of nitrous oxide over Ru-exchanged zeolites[J]. Applied Catalysts B: Environmental, 1994, 4: 283-299.

[33] Centi G, Galli A, Montanari B, et al. Catalytic decomposition of N_2O over noble and transition metal containing oxides and zeolites. Role of some variables on reactivity [J]. Catalysis Today, 1997, 35: 113-120.

[34] Zeng H C, Pang X Y. Catalytic decomposition of nitrous oxide on alumina-supported ruthenium catalysts Ru/Al_2O_3[J]. Applied Catalysis B: Environmental, 1997, 13: 113-122.

[35] Imamura S, Hamada R, Saito Y, et al. Decomposition of N_2O on $Rh/CeO_2/ZrO_2$ composite catalyst[J]. Journal of Molecular Catalysis A: Chemical, 1999, 139: 55-62.

[36] Centi G, Dall' Olio L, Perathoner S. In situ activation phenomena of Rh supported on zirconia samples for the catalytic decomposition of N_2O[J]. Applied Catalysis A: General, 2000, 194-195: 79-88.

[37] Haber J, Machej T, Janas J, et al. Catalytic decomposition of N_2O [J]. Catalysis Today, 2004, 90: 15-19.

[38] Tzitzios V K, Georgakilas V. Catalytic reduction of N_2O over $Ag-Pd/Al_2O_3$ bimetallic catalysts[J]. Chemosphere, 2005, 59: 887-891.

[39] Pirngruber G D, Frunz L, Pieterse J A Z. The synergy between Fe and Ru in N_2O decomposition over

氧化亚氮减排原理
与应用

FeRu-FER catalysts: A mechanistic explanation[J]. Journal of Catalysis, 2006, 243: 340-349.

[40] Ohnishi C, Iwamoto S, Inoue M. Direct decomposition of nitrous oxide in the presence of oxygen over iridium catalyst supported on alumina[J]. Chemical Engineering Science, 2008, 63: 5076-5082.

[41] Zhu S, Wang X, Wang A, et al. A novel Ir-hexaaluminate catalyst for N_2O as a propellant[J]. Chem Commun, 2007, 1695-1697.

[42] Zhu S, Wang X, Wang A, et al. Superior performance of Ir-substituted hexaaluminate catalysts for N_2O decomposition[J]. Catalysis Today, 2008, 131: 339-346.

[43] Zhu Y, Wang X, Zhang Y, et al. Effect of Ir crystallographic site on the catalytic performance of Ir-substituted barium hexaferrites for N_2O decomposition[J]. Applied Catalysis A: General, 2011, 409/410: 194-201.

[44] Liu S, Cong Y, Huang Y, et al. TiO_2 promoted Ir/Al_2O_3 catalysts for direct decomposition of N_2O[J]. Catalysis Today, 2011, 175: 264-270.

[45] Xu X, Xu X, Zhang G, et al. Preparation of Co-Al mixed oxide-supported gold catalysts and their catalytic activity for N_2O decomposition[J]. J Fuel Chem Technol, 2009, 37 (5): 595-600.

[46] Karasková K, Obalová L, Jiratová K, et al. Effect of promoters in Co-Mn-Al mixed oxide catalyst on N_2O decomposition[J]. Chemical Engineering Journal, 2010, 160: 480-487.

[47] Komvokis V G, Marti M, Delimitis A, et al. Catalytic decomposition of N_2O over highly active supported Ru nanoparticles (≤ 3 nm) prepared by chemical reduction with ethylene glycol[J]. Applied Catalysis B: Environmental, 2011, 103: 62-71.

[48] Beyer H, Emmerich J, Chatziapostolou K, et al. Decomposition of nitrous oxide by rhodium catalysts: Effect of rhodium particle size and metal oxide support[J]. Applied Catalysis A: General, 2011, 391: 411-416.

[49] Konsolakis M, Drosou C, Yentekakis I V. Support mediated promotional effects of rare earth oxides (CeO_2 and La_2O_3) on N_2O decomposition and N_2O reduction by CO or C_3H_6 over Pt/Al_2O_3 structured catalysts[J]. Applied Catalysis B: Environmental, 2012, 123-124: 405-413.

[50] Konsolakis M, Aligizou F, Goula G, et al. N_2O decomposition over doubly-promoted Pt (K) $/Al_2O_3$- (CeO_2-La_2O_3) structured catalysts: On the combined effects of promotion and feed composition[J]. Chemical Engineering Journal, 2013, 230: 286-295.

[51] Zhang Y, Wang X, Zhu Y, et al. Stabilization mechanism and crystallographic sites of Ru in Fe-promoted barium hexaaluminate under high-temperature condition for N_2O decomposition[J]. Applied Catalysis B: Environmental, 2013, 129: 382-393.

[52] Zheng J, Meyer S, Köhle K. Abatement of nitrous oxide by ruthenium catalysts: Influence of the support[J]. Applied Catalysis A: General, 2015, 505: 44-51.

[53] Kubonová L, Fridrichová D, Wach A, et al. Catalytic activity of rhodium grafted on ordered mesoporous silicamaterials modified with aluminum in N_2O decomposition[J]. Catalysis Today, 2015, 257: 51-58.

[54] Yentekakis I V, Goula G, Panagiotopoulou P, et al. Stabilization of catalyst particles against sintering on oxide supportswith high oxygen ion lability exemplified by Ir-catalyzed decomposition of N_2O[J]. Applied Catalysis B: Environmental, 2016, 192: 357-364.

[55] Carabineiro S A C, Papista E, Marnellosc G E, et al. Catalytic decomposition of N_2O on inorganic oxides: Effect of doping with Au nanoparticles[J]. Molecular Catalysis, 2017, 436: 78-89.

[56] Chen H, Lu Q, Yi C, et al. Design of bimetallic Rh-M catalysts for N_2O decomposition: From DFT calculation to experimental study[J]. Molecular Catalysis, 2018, 446: 1-9.

[57] Yu H, Wang X, Wu X, et al. Promotion of Ag for Co_3O_4 catalyzing N_2O decomposition under simulated real reaction conditions[J]. Chemical Engineering Journal, 2018, 334: 800-806.

[58] Kim M-J, Kim H J, Lee S-J, et al. Promotion of N_2O decomposition by Zr^{4+}-doped CeO_2 used as support of Rh catalyst[J]. Catalysis Communications, 2019, 130: 105764.

[59] Hinokuma S, Iwasa T, Kon Y, et al. Effects of support materials and Ir loading on catalytic N_2O decomposition properties[J]. Catalysis Communications, 2021, 149: 106208.

[60] Li Y, Sundermann A, Gerlach O, et al. Catalytic decomposition of N_2O on supported Rh catalysts[J]. Catalysis Today, 2020, 355: 608-619.

[61] Yan L, Ren T, Wang X L, et al. Excellent catalytic performance of $Zn_xCo_{1-x}Co_2O_4$ spinel catalysts for the decomposition of nitrous oxide[J]. Catal Commum, 2003, 4（10）: 505-509.

[62] Yan L, Ren T, Wang X L, et al. Catalytic decomposition of N_2O over $M_xCo_{1-x}Co_2O_4$（M= Ni, Mg）spinel oxides[J]. Appl Catal B: Environ, 2003, 45（2）: 85-90.

[63] Xue L, Zhang C B, He H, et al. Catalytic decomposition of N_2O over CeO_2 promoted Co_3O_4 spinel catalyst[J]. Appl Catal B: Environ, 2007, 75（3/4）: 167-174.

[64] Xue L, Zhang C B, He H, et al. Promotion effect of residual K on the decomposition of N_2O over cobalt-cerium mixed oxide catalyst[J]. Catal Today, 2007, 126（3/4）: 449-455.

[65] Xue L, He H, Liu C, et al. Promotion effects and mechanism of alkali metals and alkaline earth metals on cobalt-cerium composite oxide catalysts for N_2O decomposition[J]. Environ Sci Technol, 2009, 43（3）: 890-895.

[66] 宋崇林, 沈美庆, 王军, 等. 稀土钙钛矿型催化剂 $LaBO_3$ 对 NO_x 催化性能及反应机理的研究（Ⅲ）[J]. 燃烧科学与技术, 1999, 5（2）: 186-191.

[67] 匡伟伟. 负载型 Ru、Rh 催化剂催化一氧化二氮分解的研究[D]. 上海: 复旦大学, 2008.

[68] Kannan S, Swamy C S. Catalytic decomposition of nitrous oxide on "in situ" generated thermally calcined hydrotalcites[J]. Applied Catalysis B: Environmental, 1994, 3（2/3）, 109-116.

[69] Obalová L, Fila V. Kinetic analysis of N_2O decomposition over calcined hydrotalcites[J]. Applied Catalysis B: Environmental, 2007, 70: 353-359.

[70] Obalová L, Pacultová K, Balabanova J, et al. Effect of Mn-Al ratio in Co-Mn-Al mixed oxide catalysts prepared from hydrotalcite-like precursors on catalytic decomposition of N_2O [J]. Catalysis Today, 2007, 119: 233-238.

[71] Obalová L, Jiratova K, Kovanda F, et al. Structure-activity relationship in the N_2O decomposition over Ni-（Mg）-Al and Ni-（Mg）-Mn mixed oxides prepared from hydrotalcite-like precursors[J]. Journal of Molecular Catalysis A: Chemical, 2006, 248: 210-219.

[72] Obalová L, Jirátová K, Kovanda F, et al. Catalytic decomposition of nitrous oxide over catalysts prepared from Co/Mg-Mn/Al hydrotalcite-like compounds[J]. Applied Catalysis B: Environmental, 2005, 60（3/4）: 289-297.

[73] 赵丹, 张守臣, 刘长厚, 等. 以活性炭纤维为载体的金属氧化物上分解 N_2O 研究[J]. 高等学校化学工程学报, 2003, 17（3）: 289-293.

[74] Chang K S, Song H, Park Y S, et al. Analysis of N_2O decomposition over fixed bed mixed metal oxide catalysts made from hydrotalcite-type precursors[J]. Applied Catalysis A: General, 2004, 273: 223-231.

[75] Chang K S, Lee H J, Park Y S, et al. Enhanced performances of N_2O destruction in the presence of CO over the mixed metal oxide catalysts derived from hydrotalcite-type precursors[J]. Applied Catalysis A: General, 2006, 309: 129-138.

[76] Anseth K, Koch T A. Process for Conversion of Nitrous Oxide: WO 93 15824[P]. 1993-8-19.

[77] Reimer R A, Slaten C S, Seapan M, et al. Abatement of N_2O emissions produced in the adipic acid industry[J]. Environ Progr, 1994, 13: 134-137.

[78] Machida M, Eguchi K, Arai H. Effect of additives on the surface area of oxide supports for catalytic combustion[J]. Journal of Catalysis, 1987, 103: 385-393.

[79] Park J G, Cormack A N. Crystal defect structures and phase stability in Ba hexaaluminates[J]. Journal of Solid State Chemistry, 1996, 121: 278-290.

[80] Inoue H, Sekizawa K, Eguchi K, et al. Changes of crystalline phase and catalytic properties by cation substitution in mirror plane of hexaaluminate gompounds[J]. Journal of Solid State Chemistry, 1996, 121: 190-196.

[81] Gardner T H, Shekhawat D, Berry D A. Effect of nickel hexaaluminate mirror cation on structure-sensitive reactions during n -tetradecane partial oxidation[J]. Applied Catalysis A: General, 2007, 323: 1-8.

[82] 武鹏. 六铝酸盐高温燃烧催化剂的合成与甲烷催化氧化性能研究[D]. 呼和浩特: 内蒙古大学, 2004.

氧化亚氮减排原理
与应用

[83] Han M H, Ahn Y S, Kim S K. Synthesis of manganese substituted hexaaluminate and its fabrication into monolithic honeycombs for catalytic combustion[J]. Materials Science and Engineering A, 2001, 302 （2）: 286-293.

[84] Machida M, Sato A, M Murakami, et al. Structure and catalytic property of coherent spinel surface layers on hexaaluminate microcrystals[J]. Journal of Catalysis, 1995, 157: 713-720.

[85] Machida M, Eouchi K, Arai H. Effect of structural modification on the catalytic property of Mn-substituted hexaaluminates[J]. Journal of Catalysis, 1990, 123（2）: 477-485.

[86] 吕宏缨, 胡瑞生, 高官俊, 等. 共沉淀法制备稀土磁铅石型催化剂 $Ba_{1-x}La_xMnAl_{11}O_{19}$ 及其甲烷燃烧催化活性的研究[J]. 稀土, 2003, 24（3）: 24-26.

[87] Groppi G, Bellotto M, Cristiam C, et al. Preparation and characterization of hexaaluminate-based materials for catalytic combustion[J]. Applied Catalysis A: General, 1993, 104（2）: 101-108.

[88] Zarur A J, Hwu H H, Ying J Y. Reverse microemulsion-mediated synthesis and structural evolution of barium hexaaluminate nanoparticles[J]. Langmuir, 2000, 16: 3042-3049.

[89] Zarur A J, Ying J Y. Reverse microemulsion synthesis of nanostructured complex oxides for catalytic combustion[J]. Nature, 2000, 403: 65-67.

[90] 董留涛. 六铝酸盐型 N_2O 催化分解催化剂的研究[D]. 北京: 北京化工大学, 2009.

[91] Cheng H, Huang Y, Wang A, et al. N_2O decomposition over K-promoted Co-Al catalysts prepared from hydrotalcite-like precursors[J]. Applied Catalysis B: Environmental, 2009, 89: 391-397.

[92] Asano K, Ohnishi C, Iwamoto S, et al. Potassium-doped Co_3O_4 catalyst for direct decomposition of N_2O[J]. Appl Catal B, 2008, 78: 242.

[93] Stelmachowski P, Maniak G, Kotarba A, et al. Strong electronic promotion of Co_3O_4 towards N_2O decomposition by surface alkali dopants[J]. Catalysis Communications, 2009, 10: 1062-1065.

[94] Zasada F, Stelmachowski P, Maniak G, et al. Potassium promotion of cobalt spinel catalyst for N_2O decomposition-accounted by work function measurements and DFT modelling[J]. Catal Lett, 2009, 127: 126-131.

[95] Obalová L, Karasková K, Wach A, et al. Alkali metals as promoters in Co-Mn-Al mixed oxide for N_2O decomposition[J]. Applied Catalysis A: General, 2013, 462/463: 227-235.

[96] Obalová L, Karásková K, Jirátová K, et al. Effect of potassium in calcined Co-Mn-Al layered double hydroxide on the catalytic decomposition of N_2O[J]. Applied Catalysis B: Environmental, 2009, 90: 132-140.

[97] Pasha N, Lingaiah N, Reddy P S S, et al. Direct decomposition of N_2O over cesium-doped CuO catalysts[J]. Catal Lett, 2009, 127: 101-106.

[98] Ohnishi C, Asano K, Iwamoto S, et al. Heterogeneous catalysts[M]. Gaigneaux E M, et al. 2006: 737-744.

[99] Ohnishi C, Asano K, Iwamoto S, et al. Alkali-doped Co_3O_4 catalysts for direct decomposition of N_2O in the presence of oxygen[J]. Catalysis Today, 2007, 120: 145-150.

[100] Pasha N, Lingaiah N, Reddy P S S, et al. An investigation into the effect of Cs promotion on the catalytic activity of NiO in the direct decomposition of N_2O[J]. Catalysis Letters, 2007, 118: 64-68.

[101] Rio L D, Marbán G. Stainless steel wire mesh-supported potassium-doped cobalt oxide catalysts for the catalytic decomposition of nitrous oxide[J]. Applied Catalysis B: Environmental, 2012, 126: 39-46.

[102] Franken T, Palkovits R. Investigation of potassium doped mixed spinels $Cu_xCo_{3-x}O_4$ as catalysts for an efficient N_2O decomposition in real reaction conditions[J]. Applied Catalysis B: Environmental, 2015, 176/177: 298-305.

[103] Abu-Zied B M, Soliman S A, Asiri A M. Role of rubidium promotion on the nitrous oxide decomposition activity of nanocrystalline Co_3O_4-CeO_2 catalyst[J]. Applied Surface Science, 2019, 479: 148-157.

[104] Wu H, Qian Z, Xu X, et al. N_2O decomposition over K-promoted NiAl mixed oxides derived from hydrotalcite-like compounds[J]. J Fuel Chem Technol, 2011, 39（2）: 115-121.

[105] Zheng L, Wu C, Xu X. Catalytic decomposition of N_2O over Mg-Co and Mg-Mn-Co composite oxides[J]. J Fuel Chem Technol, 2016, 44（12）: 1494-1501.

[106] Zheng L, Li H, Xu X. Catalytic decomposition of N_2O over Mg-Co composite oxides hydrothermally prepared by using carbon sphere as template[J]. J Fuel Chem Technol, 2018, 46（5）: 569-577.

[107] Zhao T, Gao Q, Liao W, et al. Effect of Nd-incorporation and K-modification on catalytic performance of Co_3O_4 for N_2O decomposition[J]. J Fuel Chem Technol, 2019, 47（9）: 1120-1128.

[108] Wang J, Feng M, Zhang H, et al. Catalytic decomposition of N_2O over Mg-Fe mixed oxides[J]. J Fuel Chem Technol, 2014, 42（12）: 1464-1469.

[109] Nakamura M, Mitsuhashi H, Takezawa N. Oxygen species formed on different surface sites of CaO by decomposition of N_2O and the reactivity[J]. Journal of Catalysis, 1992, 138: 686-693.

[110] Nunan J, Cronin J A, Cunningham J. Comparison of the surface reactivity and spectroscopy of alka-line-earth-metal oxides. Part 2. ——Dependences upon temperature of pre-activation for SrO[J]. J Chem Soc Faraday Trans, 1985, 81: 2027-2041.

[111] Shimizu T, Inagaki M. Decomposition of N_2O over limestone under fluidized bed combustion condi-tions[J]. Energy & Fuels, 1993, 7: 648-654.

[112] Zeng H C, Qian M, Pang X Y. Catalytic decomposition of high-concentration nitrous oxide N_2O, catal-ysis and automotive pollution control Ⅳ [J]. Studies in Surface Science and Catalysis, 1998, 116: 485-494.

[113] Pérez-Ramirez J, Overeijnder J, Kapteijn F, et al. Structural promotion and stabilizing effect of Mg in the catalytic decomposition of nitrous oxide over calcined hydrotalcite-like compounds[J]. Applied Ca-talysis B: Environmental, 1999, 23: 59-72.

[114] Alini S, Basile F, Blasioli S, et al. Development of new catalysts for N_2O-decomposition from adipic acid plant[J]. Applied Catalysis B: Environmental, 2007, 70: 323-329.

[115] Russo N, Fino D, Saracco G, et al. N_2O catalytic decomposition over various spinel-type oxides[J]. Ca-talysis Today, 2007, 119: 228-232.

[116] Shen Q, Li L, Li J, et al. A study on N_2O catalytic decomposition over CoMgO catalysts[J]. Journal of Hazardous Materials, 2009, 163: 1332-1337.

[117] Golden V, Sokolov S, Kondratenko V A, et al. Effect of the preparation method on high-temperature de-N_2O performance of Na-CaO catalysts. A mechanistic study[J]. Applied Catalysis B: Environmen-tal, 2010, 101: 130-136.

[118] Kumar S, Vinu A, Subrt J, et al. Catalytic N_2O decomposition on $Pr_{0.8}Ba_{0.2}MnO_3$ type perovskite cat-alyst for industrial emission control[J]. Catalysis Today, 2012, 198: 125-132.

[119] Stelmachowski P, Maniak G, Kaczmarczyk J, et al. Mg and Al substituted cobalt spinels as catalysts for low temperature deN_2O——Evidence for octahedral cobalt active sites[J]. Applied Catalysis B: En-vironmental, 2014, 146: 105-111.

[120] Zhang F, Wang X, Zhang X, et al. The catalytic activity of NiO for N_2O decomposition doubly promo-ted by barium and cerium[J]. Chemical Engineering Journal, 2014, 256: 365-371.

[121] Li S, Xia L, Li J, et al. Effect of alkaline earth metal doping on the catalytic performance of cobalt-based spinel composite metal oxides in N_2O decomposition[J]. J Fuel Chem Technol, 2018, 46（11）: 1377-1385.

[122] Read J F. The decomposition of nitrous oxide on neodymium oxide, dysprosium oxide and erbium ox-ide[J]. Journal of Catalysis, 1973, 28: 428-441.

[123] Raj S L, Srinivasan V. Decomposition of nitrous oxide on rare earth manganites[J]. Journal of Cataly-sis, 1980, 65: 121-126.

[124] Zhou H, Huang Z, Sun C, et al. Catalytic decomposition of N_2O over $Cu_xCe_{1-x}O_y$ mixed oxides[J]. Applied Catalysis B: Environmental, 2012, 125: 492-498.

[125] Zabilskiy M, Erjavec B, Djinovic P, et al. Ordered mesoporous CuO-CeO_2 mixed oxides as an effective catalyst for N_2O decomposition[J]. Chemical Engineering Journal, 2014, 254: 153-162.

[126] Liu Z, He C, Chen B, et al. CuO-CeO_2 mixed oxide catalyst for the catalytic decomposition of N_2O in the presence of oxygen[J]. Catalysis Today, 2017, 297: 78-83.

[127] Abu-Zied B M, Bawaked S M, Kosa S A, et al. Effects of Nd-, Pr-, Tb-and Y-doping on the structur-

al, textural, electrical and N$_2$O decomposition activity of mesoporous NiO nanoparticles[J]. Applied Surface Science, 2017, 419: 399-408.

[128] You Y, Chang H, Ma L, et al. Enhancement of N$_2$O decomposition performance by N$_2$O pretreatment over Ce-Co-O catalyst[J]. Chemical Engineering Journal, 2018, 347: 184-192.

[129] Zhao T, Li Y, Gao Q, et al. Potassium promoted Y$_2$O$_3$-Co$_3$O$_4$ catalysts for N$_2$O decomposition[J]. Catalysis Communications, 2020, 137: 105948.

[130] Rico P V, Parres E S, Illan G M J, et al. Preparation, characterisation and N$_2$O decomposition activity of honeycomb monolith-supported Rh/Ce$_{0.9}$Pr$_{0.1}$O$_2$ catalysts[J]. Applied Catalysis B: Environmental, 2011, 107: 18-25.

[131] Pachatouridou E, Papista E, Delimitis A, et al. N$_2$O decomposition over ceria-promoted Ir/Al$_2$O$_3$ catalysts: The role of ceria[J]. Applied Catalysis B: Environmental, 2016, 187: 259-268.

[132] Grzybek G, Stelmachowski P, Gudyka S, et al. Strong dispersion effect of cobalt spinel active phase spread over ceria for catalytic N$_2$O decomposition: The role of the interface periphery[J]. Applied Catalysis B: Environmental, 2016, 180: 622-629.

[133] Zhao P, Qin F, Huang Z, et al. MOF-derived hollow porous Ni/CeO$_2$ octahedron with high efficiency for N$_2$O decomposition[J]. Chemical Engineering Journal, 2018, 349: 72-81.

[134] Ivanov D V, Sadovskaya E M, Pinaeva L G, et al. Influence of oxygen mobility on catalytic activity of La-Sr-Mn-O composites in the reaction of high temperature N$_2$O decomposition[J]. Journal of Catalysis, 2009, 267: 5-13.

[135] Kumar S, Teraoka Y, Joshi A G, et al. Ag promoted La$_{0.8}$Ba$_{0.2}$MnO$_3$ type perovskite catalyst for N$_2$O decomposition in the presence of O$_2$. NO and H$_2$O[J]. Journal of Molecular Catalysis A: Chemical, 2011, 348: 42-54.

[136] Dacquin J P, Lancelot C, Dujardin C, et al. Influence of preparation methods of LaCoO$_3$ on the catalytic performances in the decomposition of N$_2$O [J]. Applied Catalysis B: Environmental, 2009, 91: 596-604.

[137] Liu S, Cong Y, Kappenstain C, et al. Effect of Zirconium in La(Ba)Zr$_x$Co$_{1-x}$O$_{3-\delta}$ Perovskite Catalysts for N$_2$O Decomposition[J]. Chin J Catal, 2012, 33: 907-913.

[138] Wu Y, Ni X, Beaurain A, et al. Stoichiometric and non-stoichiometric perovskite-based catalysts: Consequences on surface properties and on catalytic performances in the decomposition of N$_2$O from nitric acid plants[J]. Applied Catalysis B: Environmental, 2012, 125: 149-157.

[139] Wu Y, Cordier C, Berrier E, et al. Surface reconstructions of LaCo$_{1-x}$Fe$_x$O$_3$ at high temperature during N$_2$O decomposition in realistic exhaust gas composition: Impact on the catalytic properties [J]. Applied Catalysis B: Environmental, 2013, 140: 151-163.

[140] Gao L Z, Au C T. Studies on the decomposition of N$_2$O over Nd$_2$CuO$_4$, Nd$_{1.6}$Ba$_{0.4}$CuO$_4$ and Nd$_{1.8}$Ce$_{0.2}$CuO$_4$[J]. Journal of Molecular Catalysis A: Chemical, 2001, 168: 173-186.

[141] Xue Z, Shen Y, Shen S, et al. Promotional effects of Ce^{4+}, La^{3+} and Nd^{3+} incorporations on catalytic performance of Cu-Fe-O$_x$ for decomposition of N$_2$O[J]. Journal of Industrial and Engineering Chemistry, 2015, 30: 98-105.

[142] Ivanov D V, Pinaeva L G, Sadovskaya E M, et al. Isotopic transient kinetic study of N$_2$O decomposition on LaMnO$_{3+\delta}$ [J]. Journal of Molecular Catalysis A: Chemical, 2016, 412: 34-38.

[143] Centi G, Perathoner S, Rak Z S. Reduction of greenhouse gas emissions by catalytic processes[J]. Applied Catalysis B: Environmental, 2003, 41: 143-155.

[144] Xu X, Xu H, Kapteijn F, et al. SBA-15 based catalysts in catalytic N$_2$O decomposition in a model tail-gas from nitric acid plants[J]. Applied Catalysis B: Environmental, 2004, 53: 265-274.

[145] Suárez S, Yates M, Petre A L, et al. Development of a new Rh/TiO$_2$-sepiolite monolithic catalyst for N$_2$O decomposition[J]. Applied Catalysis B: Environmental, 2006, 64: 302-311.

[146] Reddy P S S, Babu N S, Pasha N, et al. Influence of microwave irradiation on catalytic decomposition of nitrous oxide over Rh/Al$_2$O$_3$ catalyst[J]. Catalysis Communications, 2008, 9: 2303-2307.

[147] Du J, Kuang W, Xu H, et al. The influence of precursors on Rh/SBA-15 catalysts for N$_2$O decomposi-

tion[J]. Applied Catalysis B: Environmental, 2008, 84: 490-496.

[148] Rico P V, Parres E S, Illan G M J, et al. Preparation, characterisation and N_2O decomposition activity of honeycomb monolith-supported $Rh/Ce_{0.9}Pr_{0.1}O_2$ catalysts[J]. Applied Catalysis B: Environmental, 2011, 107: 18-25.

[149] Piumetti M, Hussain M, Fino D, et al. Mesoporous silica supported Rh catalysts for high concentra-tionN_2O decomposition[J]. Applied Catalysis B: Environmental, 2015, 165: 158-168.

[150] Suárez S, Saíz C, Yates M, et al. $Rh/\gamma-Al_2O_3$-sepiolite monolithic catalysts for decomposition of N_2O traces[J]. Applied Catalysis B: Environmental, 2005, 55 : 57-64.

[151] Liu H, Lin Y, Ma Z. Rh_2O_3/mesoporous $MO_x-Al_2O_3$ (M = Mn, Fe, Co, Ni, Cu, Ba) catalysts: Synthesis, characterization, and catalytic applications[J]. Chinese Journal of Catalysis, 2016, 37: 73-82.

[152] Kim M J, Kim Y J, Lee S J, et al. Enhanced catalytic activity of the $Rh/\gamma-Al_2O_3$ pellet catalyst for N_2O decomposition using high Rhdispersion induced by citric acid[J]. Chemical Engineering Research and Design, 2019, 141: 455-463.

[153] Ho P H, Jabło ń ska M, Palkovits R, et al. N_2O catalytic decomposition on electrodeposited Rh-based open-cell metallic foams[J]. Chemical Engineering Journal, 2020, 379: 122259.

[154] Reddy P S S, N Pasha, M G V C Rao, et al. Prasad, Direct decomposition of nitrous oxide over Ru/ Al_2O_3 catalysts prepared by deposition-precipitation method[J]. Catalysis Communications, 2007, 8: 1406-1410.

[155] Labhsetwar N, Dhakad M, Biniwale R, et al. Metal exchanged zeolites for catalytic decomposition of N_2O[J]. Catalysis Today, 2009, 141: 205-210.

[156] Boissel V, Tahir S, Koh C A. Catalytic decomposition of N_2O over monolithic supported noble metal-transition metal oxides[J]. Applied Catalysis B: Environmental , 2006, 64: 234-242.

[157] Liu S, Tang N, Shang Q, et al. Superior performance of iridium supported on rutile titania for the cat-alytic decomposition of N_2O propellants[J]. Chinese Journal of Catalysis, 2018, 39: 1189-1193.

[158] Dacquin J P, Dujardin C, Granger P. Catalytic decomposition of N_2O on supported Pd catalysts: Sup-port and thermal ageing effects on the catalytic performances[J]. Catalysis Today, 2008, 137: 390-396.

[159] Dacquin J P, Dujardin C, Granger P. Surface reconstruction of supported Pd on $LaCoO_3$: Conse-quences on the catalytic properties in the decomposition of N_2O[J]. Journal of Catalysis, 2008, 253: 37-49.

[160] Pachatouridou E, Papista E, Iliopoulou E F, et al. Nitrous oxide decomposition over Al_2O_3 supported noble metals (Pt, Pd, Ir): Effect of metal loading and feed composition[J]. Journal of Environmental Chem. Eng. , 2015, 3: 815-821.

[161] Gac W, Giecko G, Patkowska S P, et al. The influence of silver on the properties of cryptomelane type manganese oxides in N_2O decomposition reaction[J]. Catalysis Today, 2008, 137: 397-402.

[162] Kumara S, Teraoka Y, Joshi A G, et al. Ag promoted $La_{0.8}Ba_{0.2}MnO_3$ type perovskite catalyst for N_2O decomposition in the presence of O_2. NO and H_2O[J]. Journal of Molecular Catalysis A: Chemical, 2011, 348: 42-54.

[163] Konkol M, Kondracka M, Kowalik P, et al. Decomposition of the mixed-metal coordination polymer— A preparation route of the active Ag/Yb_2O_3 catalyst for the deN_2O process[J]. Applied Catalysis B: En-vironmental, 2016, 190: 85-92.

[164] Dou Z, Feng M, Xu X. Catalytic decomposition of N_2O over Au/Co_3O_4 and $Au/ZnCo_2O_4$ catalysts[J]. J Fuel Chem Technol, 2013, 41 (10): 1234-1240.

氧化亚氮减排原理
与应用

第4章 高温热分解减排法

虽然氧化亚氮（N_2O）是燃烧过程中产生的一种重要物质，但气体物质的燃烧并非 N_2O 的最主要来源，如 NO 的制备过程也会不可避免地生成 N_2O，有机物硝酸氧化也会产生大量副产物氧化亚氮。无论理论上，还是实践中，氧化亚氮都引起了研究者的广泛关注。从实用的角度看，氧化亚氮通常被用作氧化剂，更具体地说，被作为氧原子的来源。从理论上讲，N_2O 是小分子，其分解涉及两个具有不同多重性的势能面，引起了大家的广泛关注。多年来，N_2O 的分解一直不仅是科学研究的主题，也是理论计算的主题。

$$N_2O(^1\textstyle\sum) \longrightarrow N_2(^1\textstyle\sum) + O_2(^3P) \tag{4-1}$$

尾气中 N_2O 的脱除方法主要有：高温热分解法、选择性催化还原法和催化分解消除法。在热分解中，元素分解速率随着单分子反应压力的增加而降低。尽管人们就极限高压状态下的速率常数已达成共识，但关于速率，尤其是低压下的活化能，尚未形成一致的认知。传统的热消除法主要为低浓度甲烷存在条件下将 N_2O 还原生成 N_2，而甲烷则转化为 CO_2 和 H_2O。本章将对 N_2O 高温热分解工艺原理及典型工艺进行详细介绍，并对工业应用情况以典型实例的方式进行说明和讨论。

4.1 高温热分解原理

高温热分解是在高温条件下，氧化亚氮分子达到了自分解反应的活化能，从而分解为氮气和氧气，或者分解出中间产物。

4.1.1 氮氧化物生成机理

煤燃烧产生的氮氧化物（即 NO_x）中，NO 占 90% 以上，NO_2 占 5%～

10%，NO_x 生成机理一般分为如下三种。

4.1.1.1　热力型 NO_x 生成机理

反应方程式如下：

$$N_2 + O_2 \longrightarrow 2NO \tag{4-2}$$

$$NO + \frac{1}{2} O_2 \longrightarrow NO_2 \tag{4-3}$$

热力型 NO_x 的生成量和燃烧温度有很大关系，在温度足够高时，热力型 NO_x 的生成量可占 NO_x 总量的 30%，随着反应温度的升高，其反应速率按指数规律增加。当 $T<1300℃$ 时，NO_x 的生成量不大；而当 $T>1300℃$ 时，T 每增加 100℃，反应速率增大 6～7 倍。

4.1.1.2　快速型 NO_x 生成机理

快速型 NO_x 是碳氢化合物燃料在燃料过浓时燃烧，燃料挥发物中碳氢化合物高温分解生成的 CH 自由基和空气中氮气反应生成 HCN 和 N 自由基，再进一步与氧气作用以极快的速度生成 NO_x，其形成时间只需要 60ms。快速型 NO_x 在燃烧过程中的生成量很小。影响快速型 NO_x 生成的主要因素有空气过量条件和燃烧温度。

4.1.1.3　燃料型 NO_x 生成机理

由燃料中氮化合物在燃烧中被氧化而成。由于燃料中氮化合物的热分解温度低于煤粉燃烧温度，其在 600～800℃ 时就会生成燃料型 NO_x，它在煤粉燃烧 NO_x 产物中占 60%～80%。在生成燃料型 NO_x 过程中，首先是含有氮的有机化合物热裂解产生 N、CN、HCN 等中间产物基团，然后再被氧化成 NO_x。由于煤的燃烧过程由挥发分燃烧和焦炭燃烧两个阶段组成，故燃料型 NO_x 的形成也由气相氮的氧化（挥发分）和焦炭中剩余氮的氧化（焦炭）两部分组成，其中挥发分 NO_x 占燃料型 NO_x 大部分。

影响燃料型 NO_x 生成的因素有燃料的含氮量、燃料的挥发分含量、燃烧过程的温度、着火阶段氧浓度等。燃料的挥发分增加，NO_x 转换量增大；火焰温度增高，NO_x 转换量增大；挥发分 NO_x 转化率随氧浓度的平方增加。

回转窑中火焰温度高达 1500℃ 以上，除了生成燃料型 NO_x 外，大量助燃空气中的氮在高温下被氧化产生大量的热力型 NO_x，因此回转窑中既生成燃料型 NO_x 也生成热力型 NO_x，而且两种类型的 NO_x 相互抑制。在分解炉和窑尾上升管道区域，燃料燃烧温度为 950～1200℃，在此温度范围内，主要生成燃料型 NO_x。回转窑窑头产生的 NO_x 为 $7.5 \times 10^{-4} \sim 1.2 \times 10^{-3}$，而出预分解系统的 NO_x 为 $6 \times 10^{-4} \sim 7 \times 10^{-4}$，平均为 6.5×10^{-4}。

4.1.2　氧化亚氮热分解机理

N$_2$O 均相热分解在较高温度下发生，生成 NO、NO$_2$、N$_2$ 和 O$_2$ 等产物。在标准状态下，N$_2$O 直接分解生成 N$_2$ 和 O$_2$ 的热分解反应的活化能为 250kJ/mol，非催化热分解温度高达 1000℃[1]，而 N$_2$O 在高温（1000～1300℃）下易发生均相热分解，生成 NO、NO$_2$、N$_2$ 和 O$_2$ 等产物。N$_2$O 热分解的方程为：

$$2N_2O \xrightarrow{T>800℃} 2N_2+O_2 \tag{4-4}$$

热分解过程的温度范围通常为 1023～1223K，压力为 0.1～1.3MPa（1～13bar）。在此条件下，N$_2$O 自发分解为 N$_2$ 和 O$_2$ 的转换效率为 70%～90%。NO 的生成机理主要依据"扩展热机制（extended thermal mechanism）"[2]，该机理整合了 Zeldovich[3] 反应，

$$N_2+O \longrightarrow NO+N \tag{4-5}$$

$$N+O_2 \longrightarrow NO+O \tag{4-6}$$

以及 Wolfrum 和 Malte 及 Pratt[4] 提出的反应机理：

$$N_2O+M \Longleftrightarrow N_2+O+M \tag{4-7}$$

$$N_2O+O \Longleftrightarrow 2NO \tag{4-8}$$

$$N_2O+O \Longleftrightarrow N_2+O_2 \tag{4-9}$$

研究发现，extended thermal mechanism 比 Zeldovich 反应更迅速，尤其在贫燃条件下。Zeldovich 反应在温度高于 1800 K 时占据主导地位，而低于该温度时 N$_2$O 主要经由 NO 路径生成。根据 extended thermal mechanism，NO 的生成速率严重依赖于 N$_2$O 的浓度。在火焰区内，当高浓度 H 及 OH 自由基存在时，不仅可逆反应式(4-7) 中生成的 N$_2$O 可以被排除，反应式(4-8)、反应式(4-9) 以及反应式(4-10)～式(4-12) 也一样可忽略。

$$N_2O+H \longrightarrow N_2+OH \tag{4-10}$$

$$N_2O+H \longrightarrow NH+NO \tag{4-11}$$

$$N_2O+OH \longrightarrow N_2+HO_2 \tag{4-12}$$

在含 CO 及碳氢化合物的燃烧过程中，N$_2$O 亦可通过下述反应被消除：

$$N_2O+CO \longrightarrow CO_2+N_2 \tag{4-13}$$

此外，反应式(4-10) 的动力学亦会被燃烧气体中存在的其他多种分子强化。

扩展的热机制在贫燃火焰中占主导地位。然而，在富焰和接近化学计量的火焰中，其他机制的重要性增加。Fenimore 提出了由烃类火焰中的分子氮和 CH$_i$ 自由基之间的反应引发的快速机制[5]。Bozzelli 和 Dean[6] 得出的结论是反应接近平衡：

$$N_2+H+M \longrightarrow NNH+M \tag{4-14}$$

并且在许多情况下，NNH 浓度足够高以在反应中产生一氧化氮：

$$NNH + O \longrightarrow NO + NH \tag{4-15}$$

此外，可以在 NNH 参与的反应中形成 N_2O，特别是在反应式（4-16）和式（4-17）中：

$$NNH + O_2 \longrightarrow N_2O + OH \tag{4-16}$$

$$NNH + O \longrightarrow N_2O + H \tag{4-17}$$

Tomeczek 和 Gradon[7] 提出了在碳氢化合物火焰中通过 N_2O 和 NNH 形成 HCN 和 NO 的新途径。在这些火焰的某些条件下，可以在反应中产生或破坏氧化亚氮。

$$N_2O + CH_3 \Longrightarrow CH_3O + N_2 \tag{4-18}$$

上述反应的动力学仍然是文献中广泛讨论的主题。Bozzelli 等[6] 指出了反应式（4-10）和式（4-11）的速率常数值之间的一些差异。文献中反应式（4-12）的数据差异特别大。Tsang 和 Herron[8] 提出的推荐模型中最常用的数据则基于 Chang 和 Kaufman[9] 进行的低温实验。Glarborg 等[10] 基于低于 1400K 温度下进行的实验结果，提出反应式（4-12）可能在 N_2O 破坏中仅起次要作用。他们发现它的速率常数比 Miller 和 Bowman 给出的水平低约 10 倍，而比 Tsang 和 Herron 推荐的水平低约 60 倍[2]。Sausa 等[11] 也报道了类似的结论。

Allen 等基于温度范围（950～1123K）的实验发现，式（4-13）的反应速率常数应该比 Dindi 等[12] 早先报道的值低约 3 个数量级。这些差异随着温度的升高而降低，但在工业火焰温度范围内，速率常数的值仍然小一个数量级，即使在计算中假设活化能取最高值。Miller 和 Bowman 在火焰中的氮转化机制中没有考虑该反应[2]。

在存在简单气体（Ar，N_2，Ne 或 He）的情况下，反应式（4-7）的动力学得到了广泛研究[13]。然而，在火焰中，较大的分子，特别是燃烧产物 H_2O 和 CO_2，由于它们在火焰区域中的浓度较高，其中也存在大量的 O 自由基，因此可以强烈地增大反应速率。特别地，实验研究表明，在 H_2O 存在下 N_2O 分解速率明显增加，从而得出了 H_2O 分子具有作为碰撞配体的作用[14]。Glarborg 等[10] 基于在大气压和 1000～1400K 温度范围内进行的实验发现，M＝H_2O 时 N_2O 分解速率比 M＝Ar 时高 12 倍。他们还获得了与 Ar 相比的相对效率：O_2（1.4），CO_2（3.0）和 N_2（1.7）。Allen 等提出在升高的压力（0.3～1.5MPa）和 950～1123K 温度范围内进行的实验中获得类似结果。以上讨论作为碰撞配体 CO_2 和 H_2O 的实验研究主要是为了改进流化床燃烧器中氧化亚氮的模拟排放。必须提到的是，在实验过程中即使使用最简单的混合物，也不可能避免同时反应对实验结果的影响。

显然，N_2O 均相热分解在较高温度下发生，该过程中形成很多产物，如

NO、NO_2、N_2 和 O_2。因此，人们普遍接受的 N_2O 均相热分解过程主要包括以下 6 个基元反应[15]：

$$N_2O+M \longrightarrow N_2+O+M \tag{4-7}$$

$$N_2O+O \longrightarrow 2NO \tag{4-8}$$

$$N_2O+O \longrightarrow N_2+O_2 \tag{4-9}$$

$$O+NO+M \longrightarrow NO_2+M \tag{4-19}$$

$$N_2O+O \longrightarrow NO+O_2 \tag{4-20}$$

$$NO+N_2O \longrightarrow NO_2+N_2 \tag{4-21}$$

在低压下，氧原子按反应式(4-22)形成非均相壁复合结构，并且 NO_2+ $N_2O \longrightarrow N_2+O_2+NO$ 反应进行非常缓慢，通常可以忽略。

$$O+器壁 \longrightarrow \frac{1}{2}O_2+器壁 \tag{4-22}$$

纯 N_2O 分解过程中，中间体 M 的性质必须考察，在反应初始阶段 M 是 N_2O，而在反应结束阶段 M 是 N_2 和 O_2。因此，反应式(4-7a)、式(4-7b) 和式 (4-7c) 用以替代反应式(4-7)。在反应式(4-7a) 中，N_2O 为 M，反应式(4-7b)，中则双原子分子为 M，反应式(4-7c) 三原子分子为 M。

$$N_2O+N_2O \longrightarrow N_2+O+N_2O \tag{4-7a}$$

$$N_2O+N_2(O_2 \text{ 或 } NO) \longrightarrow N_2+O+N_2(O_2 \text{ 或 } NO) \tag{4-7b}$$

$$N_2O+CO_2 \longrightarrow N_2+O+CO_2 \tag{4-7c}$$

实验数据的分析通过调整 k_{4-7a}、k_{4-7b}、k_{4-7c} 的数值拟合由动力学速率方程的数值积分及实验浓度曲线计算出浓度。最先采用 Runge-Kutta 方法在 Hewlett-Packard 计算机上进行计算。

N_2O 和 NO 主要通过反应式(4-19)、式(4-21) 和式(4-22) 相互转换。反应式(4-9) 中 N_2O 被转换为 N_2 和 O_2，直到反应温度超过 800℃时，NO 的生成才会变得明显。在气相反应中，N_2O 热分解的速率主要受温度的影响，反应气的温度越高，N_2O 分解率就越高。通常，除通过提高反应温度来促进 N_2O 的分解外，工业上常利用加入还原剂的方法实现 N_2O 减排。比如，采用燃料分级燃烧技术，利用 CO、CH_4 和 H_2 再燃，均能有效地降低锅炉烟气中 N_2O 的浓度。生物质燃料燃烧气化产物富含 CO、CH_4 和 H_2 等还原性气体，利用生物质气再燃也是目前实现 N_2O 减排的重要途径之一。

4.2 高温热分解反应动力学

氧化亚氮的高温热分解反应与反应体系的压力有很大关系，下面分别介绍低压、常压和高压下有关分解反应动力学的研究。

4.2.1 低压下氧化亚氮热分解

Loirat 等[15] 通过静态方法研究了 N_2O 的热分解过程。将气体混合物通过电磁阀（打开时间 30ms，关闭时间 20ms）引入圆柱形石英容器（直径 60mm，长 100mm）中，预先除气至 $6.67 \times 10^{-3}Pa$（$5 \times 10^{-5}Torr$）并保持在炉中。温度稳定在 ±1K 以内，用设置在反应器中心的铬镍铁合金热电偶（直径为 0.25mm）测量温度。压力变化通过连接至带状图记录仪的压电传感器（精度为 0.04Torr）进行监控。当反应进行了所需的时间后，打开第二个电磁阀，并在室温下使反应物从反应器膨胀到球形中。两个电磁阀均由电子计时器驱动。在最长的反应时间下测得的气体组成几乎相当于反应物完全转化。

在 747～856℃ 的温度区间内，考察了浓度范围在 $10^{-7} \sim 1.5 \times 10^{-6} mol/cm^3$ 的 N_2O 分解。N_2O 既可以是纯气，也可以是两种气体的混合气。混合气 1 由 33%N_2O 和 67%CO_2 组成，混合气 2 由 5%N_2O 和 N_2 组成。样品通过气相色谱进行分析，He 作载气（Porapak Q 色谱柱，30℃）。在几个温度和总气体浓度下测量 N_2O、N_2、O_2 和 NO 浓度随时间的变化。结果如图 4-1 所示。受色谱分析的样品量所限，无法用本设备考察 N_2O 浓度低于 $10^{-7} mol/cm^3$ 的反应。由结果可知，通过加热分解 N_2O 是可行的，高温（1000～1300℃）下易发生 N_2O 均相热分解反应生成 NO、N_2 以及 O_2 等产物。

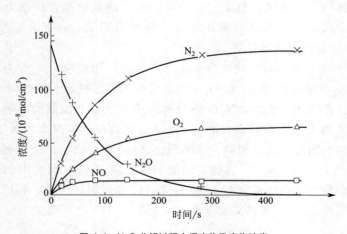

图 4-1 N_2O 分解过程中反应物及产物浓度

（N_2O 浓度 $10^{-7} mol/cm^3$，反应温度 856℃）

反应机理遵循 4.1 节反应式(4-7)～式(4-22)基元反应。NO_2 与 O 原子均采用准静态假设。由于在当前实验条件下，反应式(4-7)一直受压力影响，因此模拟过程充分考虑了 N_2O 分解反应过程中导致的压力增加。其他反应速率常数

氧化亚氮减排原理
与应用

值分别为：$k_5 = 10^{14} \exp(-14100/T)$，$k_{16} = k_5/2$，$k_{18} = 10^{13} \exp(-300/T)$，$k_{19} = 2 \times 10^{14} \exp(-25000/T)$，单位均为 $cm^3/(mol \cdot s)$；$k_{17} = 1.10 \times 10^{15} \exp(940/T)$，单位为 $cm^6/(mol^2 \cdot s)$。

调整 k_{15a}、k_{15b}、k_{15c} 的值以使图 4-1 中的实验值与计算值很好地拟合。单分子反应速率常数 $k_{uni} = k_{15c}$。一种情况下可以直接得到 $k_{uni,a}$ 和 $k_{uni,b}$ 的数值，另一种情况下也可以直接得到 $k_{uni,a}$、$k_{uni,b}$ 和 $k_{uni,c}$ 的值，还有一种情况仅可得到 $k_{uni,b}$ 的值。

在气体浓度为 $1.5 \times 10^{-6} \, mol/cm^3$、$3 \times 10^{-7} \, mol/cm^3$、$10^{-7} \, mol/cm^3$，反应温度为 1072～1227K 的条件下，所得阿伦尼乌斯实验数据点见图 4-2，根据所拟合直线可以求得反应的活化能，结果如表 4-1 所示。由于 $1.5 \times 10^{-6} \, mol/cm^3$ 下的反应仅做了两个温度，因此，$k_{uni,a}$（o）对应活化能与 $k_{uni,b}$（+）相同，均为实线斜率。表 4-1 总结了所有实验数据，给出了四个反应温度下的 k_{uni} 计算结果及活化能。

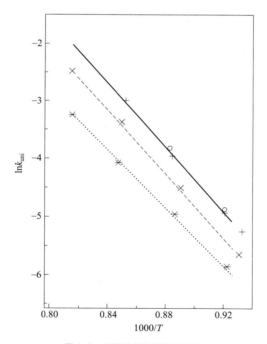

图 4-2 阿伦尼乌斯实验数据点

（复合系数 $\gamma = 10^{-3}$：纯 N_2O 反应物——＊及点虚线为 $k_{uni,a}$，$10^{-7} \, mol/cm^3$；混合物 1——×及虚线为 $k_{uni,a}$，$3 \times 10^{-7} \, mol/cm^3$；纯 N_2O 反应物——＋及实线为 $k_{uni,b}$，$1.5 \times 10^{-6} \, mol/cm^3$；o 及实线为 $k_{uni,a}$，$1.5 \times 10^{-6} \, mol/cm^3$）

◆ 表 4-1 根据图 4-2 计算所得不同反应温度及反应物浓度下的 k_{uni} 值

速率常数/(1/s)	浓度/(mol/cm³)	温度/K				E_a/(kcal/mol)
		1080	1128	1178	1227	
$k_{uni,a}$	1.5×10^{-6}	6.8×10^{-3}	0.020	0.057	0.145	约 55
$k_{uni,b}$		6.1×10^{-3}	0.018	0.051	0.13	55 ± 1
$k_{uni,a}/k_{uni,b}$			约 0.9			
$k_{uni,a}(k_7=35)$	3×10^{-7}	4.35×10^{-3}	0.0125	0.0335	0.0835	53 ± 1
$k_{uni,a}(k_7=15)$		3.85×10^{-3}	0.0115	0.0325	0.0835	55 ± 1
$k_{uni,b}/k_{uni,a}$		0.90	0.85	0.80	0.77	-2.9
$k_{uni,c}/k_{uni,a}$		1.0	0.91	0.87	0.87	-2.3
$k_{uni,a}(k_7=85)$	1.0×10^{-7}	3.4×10^{-3}	7.75×10^{-3}	0.0185	0.0405	46 ± 2
$k_{uni,a}(k_7=20)$		2.45×10^{-3}	6.6×10^{-3}	0.017	0.0395	50 ± 2
$k_{uni,b}/k_{uni,a}$		0.91	0.83	0.77	0.77	-4.3

4.2.2　常压下火焰温度区间内氧化亚氮热分解

该实验在反应炉中圆柱形流动反应器内进行[2]。图 4-3 给出了实验设备的示意图，使用两个加热区最大长度分别为 290mm 和 570mm 的反应炉。将石英反应器放置在炉子的圆柱形腔室的轴线上，以确保流过反应区的气体被均匀加热。为了实现反应物的良好混合，它们在进入反应器之前先经过不规则形状的小石英颗粒的固定床。另外，将带有小孔的陶瓷盘放在进样口反应管尖端的后面。将各种反应物含量的 $N_2O=Ar$、$N_2O=CO_2=Ar$ 和 $N_2O=H_2O=Ar$ 的混合物连续供应至反应器，并在离开另一端后将其冷却并通过分析仪。通过使氩气饱和将水添加到气体中。纯氩气流在稳定的温度下通过水浴，然后将其与 $N_2O=Ar$ 的干燥混合物混合。

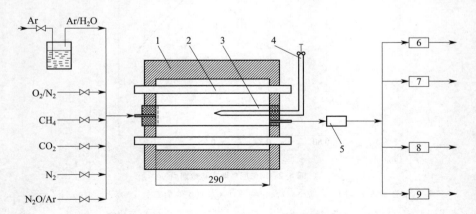

图 4-3　实验装置

1—加热炉；2—加热棒；3—反应器；4—热电偶；5—冷却器；6—色谱检测；

7—FTIR 光谱；8—NDIR 光谱；9—IMR 分析仪

通过反应器的反应气体的流量稳定，并通过转子流量计进行测量，不确定度为 2.5%。反应器内部的温度通过放置在小石英管中的可移动 Pt-PtRh 热电偶测量。在较早进行的实验中，使用了相同的流动反应器技术，发现测得的温度不是反应物温度，而是反应器壁温。通过光学高温计和三个热电偶在独立测量中对此进行了检查。然后将测得的温度用于在壁温等于热电偶温度的圆柱管中通过对流加热计算反应物温度。为了评估反应物沿反应器的温度分布，对通过反应器的气体的能量方程进行了数值求解。

在 1100~1600K 温度范围内，根据一维流动反应器模型确定了 M＝Ar 时反应式(4-7) 的正反应速率常数，该模型是反应器出口处测得的 N_2O 浓度的最佳近似值。氮转化机理与 Tomeczek 和 Gradoń[7] 所报道一致，他们所提出的 122 步反应机理包含了上述所有机理。表 4-2 列出了计算中采用的 N_2O 与 O、H、及 OH 自由基的主要反应的动力学参数。假定反应器中的表面效应对实验的影响较小，并且在化学模型中可被忽略。在较早的实验（Tomeczek 和 Gradoń）中，使用加热的 N_2 与 O_2 混合物进行实验时，未观察到反应器直径和反应混合物材料对 NO 生成速率的影响。在这些研究中，使用了内径范围广（19.5~38.5mm）的石英和陶瓷反应器。在此处的实验中，使用了直径为 16mm 和 34mm 的类似石英反应器，其表面体积比分别为 $2.5cm^{-1}$ 和 $1.18cm^{-1}$。自由基的表面淬灭在稀释的混合物中并不重要，石英砂对 N_2O 分解的活性也非常低乃至微不足道。

◆ 表 4-2　N_2O 与 O、H、OH 自由基反应的速率常数，$k_f = k_0 T^n \exp[-E/(RT)]$

反应	k_0 /[m^3/($K^n \cdot mol \cdot s$)]	n	E /(kJ/mol)
$N_2O+O \Longleftrightarrow NO+NO$	6.21×10^8	0.00	108.81
$N_2O+O \Longleftrightarrow N_2+O_2$	6.21×10^8	0.00	108.81
$N_2O+H \Longleftrightarrow N_2+OH$	2.20×10^8	0.00	70.10
$NH+NO \Longleftrightarrow N_2O+H$	2.50×10^{10}	-1.03	3.49
$N_2O+OH \Longleftrightarrow N_2+HO_2$	1.64×10^5	0.00	41.57

一些实验可以直接确定反应式(4-7) 的速率常数。最重要的评价参数为：特征平均反应温度和停留时间。因为反应物是在环境温度下进入反应器内部，有一个预热区，沿着反应器温度升高直至稳定。然后，假设用于确定停留时间的反应器的公称长度等于一个长度，在该长度之内反应物温度局部值最大相差不超过 10K。通过对整个反应器长度内反应物温度分布的计算对速率常数的计算值进行验证和优化。图 4-4 给出了反应式（4-7）的速率常数（M＝Ar）。采用 Michael 和 Lim[13] 提出的参数{考虑 ±20% 不确定性 [$k = 3.16 \times 10^8 \exp$

$(-27921\mathrm{K}/T)\mathrm{m}^3/(\mathrm{mol} \cdot \mathrm{s})]\}$ 能够得到实验数据的最佳拟合，与 Ross 等所报道[16] 结论类似，界于 Olschewski 等[17] 与 Zuev 和 Starikovski[18] 所得数据之间。仅 Glarborg 等[10] 所得数据是由连续式反应得到。

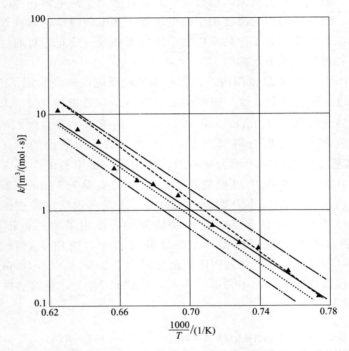

图 4-4　$N_2O + M \Longleftrightarrow N_2 + O + M$（M= Ar）正反应速率常数

（▲ Gradoń 等[2]；---- Glarborg 等[10]；—— Michael 和 Lim[13]；…… Ross 等[16]；
—·— Zuev 和 Starikovski[18]；---- Olschewski 等[17]）

4.2.3　高压下氧化亚氮热分解

N_2O 可以在 600℃ 至 850℃ 的温度下方便地测量到分解为氮气和氧气的速率[19]。Hunter[20] 通过使气体流过炉中的瓷球并测量不同通过时间的分解来研究反应。没有尝试确定反应是同质的还是异质的。压力大范围变化的影响并未被用于确定其顺序，因为该反应仅在大气压下的小范围内进行。但是，从分解速率可以得出双分子常数，可以用以下等式表示：

$$\ln k = 24.12 - 31800/T \qquad (4-23)$$

其中，k 是双分子速率常数，T 是绝对温度。如果该方程成立，则双分子反应的活化能为 259.6kJ/mol（62040cal/mol），为均相反应。Hinshelwood 与 Burk[21] 的研究发现，当初始压力在 6.7～66.7kPa（50～500mmHg）间变化

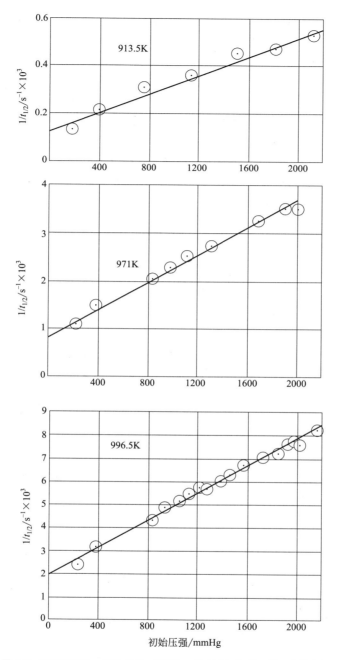

图 4-5　不同温度下，266.6kPa（2000mmHg）压力内 $1/t_{1/2}$ 随压力的变化

时，半衰期的倒数与初始压力呈线性关系，而真正的双分子反应需要得到一条直
线 $1/t_{1/2}=ka$，其中 $t_{1/2}$ 为半衰期，k 为速率常数，a 为反应物初始浓度。通过

实验数据可知，在 $1/t_{1/2}$ 轴上有个小的截距，但未作明确解释说明。根据 $565\sim$ 852℃间双分子反应速率常数计算可知，该反应活化能为 244.6kJ/mol （58450cal/mol）。然而，如果该反应为双分子反应，那么，每秒反应的分子数应该等于 $Ze^{-E/(RT)}$，其中 Z 为每秒碰撞的分子数，E 为活化能。根据 1000℃时得到的反应速率可得活化能为 230.1kJ/mol（55000cal/mol），因此，两个活化能值接近。为证明该反应为单分子反应还是双分子反应，Hunter[20] 进一步探究了在高达 40 个大气压下 N_2O 分解反应速率随压力的变化情况。

Hunter 在 $840\sim999$℃（$1113\sim1272$K）的温度范围、$0.10\sim40$ 个大气压范围内，考察了恒温恒体积反应时体系的压力变化。由图 4-5 反应结果可知，在低压范围 [266.6kPa（2000mmHg）] 以下时，$1/t_{1/2}\sim p$ 呈线性关系，而在 8kPa（60mmHg）的压力附近该直线会向原点急剧弯曲。在 888℃（1161K）时，全压力范围内的结果如图 4-6 所示。图 4-6 中延伸至 0.3MPa 的线性段进一步在 0.4MPa 的压力以上改变斜率，呈另一线性关系直至 2.6MPa。当压力高于 3MPa 时，半衰期近似为一常数，几乎不随压力而变化。由图 4-7 不同温度下，全压力范围内 N_2O 分解的半衰期结果可知，温度的改变不会影响曲线的发展趋势。

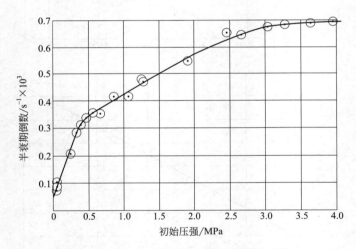

图 4-6　888℃时，全压力范围内 N_2O 分解半衰期

表 4-3 给出了活化能的测量结果，对每组实验结果，$1/K\sim \lg(1/t_{1/2})$ 均呈线性关系，由线性拟合所得直线计算出的 $\lg(1/t_{1/2})$ 值列于表 4-3。假设该直线的斜率为 E/R，由此可得反应活化能。在 $0\sim0.4$MPa 的压力范围内，活化能随压力的增加急剧增加。然而，当压力高于 0.4MPa 时，活化能增加缓慢。因此，氧化亚氮分解反应可能为两个或多个反应的复合。

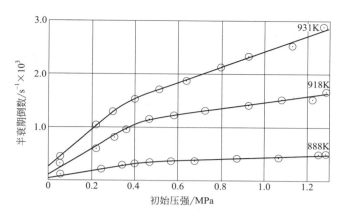

图 4-7　不同温度下，全压力范围内 N_2O 分解半衰期

◆ 表 4-3　恒定 N_2O 浓度下，反应速率随温度的变化以及反应活化能随压力的变化

温度/K	压力 /MPa	$\lg(1/t_{1/2})$		活化能 $E/[cal/(gm \cdot mol)]$[①]
		测量值	计算值	
840.9	3.7	4.0545	4.054	
857.8	3.74	4.383	4.386	
866.2	3.81	4.544	4.546	64900
875	3.785	4.711	4.71	
840.9	1.82	5.948	5.935	
857.8	1.805	4.256	4.261	
866.2	1.86	4.421	4.419	63900
875	1.84	4.5755	4.581	
904.3	0.0526	4.2645	4.28	
919.6	0.0524	4.542	4.528	
919.6	0.0536	4.501	4.528	
934.7	0.0533	4.796	4.761	61000
951.5	0.0546	3.0075	3.013	
968.5	0.0536	3.264	3.26	
904.3	0.025	4.095	4.109	
934.7	0.0256	4.558	4.542	
951.5	0.0252	4.7545	4.77	
951.5	0.0265	4.77	4.77	55200
968.5	0.0255	4.985	4.994	
985.8	0.0258	3.22	3.213	
904.3	0.0143	5.93	5.943	
904.3	0.0137	5.9	5.943	
916.6	0.0137	4.1845	4.16	
916.6	0.0137	4.1725	4.16	
951.5	0.0143	4.54	4.588	53750
951.5	0.0146	4.631	4.588	
968.5	0.0141	4.79	4.805	
999	0.0144	3.192	3.175	

温度/K	压力 /MPa	lg(1/$t_{1/2}$)		活化能
		测量值	计算值	E/[(cal/(gm·mol)]①
916.5	0.01	4.0575	4.04	
934.7	0.01	4.2775	4.298	
951.5	0.01	4.51	4.518	53000
968.5	0.01	4.75	4.732	
985.8	0.01	4.941	4.941	
999	0.01	3.103	3.096	

① 1cal＝4.186J。

4.3 热分解反应器与应用

氧化亚氮热分解技术的核心是热分解反应器，反应器类型主要包括蓄热式反应器和火焰燃烧式反应器。

4.3.1 蓄热式逆流反应器

N_2O 通过热分解进行完全转化需要较高的温度，通常，必须在 800～1200℃ 的范围内。Galle 等[22] 提出，将高效蓄热式或换热式热交换器整合到固定床反应器中能够回收和放大反应热，可以最大限度地实现这种高反应温度。对于气体反应物而言，与类似尺寸的换热器相比，蓄热式换热器通常具有更高的性能。固定床中可以封装催化剂或惰性填料。图 4-8 为利用固定床内再生热交换优良的热效率来实现逆流反应器中非催化 N_2O 的转换的基本原理。

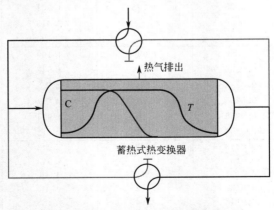

图 4-8 N_2O 热分解逆流反应器基本原理

周期性逆流固定床反应器是一种用于完全氧化废气中有机污染物特别有效的设备，它的主要优点在于自热，即热自给自足，在低污染物浓度下运行，以及将热再生协同整合到反应器中。另一个优点是，与常规替代方案相比，降低了对操作波动的敏感性。

首先，将反应区中的惰性填料加热到 $800\sim1000℃$。然后将含有冷 N_2O 的气体引入床中，使其升温至反应温度，并开始放热的分解反应。由于高效的热回收率，除了反应启动时所需的 N_2O 浓度以外，不需要为浓度超过约 1.5×10^{-3} 的 N_2O 提供补充能量，因为反应热就足以补偿系统中不可避免的热损失，即该反应可以实现自热。反应器中温度的升高会影响参数的比重，例如 N_2O 浓度和切换时间，这些参数可用于将获得的值调节到所需的水平。在浓度低于 1.5×10^{-3} 的条件下运行，即在硝酸工厂尾气水平下运行时，必须引入少量的燃料气以维持反应区所需的温度。热回收的局限性意味着，对于在较低温度（$200\sim600℃$）和在环境温度下进料的替代 N_2O 催化分解过程，这种额外的能量供应也是不可避免的。

去除反应器中部少量的热气体残渣是调节反应区温度非常有效的方法，特别是在处理富含 N_2O 的气体时。这样的热气体吹扫防止了反应器内过多的热量保留，并且还能够方便地回收有用的热量，例如，用于产生高压蒸汽。

来自己二酸工厂的尾气中可能同时具有高浓度的 NO_x 和 N_2O[23]，其中 NO_x 可以用作化学工业的原材料，例如，对于硝酸的生产，从含 N_2O 的气体中回收 NO_x 在经济上通常非常具有吸引力。

根据工厂生产的可行性，在 NO_x 回收之前去除 N_2O 可能更有利。因此，Galle 等[22] 对等温反应器中 $N_2O/NO/$空气混合物中 N_2O 的选择性热分解进行了实验研究。表 4-4 和表 4-5 列出了所获得的结果。

◆ 表 4-4　空管式反应器中 N_2O 的选择性热分解结果

停留时间 /s	进口			出口				
	T /℃	$x(NO)$ （体积分数） /%	$x(N_2O)$ （体积分数） /%	$x(N_2)$ （体积分数） /%	$x(O_2)$ （体积分数） /%	$x(NO)$ （体积分数） /%	$x(NO_2)$ （体积分数） /%	$x(N_2O)$ （体积分数） /%
20	950	20	10	81.7	<0.02	10.96	11.58	0.19
20	1000	20	10	79.7	<0.02	0.78	21.03	<0.02

◆ 表 4-5　惰性物填充的固定床反应器中 N_2O 的选择性热分解结果

停留时间 /s	进口			出口				
	T /℃	$x(NO)$ （体积分数） /%	$x(N_2O)$ （体积分数） /%	$x(N_2)$ （体积分数） /%	$x(O_2)$ （体积分数） /%	$x(NO)$ （体积分数） /%	$x(NO_2)$ （体积分数） /%	$x(N_2O)$ （体积分数） /%
47.5	814	—	12.45	93.5	5.84	—	—	<0.02
23.7	847	—	12.45	93.8	6.42	—	—	<0.02

停留时间 /s	进口			出口				
	T /℃	$x(NO)$ (体积分数) /%	$x(N_2O)$ (体积分数) /%	$x(N_2)$ (体积分数) /%	$x(O_2)$ (体积分数) /%	$x(NO)$ (体积分数) /%	$x(NO_2)$ (体积分数) /%	$x(N_2O)$ (体积分数) /%
11.9	832	—	12.45	93.7	5.99	—	—	<0.02
5.9	773	20	10.08	78.2	6.76	21.41	—	<0.02
5.9	795	—	12.45	94.2	5.93	—	—	<0.02
5.9	827	—	12.45	93.6	5.95	—	—	<0.02
2	781	10	11.34	87.1	6.28	12.85	—	<0.02
2	792	—	12.45	87.2	12.4	—	—	<0.02

在第一种情况下，将空的金属管式反应器在外部加热至 850~1000℃，并在大气压条件下使含各种 N_2O 和 NO 的恒定空气流通过该反应器。在第二种情况中，反应器内填充有惰性填充材料。这两个系列的测量结果表明，在 NO 存在下可以实现 N_2O 的选择性分解。尽管观察到 NO 被氧化成 NO_2，但没有净损失 NO。这种可逆的吸热反应主要在中间温度段发生：

$$NO_2 \Longleftrightarrow NO + \frac{1}{2}O_2, \Delta_B H_m^{\ominus}(T = 298K) = +56.5 kJ/mol \tag{4-24}$$

显而易见，在填充"惰性物"的固定床反应器中，N_2O 分解所需的温度（大于等于 800℃）和停留时间（2s）要低得多。在空管式反应器中，仅在约 1000℃ 的温度和 20 s 或更长的停留时间下才能实现 N_2O 的完全转化。

除了作为再生热交换的储热介质外，还可能由于局部过热效应而发生准催化现象。从模型模拟计算得出的周期性稳定的温度和浓度曲线能够支撑该结论，如图 4-9 和图 4-10 所示。

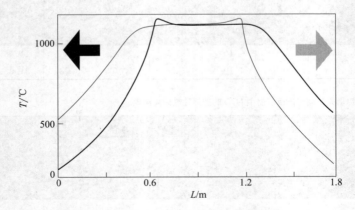

图 4-9　逆流反应器中同时进行放热-吸热转换之前的温度分布

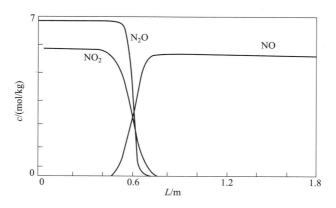

图 4-10　逆流反应器中同时进行放热-吸热转换的浓度分布

这些结果的新颖之处在于，考虑到空气、NO_2 和 N_2O 的进料在重叠温度范围内会发生反应式(4-7)、式(4-9)、式(4-8) 以及 $NO_2 \rightleftharpoons NO + \dfrac{1}{2}O_2$，放热的 N_2O 分解与 NO_2 可逆的吸热转化为 NO 之间相互作用。从 NO_2 到 NO 的吸热降解仅对中间温度下的净热释放产生轻微的影响。

4.3.2　火焰燃烧式反应器

氮氧化物（NO_x）的形成及其在火焰中的反应是许多燃烧体系的主要问题。因为 N/O 动力学子机制是许多燃烧机制的一部分，N/O 反应的速率常数的可靠数据是非常重要的，但在多数情况下，NO_x 浓度的模拟结果与实验数据之间缺乏定量的一致性。

N_2O 分解中最重要的反应是氧化亚氮解离的反应及其与氧原子生成一氧化氮和分子氮氧化物的反应。1999 年，Konnov 等[24] 提出了包含 11 个种类 27 个反应的 N/O 动力学机制，类似的机制（包括 He 在内的 11 个种类的 23 个反应）于 2000 年被提出[25]。2005 年，Baulch 等[26] 对燃烧系统中涉及的初步均相气相反应进行了综述，对几百个反应的速率常数进行了评价。利用延迟点火和 O_2、NO 及 O 浓度检测技术，Borisov 和 Skachkov[27] 测量了 20% N_2O / Ar 混合气体在压力 $253.3 \sim 354.6$ kPa（$2.5 \sim 3.5$ atm）和 $1013.3 \sim 1418.6$ kPa（$10 \sim 14$ atm）下的反射激波中的点火延迟。由于没有具体说明个别实验运行时的压力，因此激波管数据在平均压力 304kPa（3atm）和 1215.9kPa（12atm）下进行了建模。点火延迟被确定为 N_2O 消耗率达到其最大值的时间。由图 4-11 可知，在压力为 304kPa 的情况下建模结果与实验数据有较好的一致性，但在压力为

1215.9kPa 的情况下，一致性较差（最大相差约 2 倍）。Volkov 等[28] 更新了 N/O 动力学子机制，并通过在火焰温度下氮氧化物分解的文献数据和纯 N_2O 燃烧速率的实验结果进行了验证。

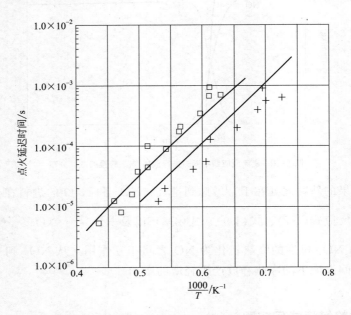

图 4-11　20% N_2O / Ar 混合气体在压力 253.3~354.6kPa（2.5~3.5atm）（□）
和 1013.3~1418.6kPa（10~14atm）（×）下的反射激波中的点火延迟

　　众所周知，纯 N_2O 可以自行分解。然而，缺少纯 N_2O 火焰传播的实验数据，很可能是由于它的分解速率非常慢。Volkov 等首次尝试了测量纯 N_2O 的燃烧速率。在高压燃烧反应器（见图 4-12）中进行了纯 N_2O 中层流火焰传播的实验，实验压力为 506.6kPa（5atm），初始温度为 25℃、50℃、100℃和 200℃。用点火装置点燃，同时测量压力随时间的变化。

　　Rosser 和 Wise[29] 在温度低于 1000K 的静态反应器中进行了 NO_2 分解实验。通过观察反应容器中光密度随时间的变化，间接确定了分解过程。Zuev 和 Starikovskii[30] 利用激波管技术研究了高温下的分解。在低温下，模拟结果与实验数据相差 1.5 倍（见图 4-13）。但在较高温度下，二者的一致性非常好。

　　在低浓度 NO_2 和低温下，二氧化氮的分解仅由一个反应式(4-25)决定，这个反应导致一氧化氮和分子氧的生成。在较高的浓度和温度下，除了该反应，其他反应也开始发挥重要作用，如 $NO_2 + NO_2$ 会生成 NO 和 NO_3，NO_2 也会分解并与氧原子发生反应。

$$NO_2 + NO_2 \Longrightarrow NO + NO + O_2 \tag{4-25}$$

　　在 NO 存在的情况下，使用 NO 转化速率和 O 原子生成速率的实验数据来

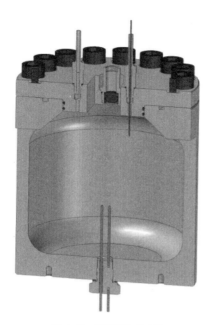

图 4-12　高压燃烧反应器

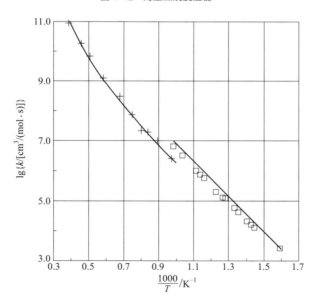

图 4-13　NO_2 反应的比速率常数

[□—（<1%）NO_2-N_2，$p<101.325kPa$，$T=630\sim1020K$[32]；×—11.2% NO_2-Ar，

$p\approx101.325kPa$，$T=1000\sim2630K$[33]；直线为模拟结果]

验证机理。Kaufman 和 Kelso[31] 研究了在大气压下纯 NO 的分解。模拟只在 1373～1533K 的温度范围内进行，因为他们认为，在较低的反应温度下，速率常数的值是不确定的。比速率常数的数值在 NO 浓度下降超过 1％时测定。计算结果与实验数据吻合较好。按照当前机理得出的值比实验测量值高 1.4 倍（见图 4-14）。在该条件下，NO 的分解主要由反应式（4-21）及式（4-26）决定。

$$NO + NO \Longrightarrow N_2O + O \tag{4-26}$$

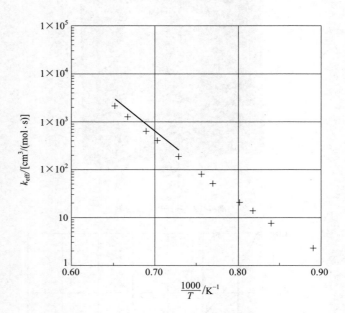

图 4-14　NO 反应的比速率常数

（×—100％ NO，$p = 65.86$kPa[34]；直线为模拟结果）

在温度为 2380～3850K、压力为 70.93～162.12kPa（0.7～1.6atm）的条件下，Thielen 和 Roth[32] 用原子共振吸收光谱法，测定了不同浓度 NO（0.1％～1％ NO-Ar）分解过程中 O 原子的浓度。实验结果与模拟结果一致性较好。O 原子的生成受反应式（4-7）及式（4-26）控制，且对反应式（4-26）更为敏感。

在不对速率常数作任何调整的情况下，Volkov 等[28] 提出的 N/O 动力学机制至少可以相对准确地再现不同的 NO_x 分解实验数据，相应 NO_x 的初始浓度为 0.1％～100％，压力为 50.66～1418.55kPa（0.5～14atm），温度为 630～3850K。在计算瞬时燃烧速率时，假设绝热系统中有一个球形、稀薄的火焰传播峰。在安全研究中惯用的一种方法是假定整个爆炸过程中的火焰速度恒定，而另一种方法是火焰速度可变。用这两种方法得到的层流燃烧速率如图 4-15 所示。"＋"与第一种方法对应，"●"与第二种方法对应，结果有很好的一致性。然而，模型与实验数据之间的差异很大，燃烧速率被系统地低估了。这就需要详细分析动力学模型中可能存在的不确定性。在不改变 $N_2O+NO \Longrightarrow N_2+NO_2$ 反应速率常数的前提下，对所有敏感反应的速率常数进行修正，可使计算的燃烧速率提高 $70\% \sim 75\%$。需要注意的是，氧化亚氮分解反应机制中反应式（4-7）反应速率常数的增长对燃烧速率的增加贡献最大。然而，仅对实验数据进行必要的拟合是远远不够的。

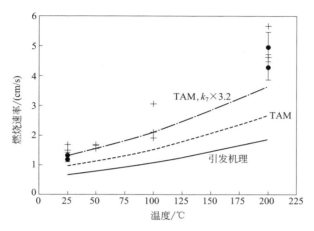

图 4-15　纯 N_2O 在 506.63kPa 时的层流燃烧速率与初始温度的关系

（符号表示实验数据；线条表示模型结果）

这意味着应该特别注意反应式（4-21）。纯 N_2O 的燃烧速率对这一反应十分敏感。对这一反应进行单独考虑基于 Zaslonko 等的发现[33]。他们发现该反应的速率常数反常地依赖于 N_2O 和载气混合物中 NO 的浓度：NO 浓度越低，反应的速率常数越大。速率常数的最大值与最小值相差 $6 \sim 7$ 倍。为了解释他们的数据，Zaslonko 等提出了所谓的热激活机制（thermal activation mechanism，TAM）。TAM 机制不单指反应式（4-21），它包含了以下两个反应：

$$N_2O+M \Longrightarrow N_2O^*+M \tag{4-21a}$$

$$N_2O^*+NO \Longrightarrow NO_2+N_2 \tag{4-21b}$$

这一机制背后的核心思想是，在一个分子（本例中为 N_2O 分子）参与交换反应之前，它应该被碰撞激活。在 2.5% $N_2O+97.5\%$ NO 的混合物体系中所得速率常数的最小值与 Borisov 等[34] 所得的速率常数非常吻合。Borisov 等[34] 提出的 N_2O 与 NO 反应的速率常数得到了许多其他研究的支持。在某种程度上，它也得到了 Zaslonko 等的数据支持。结果表明，用 Borisov 等的速率常数所建立的分解机理虽然再现了令人满意的 N_2O 分解实验数据，但不能预测纯 N_2O 的燃烧速率（即使在所有其他反应的速率常数的不确定度范围内修改后）。因此，Volkov 等[28] 将反应的热活化机制式（4-21）纳入机理中，其速率常数为 $k_{11a}=$

$1.28 \times 10^{11} \exp[4600/(RT)]$ 和 $k_{11b} = 1.0 \times 10^{13}$。在不改变其他速率常数的情况下，采用热激活机制计算的结果如图 4-15 中虚线所示。计算值仍然低于实验数据。然而，TAM 的实施，加上在其不确定度范围内增加了式(4-7) 的反应速率常数，使得计算值与实验数据的拟合程度在可接受的范围内。然而，把反应式(4-7) 的速率常数提高到它的极限似乎是不合理的。这意味着还需要进一步分析 N_2O 燃烧速率的动力学模型和实验数据。值得一提的是，反应中的火焰速度很慢，并且有相当大的热膨胀，因此，火焰速度的测量值可能会受浮力的影响，使火焰形状扭曲。另一个可能的因素是高压火焰通常表现出细胞结构，导致燃烧更快，而该燃烧容器不能直接观察火焰。基于上述原因，需要进一步获得更为可靠的 N_2O 分解实验数据，以研究 N_2O 燃烧速率实验数据与模拟数据不一致的内在原因。

4.3.3 氧化亚氮热分解工艺

高温分解法是令 N_2O 和燃料气在高温（1200~1500℃）下反应分解，这种技术工艺简单，不需要催化剂，但是操作费用较高，需要消耗大量燃料气，且高温反应设备的维护难度较大。因此利用高温分解方法脱除化工尾气中的 N_2O 组分在实际应用中会受到一定限制[23]。目前，日本朝日化学公司和化工公司杜邦已将此方法用于己二酸工厂中。

己二酸是重要的脂肪族二元酸之一，大量用于聚氨酯、尼龙 66 以及增塑剂的生产。己二酸装置排放的尾气是 N_2O 的一大来源，尾气中的 N_2O 体积分数可高达 30%，且排放量巨大，直接排放至大气中，对环境将产生重大影响。并且，N_2O 性质非常稳定，在大气中可以存在百余年。N_2O 的分解产物为氮气与氧气，二者均为大气的基本成分，无有毒有害副产物。

N_2O 分子由 N—N 键与 N—O 键组成，研究发现 N—N 键比 N—O 键更难断开，打开 N—O 键需要 250~270kJ/mol 的能量，无催化剂存在时需约 900℃才能将 N_2O 完全分解，需要消耗大量的热能，如何实现 N_2O 的低温分解成为了研究人员的一大目标。同时，N_2O 的分解过程为强放热反应，反应热大，反应器温升大。因此，为了降低反应产物的温升，一般使用压缩空气稀释 N_2O，但完全分解后的气体温度仍会上升 300℃左右，使得 N_2O 处理系统存在不易控制、调节、弹性差的问题。一方面容易因局部过热产生安全问题，另一方面也对 N_2O 处理装置的材质提出了极高的要求，从而提高了制造和维护成本。

一种 N_2O 一体式自热分解系统[35] 能够在处理高浓度氧化亚氮的同时降低反应出口温度，副产高品位蒸汽，同时具备良好的调节性能（见图 4-16），主要包括切断阀、换热器、预热器、反应器和蒸汽发生器，其中，切断阀、换热器的

氧化亚氮减排原理
与应用

冷侧、预热器、反应器、蒸汽发生器和换热器的热侧依次串联构成串联通路。来自系统外的除氧水经蒸汽发生器的壳程入口通入，经换热后成为蒸汽，进而由蒸汽发生器的壳程出口送出。在串联通路上，预热器的路段两端并联了含预热器旁路阀的旁路。切断阀和换热器之间的串联路段上设有一压缩空气支路入口，且压缩空气支路上设有调压阀。

进而，提出了该系统的优化方案：将反应器设计为立式 U 形管式反应器，或者在反应器壳程中部和下部设置两个并联的入口（与反应器管程的入口同侧）；反应器壳程的出口设置于靠近壳程的上部，与反应器管程的出口同侧。

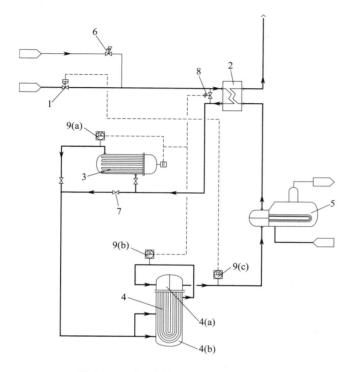

图 4-16　一体式自热分解系统的结构示意图

1—切断阀；2—换热器；3—预热器；4—反应器；4(a)—反应器壳程；4(b)—反应器管程；
5—蒸汽发生器；6—调压阀；7—预热器旁路阀；8—换热器旁路阀；9(a)—第一测温装置；
9(b)—第二测温装置；9(c)—第三测温装置

工艺中所说的管程是指管壳式换热设备（如蒸汽发生器、反应器）的换热管以内以及与其直接相连的封头内的空间，对所有管壳式换热设备都适用。壳程是指管壳式换热设备（如蒸汽发生器、反应器）的换热管以外、壳体以内的空间，管程与壳程被换热管隔开，二者内的流体只可相互换热，不能直接接触。冷侧是指换热设备（如换热器）内较冷的流体流经的一侧，可以从热侧吸收热量。热侧是指换热设备（如换热器）内较热的流体流经的一侧，可以向冷侧放出热量。旁路是直接连接设备（如换热器或阀门）的入口与出口的跨接管线，用于绕过此设备而直接进入下游，这条跨接管线上可以设有阀门，该阀门一般被称为旁路阀。

预热器为电加热器，换热器为板式换热器或管壳式换热器，蒸汽发生器为釜式蒸发器或立式蒸发器。

在 N_2O 的分解过程中，当系统稳定时，将预热器切出串联通路，使反应器反应区域的入口温度控制在（400±10）℃，反应器反应区域的出口温度则在450～600℃的范围内波动，切断阀的切断温度设定为（620±5）℃。该系统的优势主要在于：①系统操作温度低于不锈钢材料的耐受温度，系统中各个设备和管道可以采用不锈钢材料制造，造价低廉；②能够充分回收和利用反应热，可副产高品位的蒸汽，提高热量回收的价值，在满足环保需求的同时增大经济效益；③系统调节性能好，弹性高，适应性强，能适应不同的工况，且操作状态波动时，能自动调节，安全性高；④采用换热、反应一体化设计，设备数目少，系统及其设备结构简单，容易实现，建设费用低，操作控制简单方便。

总而言之，热分解工艺是将 N_2O 和燃料气（如甲烷）一起送入热分解反应炉中进行燃烧，温度为1200～1500℃，N_2O 经过还原和分解反应生成 N_2、O_2 和 NO。该技术的优点主要在于可进一步对产生的 NO 进行氧化、水吸收回收部分硝酸，并可由燃烧反应炉发生蒸汽。然而，该技术有着明显的缺点：消耗燃料，反应温度高，对设备的加工和材质有较高要求，所产生的 CO_2 仍为环保控制排放的温室效应气体，并且转化率偏低。因此，在天然气供应充分、场地足够、需要更多蒸汽且所产生的蒸汽在现场总需求中占比很小的情况下，热分解技术更为适用。目前采用这项技术的有英威达公司在新加坡和英国威尔敦的工厂以及上文提到的美国的杜邦和日本的朝日化学公司。

参考文献

[1] Liu S, Tang N F, Shang Q H, et al. Superior performance of iridium supported on rutile titania for the catalytic decomposition of N_2O propellants[J]. Chinese Journal of Catalysis, 2018, 39（7）：1189-1193.

[2] Gradoń B. Nitrous oxide thermal decomposition in the flame temperature range at atmospheric pressure [J]. Combust Sci Technol, 2006, 178（8）：1477-1489.

[3] Zeldovich J. The oxidation of nitrogen in combustion and explosions[J]. Acta Physicochem USSR, 1946, 21：577-628.

[4] a）Wolfrum J. Bildung von Stickstoffoxiden bei der Verbrennung[J]. Chemie-Ing-Techn, 1972, 44：656-659. b）Malte P C, Pratt D T. The role of energy-releasing kinetics in NO_x formation：Fuel-lean, jet stirred CO-air combustion[J].Combust Sci Tech, 1974, 9：221-231.

[5] Fenimore C P. Formation of nitric oxide in premixed hydrocarbon flames[J]. Symp Combust, 1971, 13（1）：373-380.

氧化亚氮减排原理
与应用

[6] Bozzelli J W, Dean A M. O+ NNH: A possible new route for NO_x formation in flames[J]. Int J Chem Kin, 1995, 27（11）: 1097-1109.

[7] Tomeczek J, Gradoń B. The role of N_2O and NNH in the formation of NO via HCN in hydrocarbon flames [J]. Combust and Flame, 2003, 133（3）: 311-322.

[8] Tsang W, Herron J T. Chemical kinetic data base for propellant combustion. I. reactions involving NO, NO_2, HNO, HNO_2, HCN and N_2O[J]. J Phys Chem Ref Data, 1991, 20（4）: 609-663.

[9] Chang J S, Kaufman F. Upper limits of the rate constants for the reactions of $CFCl_3$（F-11）, CF_2Cl_2（F-12）and N_2O with OH. Estimates of corresponding lower limits to their tropospheric lifetimes[J]. Geophys Res Lett, 1977, 4（5）: 192-200.

[10] Glarborg P, Johnsson J E, Dam-Johansen K. Kinetics of homogeneous nitrous oxide decomposition[J]. Combust and Flame, 1994（3/4）, 99: 523-532.

[11] Sausa R C, Anderson W R, Dayton D C, et al. Detailed structure study of a low pressure, stoichiometric $H_2/N_2O/Ar$ flame[J]. Combust and Flame, 1993, 94（4）: 407-425.

[12] Dindi H, Tsai H M, Branch M C. Combustion mechanism of carbon monoxide-nitrous oxide flames[J]. Combust and Flame, 1991, 87（1）: 13-20.

[13] Michael J V, Lim K P. Rate constants for the N_2O reaction system: Thermal decomposition of N_2O; N+ NO ⟶ N_2+ O; and implications for O+ N_2 ⟶NO+ N[J]. J Chem Phys, 1992, 97（5）: 3228-3234.

[14] Johnsson J E, Glarborg P, Dam-Johansen K. Thermal dissociation of nitrous oxide at medium temperatures[J]. Symp Combust, 1992, 24（1）: 917-923.

[15] Loirat H, Caralp F, Forst W, et al. Thermal unimolecular decomposition of nitrous oxide at low pressures[J]. J Phys Chem, 1985, 89（21）: 4586-4591.

[16] Ross S K, Sutherland J W, Kuo S C, et al. Rate constants for the thermal dissociation of N_2O and the O（^3P）+ N_2O reaction[J]. J Phys Chem A, 1997, 101（6）: 1104-1116.

[17] Olschewski H A, Troe J, Wagner H G. Niederdruck-Bereich und Hochdruck-Bereich des unimolekularen N_2O zerfalls[J]. Ber Bunsenges Physic Chem, 1966, 70: 450-459.

[18] Zuev A P, Starikovski A J. Reactions with participation of nitrogen oxides at high temperatures. Unimolecular decomposition of N_2O（in Russian）[J]. Chim Fiz, 1991, 10: 52-63.

[19] Hunter E. The thermal decomposition of nitrous oxide at pressures up to forty atmospheres[J]. Proc Roy Soc A, Mathematical and Physical Character, 1934, 144: 386-412.

[20] Hunter M A. Über die zerfallgeschwindigkeit des stickoxyduls[J]. Z Phys Chem, 1905, 53: 441-448.

[21] Hinshelwood C N, Burk R E. The homogeneous thermal decomposition of nitrous oxide[J]. Proc Roy Soc A, 1924, 106: 284-291.

[22] Galle M, Agar D W, Watzenberger O. Thermal N_2O decomposition in regenerative heat exchanger reactors[J]. Chem Eng Sci, 2001, 56（4）: 1587-1595.

[23] 孙玮, 高天龙, 董涛, 等. 尾气中一氧化二氮的处理技术[J]. 低温与特气, 2016, 34（5）: 2-5.

[24] Konnov A A, Ruyck J D. Kinetic modeling of nitrogen oxides decomposition at flame temperatures[J]. Combust Sci Technol, 1999, 149: 53-78.

[25] Meagher N E, Anderson W R. Kinetics of the O（^3P）+ N_2O reaction. 2. interpretation and recommended rate coefficients[J]. J Phys Chem A, 2000, 104（25）: 6013-6031.

[26] Baulch D L, Bowman C T, Cobos C J, et al. Evaluated kinetic data for combustion modeling: Supplement Ⅱ[J]. J Phys Chem Ref Data, 2005, 34: 757-1397.

[27] Borisov A A, Skachkov G I. Spontaneous ignition of nitrous oxide[J]. Kinetics and Catalysis, 1972, 13: 42-47.

[28] Volkov E N, Konnov A A, Gula M, et al. Chemistry of NO_x decomposition at flame temperatures[J]. Proc of European Combustion Meeting, 2009.

[29] Rosser W A, Wise H. Thermal decomposition of nitrogen dioxide[J]. J Chem Phys, 1956, 24: 493-494.

[30] Zuev A P, Starikovskii A. Study of kinetics of NO_2 themolysis in Ar mixtures behind shock-waves in the 1080-4300 K[J]. Khim Fiz, 1990, 9: 1077-1088.

[31] Kaufman F, Kelso J R. Thermal decomposition of nitric oxide[J]. J Chem Phys, 1955, 23（9）:

1702-1707.

[32] Thielen K, Roth P. Resonance absorption measurements of N and O atoms in high temperature NO dissociation and formation kinetics[J]. P Combust Inst, 1985, 20: 685-693.

[33] Zaslonko I S, et al. Energy exchange and reactions of highly excited multi-atomic molecules. Activation mechanism of bimolecular exchange reactions with participation of nitrogen oxides [J]. Khim Fiz, 1982, 11: 1508-1517.

[34] Borisov A A, Skachkov G I, Oguryaev A A. Ignition of mixtures $N_2O+ NO$ at high temperatures[J]. Kinetics and Catalysis, 1973, 14: 294-300.

[35] 江屿, 艾晓欣, 吉利, 等. 一种笑气的一体式自热分解系统及方法: CN106823719B[P]. 2017-06-13.

氧化亚氮减排原理
与应用

第5章 催化还原分解减排法

在催化剂的存在下,氧化亚氮被还原剂分解为氮气和其他相应产物是减排氧化亚氮可选择的方法之一,在氧化亚氮尾气中存在还原组分的情况下,这种分解氧化亚氮的方法可能更有优势,但是,直到目前为止在工业上实际应用催化还原分解氧化亚氮的实例报道较少。

催化还原分解氧化亚氮可以分为选择性催化还原法(SCR)和非选择性催化还原法(NSCR)。选择性催化还原法是在催化剂的存在下,还原剂优先与氧化剂 N_2O 发生反应,生成 N_2 等还原产物。而在非选择性催化还原过程中,催化剂的催化活性没有特异反应体系针对性,还原剂优先与反应气相中的最强氧化剂(如氧气等)发生反应,当强氧化剂反应消耗完(或部分消耗)以后再与 N_2O 发生作用,这样就大大增加了还原剂的用量,并且给催化剂床层带来额外的热效应等问题,因此,从经济性考虑,非选择性还原法在分解脱除 N_2O 中没有较好的实际应用价值[1]。

5.1 催化还原分解原理

在选择性催化还原分解过程中,N_2O 作为氧化剂与还原剂发生氧化还原反应,可以与 N_2O 发生氧化还原反应的物质有很多种,如 CO、NH_3、CH_4 等低碳烃有机物质,所以在实际过程中如何选择还原剂,既与选择什么样的催化剂有关,也与针对应用场景的具体情况有关,比如在燃煤尾气中,与 N_2O 同时存在的还有 CO,在移动源 N_2O 尾气中同时存在着 CH_4 等碳氢有机物,而在工业固定源 N_2O 尾气情况下,装置环境范围内可能同时存在着 H_2、CO、NH_3、CH_4 等碳氢有机物多种可用还原剂。由于实际排气体系中 N_2O 往往与某一种或几种还原性气体、低碳烃等共存,所以在诸多的脱除方法中,选择性催化还原法被认为具有较为广阔的应用前景和较强的实用性。

尽管催化还原分解氧化亚氮法要消耗大量的还原剂，但是，与直接催化分解法相比，催化还原法可以大幅降低 N_2O 分解反应温度，这也是该方法在实际应用中的一个优点。

5.1.1　氢还原反应

氢气是最优良的还原剂，在氢气存在的气氛中，N_2O 在催化剂的作用下直接被氢气还原为 N_2 和 H_2O，

$$N_2O+H_2 \longrightarrow N_2+H_2O \tag{5-1}$$

但是，考虑到氢气的工业原料价值和生产成本，以 H_2 为还原剂的 N_2O 催化还原分解工艺并不是很好的选择，除非在有廉价氢的场合。

5.1.2　一氧化碳还原反应

一氧化碳也是一种常用的还原剂，而且一些 N_2O 尾气中同时存在着 CO，采用一氧化碳为还原剂的还原分解反应为：

$$N_2O+CO \longrightarrow N_2+CO_2 \tag{5-2}$$

作为一种优良的还原剂，CO 受到许多研究者的青睐，相关的催化剂研究也是焦点方向之一。

5.1.3　氨还原反应

在一些含铁分子筛等催化剂的作用下，NH_3 作为还原剂将 N_2O 还原分解为 N_2 和水，其反应总反应为：

$$N_2O+NH_3 \longrightarrow N_2+H_2O \tag{5-3}$$

氨气选择性催化还原 N_2O 被广泛应用于固定源 N_2O 的脱除减排，如硝酸厂尾气等。该方法突出的优点是脱除率高，催化剂在二氧化硫和水蒸气条件下仍然保持较好的活性、稳定性和较长的使用寿命，但是该方法的工艺也存在一些不足之处，如氨气泄漏危险、设备的耐腐蚀、未反应的氨气二次污染等问题。

5.1.4　烃还原反应

烃类作为还原剂在一定的场合有着特定的优势，比如工厂中存在 VOCs（挥发性有机物）尾气的情况下，以 VOCs 尾气中的低碳烃作为还原剂催化分解

N_2O 可以起到一举两得的减排效果。以 CH_4 为例,其还原分解 N_2O 的反应为:

$$N_2O + CH_4 \longrightarrow N_2 + H_2O + CO_2 \tag{5-4}$$

此外,还可以以乙烷、乙烯、丙烷、丙烯等,以及混合烃类(如 VOCs、天然气、液化石油气等)作为还原剂。

以上为不同还原剂的总反应方程,由于催化剂可以改变还原反应路径,所以不同催化剂在不同还原剂下的反应机理可能各不相同,其中的各反应路径需要分别分析研究,同时,反应物料中的杂质组分也会影响还原反应过程,比如,硝酸工厂的 N_2O 尾气中还存在 NO、NO_2 等 NO_x 组分,它们可能也会参与还原反应过程。

不同的气体环境以及不同的催化剂对 N_2O 选择性催化还原分解机理和反应路径产生复杂的影响,难以用统一的或规律性的机理或路径来解释。通常的反应机理是 N_2O 在催化剂表面解离出活性氧离子,然后活性氧离子与还原剂分子发生反应,但是,如果反应气氛中存在分子氧,就可能存在 N_2O 与 O_2 在催化剂活性中心上的竞争吸附,如果 O_2 的吸附和解离占据了优势,则 N_2O 的吸附和解离就会受到抑制。如果反应气体中还存在其他的具有一定氧化性的成分,如 NO,因催化剂的不同,也可能 NO 在竞争吸附中占据了优势,从而也会影响到 N_2O 的还原分解反应,甚至反应物料中某些毒性组分(如 H_2O)可能优先占据了催化剂表面的活性中心,从而也会表现出抑制 N_2O 催化还原效果,尽管这些组分实际上并不参与氧化亚氮分解反应过程。

例如,王永成等[2] 采用密度泛函理论(DFT)研究了 Pd_n($n=1\sim4$)团簇催化 N_2O 与 CO 的反应机理。该反应分两步进行:首先 N_2O 在 Pd_n($n=1\sim4$)团簇上还原并分解,形成活性氧并释放出 N_2;接着 CO 被氧化形成 CO_2。势能面分析表明,对于 Pd_2、Pd_3 和 Pd_4,CO 的氧化是整个反应的速率控制步骤,其中 Pd_3 团簇对 N_2O 分解和 CO 氧化表现出高的催化活性,速率控制步骤的能垒仅为 $61.36kJ/mol$。NPA 电荷分析表明,电子从 Pd_n($n=1\sim4$)团簇转移到 N_2O 促进了 N—O 键的解离,团簇的尺寸效应对反应具有很大的影响。该结果丰富了人们对基于 Pd 基催化剂的 N_2O 催化离解和 CO 氧化机理的理解。

氧化亚氮催化还原分解通常是在催化剂存在下进行的,下面将以还原剂为主线,介绍适用不同还原剂的催化剂研究工作,详细信息可参考附录 表 2 氧化亚氮催化还原文献汇总。

5.2 一氧化碳催化还原氧化亚氮催化剂

自 20 世纪 90 年代以来,工业应用的需要催生了对氧化亚氮催化还原分解的大量研究，这些工作的核心是开发选择性好、低温催化还原活性高、耐氧和毒性物质抑制作用的催化剂，这些工作主要针对的还原剂包括一氧化碳、甲烷、氨气等。

氧化亚氮催化还原分解催化剂研究主要涉及过渡金属、过渡金属氧化物或复合氧化物和分子筛类催化剂，其中负载铁的分子筛催化剂表现出明显的催化活性，也是相关研究工作的焦点。

5.2.1 贵金属催化剂

一氧化碳作为常用的还原剂，在流化床燃煤尾气 N_2O 处理的研究中经常被用到，因为燃煤尾气中就含有一定量的 CO。Sadhankar 等[3] 研究了 N_2O 和 CO 在 Pt/Al_2O_3 表面上的催化反应动力学，在 499K 下得到最高转化率为 93.5%。作者提出了包括 3 个基元反应的反应机理模型：可逆的 CO 吸附、不可逆的吸附态 N_2O 解离成吸附 O 和气态 N_2、吸附 CO 与吸附原子 O 反应生产 CO_2。

Angelidis 等[4] 研究了 Rh 改性的 Ag/Al_2O_3 负载型催化剂在 CO 环境下催化还原 N_2O 的性能，如图 5-1 所示，复合 $Rh\text{-}Ag/Al_2O_3$ 催化剂表现出 Rh 与 Ag 的协同作用，相对于纯负载 Rh、Ag 的催化剂，复合催化剂表现出最高的催化还原 N_2O 活性。

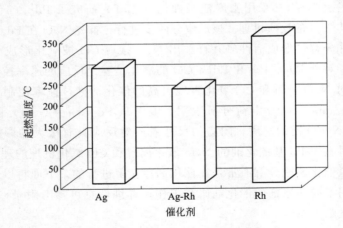

图 5-1　Ag、 Rh 及复合 Ag-Rh 催化剂的 $T_{50\%}$

[Ag：5（质量分数）%Ag/Al_2O_3；Rh：0.05（质量分数）%Rh/Al_2O_3；

Ag-Rh：5（质量分数）%Ag+0.05（质量分数）%Rh /Al_2O_3；

反应条件：N_2O 1（体积分数）%+CO 1（体积分数）%，总流量 150mL/min，催化剂 0.1g]

汽车尾气三元催化剂中主要包含 Pt、Pd 和 Rh 贵金属元素，其中 Rh 主要功

氧化亚氮减排原理
与应用

能是控制氮氧化物的排放，NO_x 与 CO 反应生成氮气和二氧化碳，而其中产生的 N_2O 又能与 CO 反应生成 N_2 和 CO_2，汽车尾气三元催化剂上的氮氧化物总反应为：

$$CO + NO \longrightarrow \frac{1}{2}N_2 + CO_2 \tag{5-5}$$

$$CO + 2NO \longrightarrow N_2O + CO_2 \tag{5-6}$$

$$CO + N_2O \longrightarrow N_2 + CO_2 \tag{5-7}$$

Holles 等[5] 以汽车尾气三元催化剂消除氮氧化物为目标，研究了 Al_2O_3、Al_2O_3-CeO_2 和 Al_2O_3-La_2O_3 负载的 Pd、Rh 催化剂催化 N_2O+CO 还原反应的性能，结果表明，Ce 的掺杂促进了 N_2O 在 Pd 和 Rh 上的反应速率，而 La 的掺杂对两种催化剂来说，对 N_2O 反应都没有促进作用。稀土元素的掺杂对 N_2O+CO 反应活化能和反应级数影响很小，而 Pd/Rh 双金属催化剂没有发现有协同效应。

5.2.2 过渡金属催化剂

周浩生等[6] 研究了在 CO 还原性气氛下 Fe 及其氧化物对 N_2O 的催化还原作用，研究发现铁氧化物对氮氧化物的催化还原能力相当弱，而单质 Fe 可以高效地降低 N_2O 分解的初始温度和提高 N_2O 向 N_2 的转化率。在 Fe 和 CO 的作用下，N_2O 的初始分解温度为 920K，在 1123K 时，N_2O 的转化率达到 95 ％。分析表明，在 Fe 与 N_2O 反应过程中，首先 Fe 与 N_2O 发生反应生成 Fe_2O_3，然后 CO 与 Fe_2O_3 反应将 Fe_2O_3 还原为 Fe，CO 的作用表现为通过与 N_2O 在反应表面的竞争吸附将铁氧化物还原为金属铁，然后 Fe 继续与 N_2O 反应。

Pérez-Ramírez 等[7] 研究了分别在升华法、液相离子交换法、水热法和水蒸气活化法制备的 FeMFI 分子筛上 CO 还原 N_2O 的反应，实验结果表明，在足量的 CO（CO/N_2O=1:1）存在下，Fe/ZSM-5 表现出最好的催化还原 N_2O 性能，如图 5-2 所示。分析表明，制备方法不同导致了 FeZSM-5 样品的性质和铁物种分布的差别，FeZSM-5 样品中的一个共同点是铁的不均匀组成，有很大程度的铁物种是以氧化铁颗粒的形式聚集，但在水蒸气活化的铁硅质岩中，铁的团簇受到抑制，呈现出显著的铁物种均匀分布。在 CO 存在下，相对于 N_2O 的直接分解，N_2O 在催化剂上的催化还原转化明显加快。反应速率随 CO/N_2O 物质的量比的增加而线性增加，并与所采用的制备方法密切相关。可以发现制备的催化剂中独立的 Fe(Ⅲ) 物种的量与 CO 还原 N_2O 的活性之间存在相关性。蒸汽活化的 Fe 硅质岩，在骨架外位置含有大部分分离的铁离子，表现出比活性（每摩尔铁）最高，而高度聚集的液相离子交换法制备的催化剂比活性最低。

Boissel 等[8] 以氧化铝-氧化铈（1:1）董青石为载体，采用浸渍法制备了

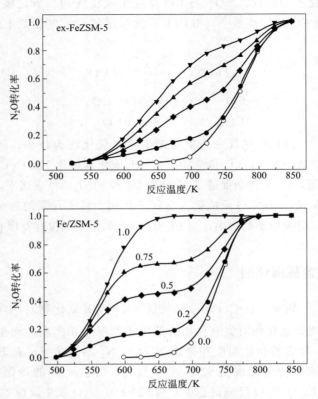

图 5-2　不同 CO/N₂O 物质的量比时催化剂 ex-FeZSM-5 和 Fe/ZSM-5N₂O 转化率与温度的关系

[反应条件：$0.15kPa\ N_2O+0\sim0.15kPa\ CO+He$，催化剂 50mg，

$W/F(N_2O)=9\times10^5\ g\cdot s/mol$，总压 0.1MPa]

负载过渡金属 Cu、Fe、Co、Ni、Mn 和贵金属 Ir、Rh 的氧化物负载型催化剂，在 CO 存在下，相比于 N_2O 直接催化分解，过渡金属与贵金属掺杂具有协同效应，负载 Ni-Ir、Ni-Rh、Fe-Ir、Co-Ir 和 Ir 的催化剂催化 CO 还原分解 N_2O 的温度大大降低，如图 5-3 所示。相比于 N_2O 直接催化分解，在 CO 存在的情况下，催化还原分解 N_2O 活性的增加归因于 CO 被氧化为 CO_2 更容易去除表面氧（由 N_2O 解离产生），这可阻止催化剂表面氧的积聚，否则氧的集聚会阻止或延缓 N_2O 分解。但是 Cu 与 Mn 除外，据 Kapteijn 等[9] 报道，在 Cu-ZSM-5 催化还原分解 N_2O 反应中，过量使用 CO 会抑制 N_2O 分解过程，这归因于一氧化碳的吸附强度，增加了 N_2O 分解的活化能。

　　针对草酸生产过程中的含 N_2O 尾气，Pacultová 等[10] 制备了 Co-Mn-Al 类水滑石煅烧后的 Co-Mn-Al 尖晶石复合氧化物催化剂，实验研究了 Co-Mn-Al 复合氧化物催化剂上 CO 催化还原 N_2O 的反应性能，考察了氧气和 CO/N_2O 的物

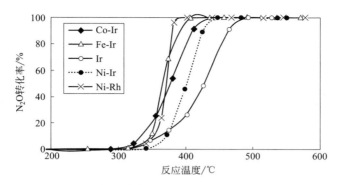

图 5-3 一氧化碳气氛下催化剂催化还原 N_2O 分解活性

（反应条件：$0.61\% N_2O + 0.61\% CO + N_2$ 平衡，$GHSV = 25000h^{-1}$）

质的量比对 N_2O 分解速率的影响。如图 5-4，结果表明，当原料气中不含 O_2 时，CO 对 N_2O 的转化有很强的促进作用。在有氧气的情况下，一氧化碳作为非选择性还原剂，从而抑制 N_2O 的分解，N_2O 的转化率不仅比 CO 还原 N_2O 的转化率低，而且比有氧时直接分解的转化率低。

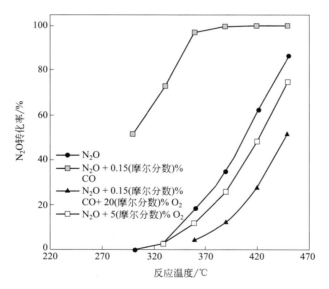

图 5-4 不同条件下 N_2O 转化率与温度的关系

［反应条件：0.1（摩尔分数）% N_2O，He 平衡，催化剂量 0.33 g，总流量 330mL/min］

Konsolakis 等[11] 研究了稀土改性的 Pt/Al_2O_3 催化剂对 N_2O 催化分解和催化还原的性能，在还原条件下，还原剂 C_3H_6，尤其是 CO，对 N_2O 的转化有明显的促进作用，而过量氧条件下还原剂对 N_2O 的转化有一定的抑制作用，如图 5-5 所示。相比于 N_2O 直接催化分解，在无氧条件下，催化还原分解温度显著降低，特别是在 CO 作还原剂的情况下，完全分解温度可降低 190℃。但是在有氧的情况下，两种还原剂的催化还原分解温度高于直接催化分解温度，这表明在存在过量 O_2 的情况下，还原剂（CO 或 C_3H_6）对消除 N_2O 过程有相反的影响，使 CO 和 C_3H_6 催化分解 N_2O 的转化曲线向更高的温度移动，C_3H_6 的负面影响更为强烈，这说明，CO 或 C_3H_6 只有在还原条件下才能对消除 N_2O 过程产生积极影响。

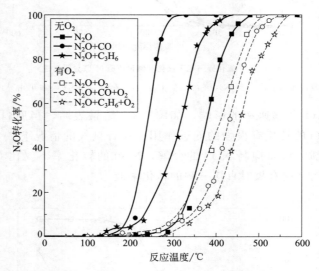

图 5-5　还原剂对 N_2O 在 Pt/Al-CeLa 催化剂上分解反应的影响
[反应条件：0.1% N_2O，0 或 2% O_2，0.1% CO 或 0.1% C_3H_6，He 平衡，
总流量（标准状态）550cm^3/min，$GHSV=10000h^{-1}$]

图 5-6 为进料中有氧和无氧时 N_2O 和 CO 的转化率随温度的关系，有助于更好地理解 CO 和 O_2 在 N_2O 分解过程中的作用。很明显，在没有氧气时，CO 和 N_2O 的转化率曲线完全吻合，两者都达到 100% 转化率的温度约为 250℃，这意味着 CO 被氧化过程是源于 N_2O 分解的吸附氧原子（O_{ads}）进行的。然而，在进料中有氧气时，CO 在很低的温度（约 80℃）下被从气相中吸附的氧 O_{ads} 完全氧化，从而 N_2O 转化在更高的温度下才开始，而完全分解的温度达到约 550℃。在有氧条件下，C_3H_6 作为还原剂也可观察到类似现象，这时可以理解为 N_2O 分解过程已经不是选择性催化还原（SCR）过程了，除非进料中存在过量的还原剂。

Konsolakis 等[12] 还采用双改性的 Pt(2K)/AlCeLa 催化剂考察了在不同进料 N_2O、N_2O+O_2、N_2O+CO 和 $N_2O+CO+O_2$ 时氧化亚氮的分解特性，如图 5-7 所示，也得到了类似现象。

氧化亚氮减排原理
与应用

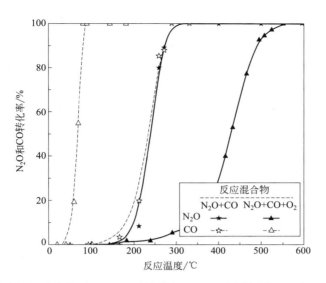

图 5-6　在有氧和无氧条件下 Pt/Al-CeLa 催化剂上 N_2O 还原分解过程中 N_2O 和 CO 的转化率

[反应条件：$0.1\% N_2O$，0 或 $2\% O_2$，$0.1\% CO$ 或 $0.1\% C_3H_6$，He 平衡

总流量（标准状态）$550cm^3/min$，$GHSV = 10000h^{-1}$]

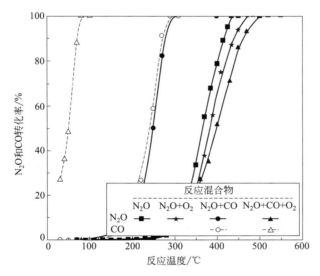

图 5-7　在有氧和无氧时，Pt(2K)/AlCeLa 复合载体催化剂上 CO 对 N_2O 分解的影响

[反应条件：$0.1\% N_2O + He$、$0.1\% N_2O + 2\% O_2 + He$、$0.1\% N_2O + 0.1\% CO + He$、

$0.1\% N_2O + 0.1\% CO + 2\% O_2 + He$，总流量（标准状态）$550cm^3/min$，$GHSV = 10000h^{-1}$]

You 等[13] 为了解 O_2 对 CO 还原 N_2O 的催化抑制作用，制备了具有不同

铁物种的铁基催化剂，一种是 α-Fe_2O_3，另有两种不同 pH 值下通过离子交换法制备的 Fe-ZSM-5，实验考察了 O_2 对 CO 选择性催化还原 N_2O 的影响。为方便对比，还考察了氧气对 CeO_2-Co_3O_4 催化剂催化还原 N_2O 的性能。结果表明，CeO_2-Co_3O_4 催化剂有较好的直接催化分解 N_2O 活性，并具有良好的耐氧抑制性能。CO 可以显著降低 N_2O 的催化还原分解温度，但是氧气对铈钴复合氧化物催化剂催化还原 N_2O 有显著的抑制作用，如图 5-8 所示。

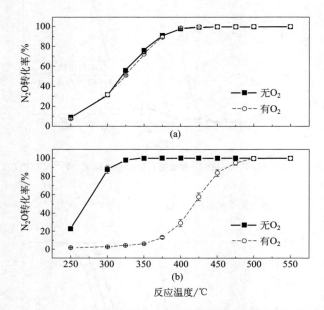

图 5-8 CeO_2-Co_3O_4 催化剂上 N_2O 催化分解 (a) 和 CO 催化还原 (b) 性能
（反应条件：0.1% N_2O，0.1% CO，3% O_2，N_2 平衡，催化剂 0.3g，总流量 100mL/min）

　　三种铁基催化剂直接催化分解 N_2O 和 CO 催化还原 N_2O 实验结果如图 5-9 和图 5-10 所示。可见 α-Fe_2O_3 直接催化分解 N_2O 的活性很低，而在不同 pH 值下制备的 Fe-ZSM-5 对 N_2O 直接催化分解有一定的催化活性，相比之下，pH 值为 2 的 Fe-ZSM-5 催化剂的耐氧气抑制作用明显高于 pH 值为 4 的催化剂，氧对 Fe-ZSM-5-pH2 催化剂似乎完全没有影响。CO 催化还原 N_2O 的分解温度显著降低，但是在 CO 催化还原过程中 α-Fe_2O_3 催化剂的氧抑制作用非常显著，Fe-ZSM-5 催化剂在低温下表现出优异的活性，特别是 pH 值为 2 的 Fe-ZSM-5 催化剂在 N_2O 催化还原过程中表现出优异的抗 O_2 性能。

　　分析表明，Fe-ZSM-5-pH2 催化剂的主要活性中心是 α 位，它们对 O_2 是惰性的，但对 N_2O 有很高的活性，说明在不同催化剂上 N_2O 和 O_2 之间的竞争效应是非常重要的。催化剂上 CO 与 O 原子的反应，在 α-Fe_2O_3 催化剂上来自分子氧的 O 占主导地位，而在 Fe-ZSM-5-pH2 催化剂上来自 N_2O 的 O 占主导地位。此外，在 O_2 存在下，Fe-ZSM-pH2 比非贵金属混合氧化物催化剂具有更好的 N_2O 脱除性能，这可能拓宽 CO 低温 SCR 的应用范围。

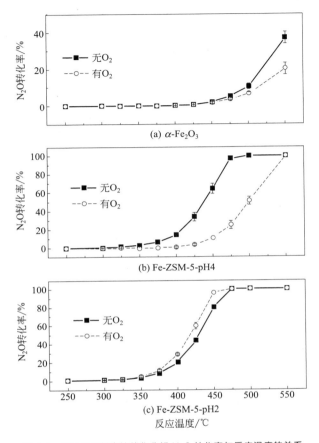

图 5-9 铁基催化剂直接催化分解 N_2O 转化率与反应温度的关系

（反应条件：0.1% N_2O，3% O_2，N_2 平衡，催化剂 0.3g，总流量 100mL/min）

最近，Esrafili 等[14] 通过 DFT 计算，提出了一种新型的无金属催化剂用于还原 N_2O。他们发现硼（B）杂质的存在可以改变 C_3N 的表面反应活性，从而促进有效吸附 N_2O。B 掺杂的 C_3N 纳米片上 N_2O 的还原首先是吸附该分子，然后是分解成 N_2 和一个活性氧原子（O^*），通过克服一个小的活化能，O^* 可以被 CO 分子消除。结果表明，掺硼的 C_3N 纳米片具有良好的应用前景，是用于去除对环境有害的 N_2O 分子的催化剂。

流化床燃煤锅炉在低温燃烧时会伴有一定量的 N_2O 产生，因而在流化床燃煤锅炉流程中存在燃烧过程中 N_2O 抑制技术和终端尾气处理 N_2O 两种减排技术。周浩生等[15] 研究了燃煤过程中 CaO 的加入对尾气中 N_2O 的影响，发现在

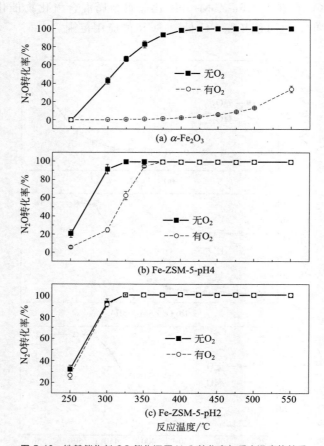

图 5-10 铁基催化剂 CO 催化还原 N$_2$O 转化率与反应温度的关系

（反应条件：0.1% N$_2$O，0.1% CO，3% O$_2$，N$_2$ 平衡，催化剂 0.3g，总流量 100mL/min）

CaO 的作用下，N$_2$O 与 CO 反应发生分解，但 CaO 分解 N$_2$O 的能力受到煤含硫量的影响。

5.3 烃类催化还原氧化亚氮催化剂

甲烷等有机物作为重要的氧化亚氮选择性催化还原分解的还原剂受到了众多研究者的重视，甲烷可以来自天然气，此外，甲烷是许多工业 VOCs 的主要成分，用 VOCs 作还原气体同时也解决了工业有机废气的排放问题。在以烃类催化氧化亚氮分解的研究中，尤以铁分子筛催化剂催化氧化亚氮还原分解成为研究的重点。

氧化亚氮减排原理
与应用

5.3.1 烷烃作为还原气体

Kogel 等[16] 以固相离子交换法制备的 Fe-MFI 为催化剂，以甲烷和 C_3 烃为还原剂，研究了硝酸厂尾气中氮氧化物和 N_2O 同时还原分解性能，结果表明各种还原剂都可以还原分解 N_2O，完全分解温度为 450℃，CH_4 效果最差，C_3H_8 效果最好。而只有 C_3，特别是丙烷，才适用于氮氧化物的分解，如图 5-11 所示。提高温度有利于 N_2O 的催化还原，NO 会强烈抑制 N_2O 的分解活性，反应过程中由烃可以生成一定量的 CO。研究表明，在固态离子交换过程中，铁离子的交换程度是有限的，当铁含量超过 Fe/Al=0.5 时，铁离子不再被引入沸石晶格中，多余的铁以赤铁矿的形式沉淀在分子筛表面，赤铁矿在还原一氧化氮和 N_2O 时不起作用。

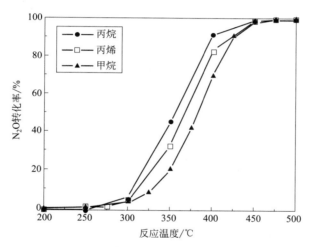

图 5-11　不同还原剂下温度对 N_2O 转化率的影响

（反应条件：0.1% N_2O+0.1% C_nH_m+4%O_2+He，

催化剂 400mg，Fe/Al=0.75，$GHSV$=30000h^{-1}）

Centi 等[17] 采用离子交换和化学气相沉积两种方法制备了 Fe/ZSM-5 催化剂，以丙烷为还原剂的实验结果表明，在 O_2、H_2O 存在下，N_2O 的转化产物只有 N_2，没有发现氮氧化物，丙烷主要转化为 CO_2；在低于 350℃ 低温段发现少量 CO 生成，没有发现其他氧化产物。Fe/ZSM-5 催化剂的活性顺序为 CVD (1%)＞IE(5%)＞IE(2%)，如图 5-12 所示。化学气相沉积法制备的 Fe/ZSM-5 催化剂选择性催化还原转化率与进料中 C_3H_8/N_2O 比值关系较小，而且耐 SO_2 失活性能好。

van den Brink 等[18] 以硝酸厂尾气 N_2O 减排为目标，以 Pd 改性的 Fe-ZSM-5

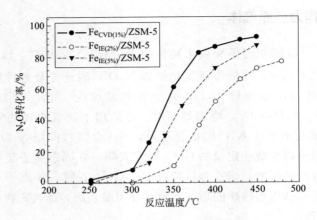

图 5-12 N₂O 转化率与温度的关系

[反应条件（体积分数）：$0.05\% \ N_2O + 2\% \ O_2 + 3\% \ H_2O + 0.1\% \ C_3H_8 + He$，

催化剂 0.2g，总流量 6L/h，$GHSV = 18000h^{-1}$]

分子筛为催化剂，在硝酸装置尾气的典型条件下，探索了用 Fe-ZSM-5 催化剂脱除 N₂O 的三种方法：直接催化分解和以丙烷或甲烷为还原剂的选择性催化还原（SCR）。当空速为 $10000 \ h^{-1}$ 时，N₂O 的直接催化分解发生在 400℃ 以上的温度下；当空速为 $13000 \ h^{-1}$ 时，在 450℃ 可以达到完全分解。如图 5-13 所示，反应气体中的水分明显降低了 N₂O 的转化率，但是当水汽含量高于 0.5%（体积分数）后，水分的抑制作用基本保持平稳。

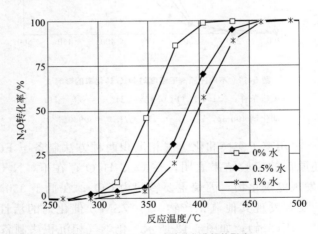

图 5-13 水对 N₂O 直接催化分解的影响

（反应条件：$0.15\% \ N_2O + 0.01\% \ NO + 0.01\% \ NO_2 + 2.5\% \ O_2$，

N₂ 平衡，$p = 0.4MPa$，$GHSV = 13000h^{-1}$）

添加丙烷可将 N_2O 转化温度降低约 $100℃$，如图 5-14 所示。在丙烷辅助的 N_2O SCR 中，未反应碳氢化合物和 CO 的排放量较低，并且 NO_x 也会发生还原反应。甲烷较难被催化剂活化，导致 N_2O 的分解效率较低，如图 5-15 所示，并且排放未反应的甲烷。在所有情况下，N_2O 的转化率均在高压下较高。

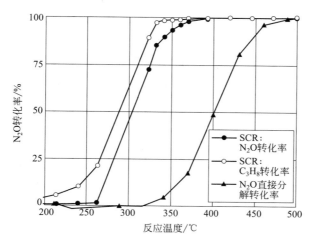

图 5-14　丙烷选择性催化还原 N_2O 转化率与反应温度的关系

[反应条件：0.15% N_2O＋0.19% C_3H_8＋0.01% NO＋0.01% NO_2＋0.5%（体积分数）H_2O＋2.5%（体积分数）O_2＋N_2 平衡，$GHSV=20000h^{-1}$，$p=0.4MPa$]

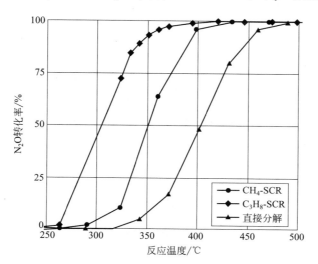

图 5-15　甲烷和丙烷催化还原 N_2O 分解反应比较

[反应条件：0.15% N_2O＋0.19% C_3H_8 或 0.45% CH_4＋0.01% NO＋0.01% NO_2＋0.5%（体积分数）H_2O＋2.5%（体积分数）O_2＋N_2 平衡，$GHSV=20000h^{-1}$，$p=0.4MPa$]

杜孟辉[19] 采用水热法制备的 FeAlPO-5 分子筛对 CH$_4$ 催化还原 N$_2$O 反应具有较高的催化活性，如图 5-16 所示。催化性能随 Fe 含量增加而升高，并且具有较强的抗氧、抗水性能和较好的稳定性。分析表明，水热法能成功地把 Fe(Ⅲ) 引入 AFI 结构中，FeAlPO-5 催化剂中有较多细小 Fe$_x$O$_y$ 颗粒进入分子筛孔道里面，造成催化剂活性稳定性较差。在反应过程中，FeAlPO-5 骨架内的 Fe 移动到外骨架，提高了催化性能，巩固了孔道，从而使催化剂的稳定性增强。

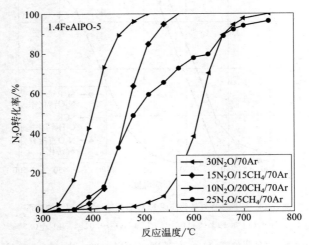

图 5-16　离子交换铁含量为 1.4% 的 FeAlPO-5 催化剂 CH$_4$ 催化还原 N$_2$O 性能

（反应条件：催化剂 0.5g，总流量 100mL/min, $GHSV = 14000h^{-1}$）

刘建楠等[20] 采用水热法合成了用于 CH$_4$ 催化还原 N$_2$O 的铁、铜含量均为

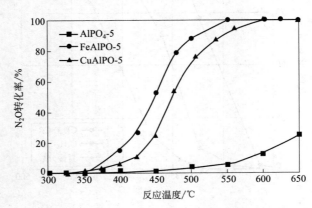

图 5-17　1.8% FeAlPO-5 和 1.8% CuAlPO-5 催化剂上 CH$_4$ 催化还原 N$_2$O 转化率与温度的关系

［反应条件（体积分数）：15% N$_2$O + 15% CH$_4$ + Ar，催化剂 0.5g，

气体流量 100mL/min, $WHSV = 0.3g \cdot s/mL$］

1.8%的 FeAlPO-5 和 CuAlPO-5 分子筛催化剂，甲烷催化还原氧化亚氮的催化性能实验结果表明，FeAlPO-5 分子筛的催化性能优于 CuAlPO-5 分子筛，如图 5-17 所示。进一步添加少量贵金属 Ag 或 Pd 可进一步提高 FeAlPO-5 分子筛的低温活性，如图 5-18 所示，Pd/FeAlPO-5 分子筛的低温活性优于 Ag/FeAlPO-5 分子筛，其中 Pd/FeAlPO-5 分子筛催化 CH_4 还原 N_2O 分解的 $T_{100\%}$ 可以显著降低近 50℃。Pd/FeAlPO-5 催化活性随着 Pd 负载量的增加而上升，并且 Pd 的负载能够抑制副反应的发生[21]。

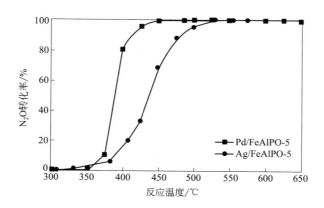

图 5-18　Pd/FeAlPO-5 和 Ag/FeAlPO-5 (Fe 的质量分数为 1.8%)
催化剂上 CH_4 催化还原 N_2O 转化率与温度的关系
[反应条件（体积分数）: 15% N_2O＋15% CH_4＋Ar,
催化剂 0.5 g, 气体流量 100mL/min, $WHSV$＝0.3g·s/mL]

该课题组进一步研究了 FeAlPO-5 催化剂 Fe 含量对 N_2O 催化还原的影响[22]，发现当催化剂中 Fe 的质量分数为 2.4% 时 N_2O 还原分解转化率最高，如图 5-19 所示，但 CH_4 分解率在高温段低于 Fe 含量为 1.8% 的催化剂。

Campa 科研团队[23,24] 在以有机物为还原介质催化还原氧化亚氮方面做了大量系统性的工作。该团队还以 CH_4 同时催化还原 N_2O 和 NO_x 为目标，比较系统地研究了不同分子筛负载铜、钴、铁、镍等过渡金属离子的催化剂在各种气体组成环境下催化还原分解 N_2O 的性能。他们采用 Na-MOR 和 Na-MFI 离子交换法制备了 Cu-MOR、Cu-MFI、Co-MOR、Co-MFI 和 Mn-MFI 分子筛催化剂，实验分别研究了催化剂样品直接催化 N_2O 分解、CH_4＋N_2O 催化还原和在 O_2 存在下 N_2O 选择性催化还原的催化活性。

实验结果表明，对于 N_2O 直接催化分解反应，交换充分的 Cu-MOR 和 Cu-MFI 对 N_2O 的催化分解具有活性，而 20% 左右铜离子交换率的 Cu-MOR 和 Cu-MFI 活性要低得多，如图 5-20 所示。Cu-MFI 样品的催化性能与 Cu-MOR 类

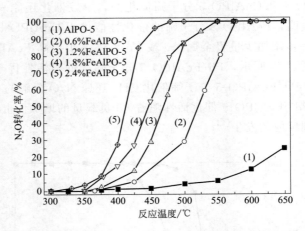

图 5-19　Fe 负载量对 FeAlPO-5 催化剂上 CH$_4$ 还原 N$_2$O 分解率的影响

[反应条件（体积分数）：15% N$_2$O＋15% CH$_4$＋Ar，催化剂 0.5g，

气体流量 100mL/min，$WHSV=0.3$g·s/mL]

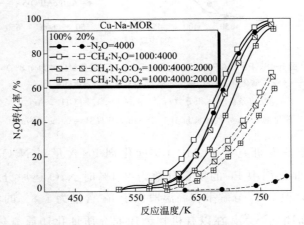

图 5-20　不同铜离子交换率的 Cu-MOR 催化剂下 N$_2$O 直接催化分解、

CH$_4$ 催化还原转化与反应温度的关系

[反应条件：催化剂 0.1g，总流量（标准状态）50cm^3/min，$GHSV=15000$h^{-1}]

似。无论交换程度如何，所有 Co-MOR 和 Co-MFI 催化剂对 N$_2$O 直接催化分解反应都具有催化活性，如图 5-21 所示。而 Mn-MFI 在 773K 时几乎没有活性，如图 5-22 所示，这个结果与 Li 等[25] 报道的结论类似。

从以上结果可以看出，在无氧条件下，所有催化剂对 CH$_4$＋N$_2$O 都有活性，在有氧条件下 Cu-MOR 和 Cu-MFI 对 CH$_4$＋O$_2$＋N$_2$O 有很高的催化活性，Co-MOR、Co-MFI 对催化还原反应的活性要低得多，而 Mn-MFI 几乎不起作

氧化亚氮减排原理
与应用

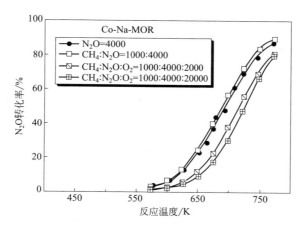

图 5-21　离子交换的 Co-MOR 催化剂下 N_2O 直接催化分解、

CH_4 催化还原转化与反应温度的关系

［催化剂 0.1g，总流量（标准状态）$50cm^3/min$，$GHSV=15000h^{-1}$］

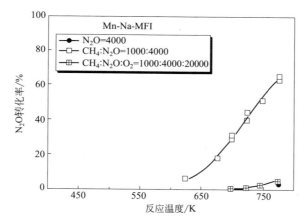

图 5-22　离子交换的 Mn-MFI 催化剂下 N_2O 直接催化分解、

CH_4 催化还原转化与反应温度的关系

［催化剂 0.1g，总流量（标准状态）$50cm^3/min$，$GHSV=15000h^{-1}$］

用。在 Me-MFI（Me＝Cu 或 Co）上的各种反应的转化率略高于在 Me-MOR 上的相应反应。

结果分析表明，在 Cu 和 Co 分子筛上，N_2O 与 CH_4 的 SCR 反应由两个几乎独立的反应组成：在高温（673～773K）下 $CH_4＋N_2O$ 占优势，在低温下 $CH_4＋O_2$ 占优势。这两种反应涉及不同的催化活性氧：$CH_4＋O_2$ 是分子形式活性氧，$CH_4＋N_2O$ 是由 N_2O 产生的单原子形式活性氧。由于 Co-MOR 和

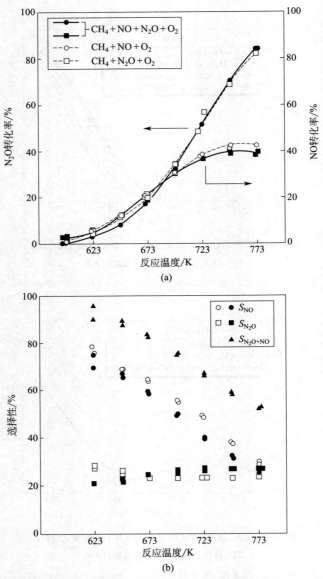

图 5-23　Co-Na-MOR 催化剂上 N_2O 和 NO 转化率 (a)和选择性 (b) 与反应温度的关系

[反应条件：N_2O SCR 时，N_2O : CH_4 : O_2 ＝4000 : 4000 : 20000；NO SCR 时，

NO : CH_4 : O_2 ＝4000 : 4000 : 20000；N_2O＋NO SCR 时，

N_2O : NO : CH_4 : O_2 ＝4000 : 4000 : 4000 : 20000。催化剂 0.1g，

总流量（标准状态）50cm³/min，$GHSV$＝15000h⁻¹。选择性：S_{N_2O} 为与 N_2O 反应的

CH_4 分子数/CH_4 反应的总分子数；S_{NO} 为与 NO 反应的 CH_4 分子数/CH_4 反应的总分子数；

S_{N_2O+NO} 为（与 N_2O 反应的 CH_4 分子数＋与 NO 反应的 CH_4 分子数）/CH_4 反应的总分子数]

Co-MFI 对 NO_x 的 SCR 也有活性，可以认为这两种材料有希望成为使 N_2O 和 NO_x 与 CH_4 同时发生 SCR 的催化剂。

Campa 等[24] 以废气中含有的 NO 和 N_2O 同时被催化还原为目标，采用醋酸钴水溶液离子交换法制备了 Co-Na-MOR 分子筛催化剂，实验研究了该样品在氧气存在下，NO、N_2O 分别单独进行 CH_4 催化还原的催化活性和 N_2O+NO 同时进行选择性催化还原的催化活性。结果表明，Co-Na-MOR 对 NO、N_2O 单独和二者同时进行 CH_4 催化还原都具有活性和选择性，而且 NO 和 N_2O 同时进行 SCR 反应的转化率与 NO、N_2O 单独进行催化还原时的转化率相当，如图 5-23 所示，这些结果显然表明，在 Co-Na-MOR 上，NO 和 N_2O 同时进行的 SCR 反应由 NO 和 N_2O 两个独立的 SCR 反应组成。

Pietrogiacomi 等[26] 以 H-MOR 和 Na-MOR 为原料，采用离子交换法和化学气相沉积法制备了 Ni-MOR、Co-MOR 和 Fe-MOR 分子筛催化剂，研究了过量 O_2 存在下 CH_4 选择性催化还原 N_2O 和 CH_4+O_2 反应。富甲烷条件下催化还原反应结果如图 5-24 所示。分析表明，过渡金属离子（tmi）具有良好的分散性。对于 CH_4-SCR_{N_2O}，无论催化剂的酸位和 Na^+ 含量如何，催化剂都具有催化活性，催化活性顺序为 Fe-MOR＞Ni-MOR＞Co-MOR。对于贫甲烷混合物进料，在所有样品上 CH_4-SCR_{N_2O} 由两个几乎独立的反应组成：CH_4+N_2O 和 CH_4+O_2。对于富含甲烷的混合物，CH_4-SCR_{N_2O} 由 $CH_4+N_2O+O_2$ 反应组成，其化学计量比取决于 tmi。而在 Ni-MOR 上，甲烷燃烧为副反应，在 Co-MOR 和 Fe-MOR 上没有副反应发生。可以得出结论：在 CH_4-SCR_{N_2O} 中，单原子氧形式激活 Co-MOR 和 Fe-MOR 催化剂上的甲烷，而单原子氧形式和分子氧形式激活 Ni-MOR 上的甲烷。因为 Ni-MOR 对 CH_4-SCR_{N_2O} 和 CH_4-SCR_{NO_x} 都具有催化活性，且只生成微量 CO，因而其是以 CH_4 为还原剂同时选择性催化还原 N_2O 和 NO_x 的理想催化剂。

Campa 等[27] 采用离子交换法制备了 Co 和 Ni 交换的 Co-MOR、Ni-MOR（Si/Al＝9.2）分子筛催化剂，实验研究了在 O_2 存在下 CH_4 进行选择性催化还原同时消除 NO 和 N_2O（CH_4-SCR_{sim}）以及相关反应：①CH_4 选择性催化还原消除 N_2O（CH_4-SCR_{N_2O}），②CH_4 选择性催化还原消除 NO（CH_4-SCR_{NO}），③N_2O 直接催化分解和④CH_4 燃烧。采用原位紫外可见光谱（UV-vis）和红外光谱（FTIR）对其进行了表征。

CH_4-SCR_{sim} 的催化结果表明，Co-MOR 对 O_2 存在下同时催化还原 NO 和 N_2O 具有催化活性，对 CH_4-SCR_{N_2O} 和 CH_4-SCR_{NO} 都具有活性，Co-MOR 对 N_2O 直接催化分解具有很高的催化活性，对 CH_4 催化燃烧活性低，如图 5-25 所示。可见对于钴离子交换程度较高的催化剂，N_2O 在 CH_4-SCR_{sim} 和 CH_4-

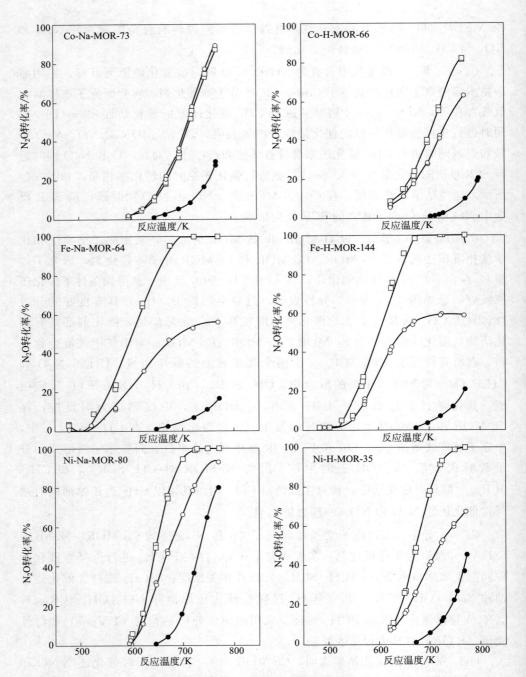

图 5-24　N₂O (□) 和 CH₄ (○) 催化还原转化率与温度的关系　(● 为 CH₄ 催化燃烧)

[反应条件：N₂O : CH₄ : O₂ = 4 × 10⁻³ : 4 × 10⁻³ : 0.02，He 平衡，催化剂 0.1g，
总流量（标准状态）50cm³/min，$GHSV$ = 15000h⁻¹]

SCR_{N_2O} 中的转化率几乎相同，借此作者假设，NO 和 N_2O 同时催化还原过程包括两个独立的过程：$CH_4 + N_2O + O_2$ 和 $CH_4 + NO + O_2$。而在低程度钴离子交换的 Co-MOR 催化剂上，CH_4-SCR_{sim} 中 NO 和 N_2O 的转化率与 CH_4-SCR_{NO} 和 CH_4-SCR_{N_2O} 中的转化率并不完全匹配。

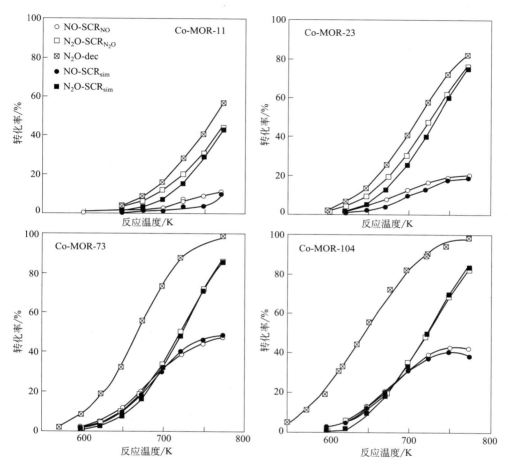

图 5-25　Co-MOR 催化剂上 N_2O 同时催化还原（CH_4-SCR_{sim}）与相关的 NO、

N_2O 单独催化还原及直接催化分解（CH_4-SCR_{NO}，CH_4-SCR_{N_2O}，N_2O 催化分解）

比较（Co-MOR-x，x 为 Co 离子交换率）

[反应条件：$N_2O : CH_4 : O_2 = 4 \times 10^{-3} : 4 \times 10^{-3} : 0.02$；$NO : CH_4 : O_2 = 4 \times 10^{-3} : 4 \times 10^{-3} : 0.02$；

$N_2O : NO : CH_4 : O_2 = 4 \times 10^{-3} : 4 \times 10^{-3} : 4 \times 10^{-3} : 0.02$；$CH_4 : O_2 = 4 \times 10^{-3} : 0.02$；

$N_2O = 4 \times 10^{-3}$；He 平衡。催化剂 0.1 g，总流量（标准状态）$50 cm^3/min$，$GHSV = 15000 h^{-1}$]

Ni-MOR 对 O_2 存在下同时催化还原 NO 和 N_2O 没有催化活性，但是对 CH_4-SCR_{N_2O} 和 CH_4-SCR_{NO} 都具有活性，Ni-MOR 对 N_2O 直接催化分解几乎

无活性，而对 CH_4 燃烧催化活性较高，如图 5-26 所示。这表明在 NO 和 N_2O 同时被催化还原 CH_4-SCR_{sim} 过程中，NO 通过 CH_4-SCR_{NO} 发生分解反应，而 CH_4 并不与 N_2O 反应。

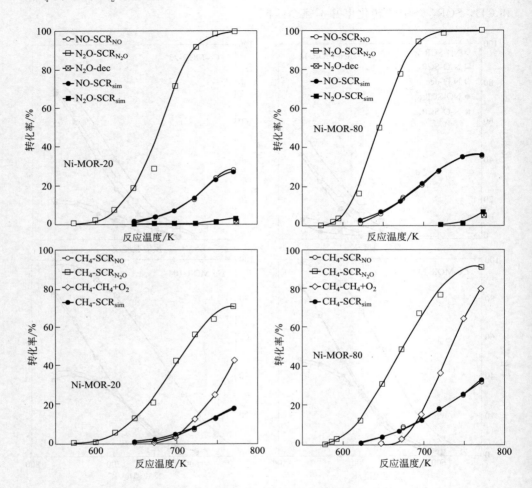

图 5-26　Ni-MOR 催化剂上 N_2O 同时催化还原 （CH_4-SCR_{sim}）与相关的 NO、 N_2O 单独

催化还原及直接催化分解 （CH_4-SCR_{NO}， CH_4-SCR_{N_2O}， N_2O 催化分解）比较

(Ni-MOR-x, x 为 Ni 离子交换率)

[反应条件： $N_2O : CH_4 : O_2 = 4×10^{-3} : 4×10^{-3} : 0.02$；

$NO : CH_4 : O_2 = 4×10^{-3} : 4×10^{-3} : 0.02$；

$N_2O : NO : CH_4 : O_2 = 4×10^{-3} : 4×10^{-3} : 4×10^{-3} : 0.02$；

$CH_4 : O_2 = 4×10^{-3} : 0.02$；$N_2O = 4×10^{-3}$；He 平衡。

催化剂 0.1g，总流量 （标准状态） $50cm^3/min$，$GHSV = 15000h^{-1}$]

氧化亚氮减排原理
与应用

Pietrogiacomi 等[28] 为了进一步研究有氧条件下在 Fe-MOR、Co-MOR、Ni-MOR 催化剂上 CH_4 同时催化还原 NO 和 N_2O 的反应途径，在前期研究过的 Co-MOR、Ni-MOR 催化剂基础上，实验研究了 Fe-MOR 催化剂的 CH_4 同时催化还原 NO 和 N_2O 的性能，如图 5-27 所示。并与 Co-MOR、Ni-MOR 催化剂进行了对比分析，他们得出的结论是，有氧条件下在 Fe-MOR、Co-MOR、Ni-MOR 催化剂上 CH_4 同时催化还原 NO 和 N_2O 的过程是通过两个独立的过程进行的，即 NO 催化还原和 N_2O 直接催化分解。分子筛 MOR 结构允许活性中心位于不同的限制位置，保证了两种分解通过独立的途径同时进行。单独使用 Co-MOR 是有效同时消除 NO 和 N_2O 的方法，因为它结合了催化活性中心适当的位置和适当的性质（成核性、配位性和电子电荷迁移率）。

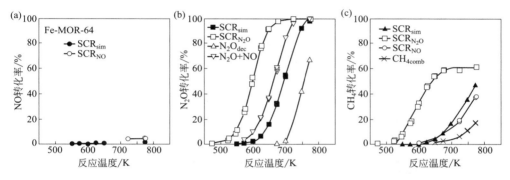

图 5-27　Fe-MOR 催化剂上 SCR_{sim} 与 SCR_{NO}、　SCR_{N_2O}、　N_2O 催化分解 （N_2O_{dec}）、

NO 存在下的 N_2O 催化分解 （N_2O+ NO）以及 CH_4 催化燃烧 （CH_{4comb}）比较

[反应条件：$N_2O=NO=CH_4=0.4\%$，$O_2=2\%$，He 平衡，催化剂 0.1 g，

总流量 （标准状态） $50cm^3/min$，$GHSV=15000h^{-1}$]

5.3.2　烯烃作为还原气体

Pophal 等[29] 研究了丙烯作为还原剂，N_2O 在 Fe-MFI 分子筛催化剂上的分解行为，同时以 H-MFI、Cu-MFI 和 Na-MFI 为催化剂进行了对比研究。结果表明，Fe-MFI 催化剂具有最高的催化活性，如图 5-28 所示。而且在 H_2O 和 O_2 的存在下没有发现催化剂有明显的失活现象。进一步对 Fe-MFI 催化剂的研究表明，N_2O 转化率直接与 C_3H_6 的氧化相关，说明 N_2O 的选择性催化还原是优先反应。N_2O 转化率及催化剂上的 OH 基团随着 Fe 的负载量升高而增加，Fe-MFI 催化剂表面的酸性和吸附行为与铁离子的交换水平存在强相关性。

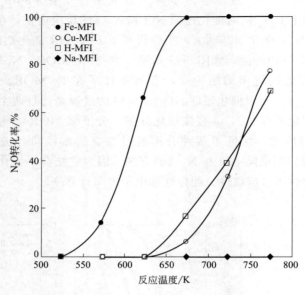

图 5-28 不同分子筛催化剂的 N_2O 转化率

（反应条件：$0.05\%\ N_2O + 5\%\ O_2 + 0.1\%\ C_3H_3 + He$，$GHSV = 50000h^{-1}$）

5.4 氨气催化还原氧化亚氮催化剂

NH_3 也是一种重要的 N_2O 催化还原分解还原剂，特别是在含有氧化亚氮的 NO_x 选择性催化还原分解过程中有着重要意义。许多研究者针对同时催化还原 NO 和 N_2O 分解，开发了许多以 NH_3 为还原剂的催化剂，其中，以铁基分子筛催化剂研究最为丰富。

M. Mauvezin 等[31] 所在团队比较系统地研究了分子筛载体对铁分子筛催化剂催化分解和 NH_3 催化还原分解 N_2O 性能的影响，他们制备了不同结构的铁分子筛催化剂，如表 5-1 所示。实验研究了 NH_3 对铁分子筛上有氧催化还原分解 N_2O 的影响，如图 5-29 所示。结果表明，相比于直接催化分解，在 NH_3 存在下，N_2O 催化还原分解的转化率-温度曲线明显向低温方向移动，仅 Fe（24）-FER 样品除外，起燃温度的降低范围为 $70\sim120℃$。根据起燃温度（$T_{50\%}$，$50\%\ N_2O$ 转化率时的温度）其催化活性顺序为：Fe(24)-BEA(669K) $\approx$ Fe(49)-BEA(665K) $>$ Fe(44)-OFF(696K) $\approx$ Fe(19)-MFI(695K) $>$ Fe(24)-FER(710K) $>$ Fe(20)-MAZ(725K) $>$ Fe(12)-MOR(768K) $>$ Fe(48)-FAU(787K)。可见，BEA 沸石是铁离子催化 NH_3 还原 N_2O 最有效的主体结构。

◆ 表 5-1　铁分子筛催化剂

催化剂	分子筛	交换率 x/%
Fe(x)-MOR	Mordenite	12
Fe(x)-MFI	ZSM-5	19
Fe(x)-BEA	Beta	24
Fe(x)-FER	Ferrierite	24
Fe(x)-FAU	Faujasite Y	45
Fe(x)-BEA	Beta	49
Fe(x)-MAZ	Mazzite	20
Fe(x)-OFF	Offretite	44

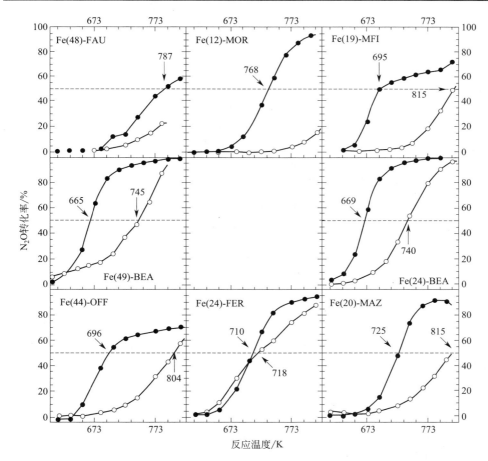

图 5-29　铁分子筛上 N_2O 直接催化分解（○）和 NH_3 催化还原（●）转化率与反应温度的关系

（反应条件：$N_2O/O_2/He$ 为 0.2/3.0/96.8，$N_2O/O_2/NH_3/He$ 为 0.2/3.0/0.2/96.6，

催化剂 100mg，$GHSV = 35000\ h^{-1}$）

Coq 等[32] 在前期研究 NH_3 催化还原 N_2O 的基础上，以优选的 Fe-BEA 催化剂考察其在 NO+N_2O+O_2 的混合体系中的催化还原性能，如图 5-30 所示，结果表明，与单独还原分解 NO 和 N_2O 时相比，NO（$T_{50\%}$＝590K）和 N_2O（$T_{50\%}$＝670K）50％转化率温度分别降低了 20K 和 40K，说明 NO 和 N_2O 的同时 NH_3 催化还原转化具有协同效应。他们认为，N_2O 与铁活性中心相互作用产生的表面氧 O^* 与 NO 结合的脱除速率比与 NH_3 快，然后形成的 NO_2 在 O_2 存在下很快与 NO 和 NH_3 发生经典的 NH_3 对 NO_x 的选择性催化还原反应。

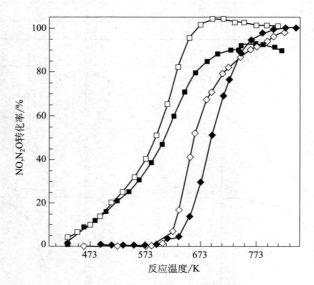

图 5-30 有氧情况下 NH_3 在 Fe(73)-BEA 上催化还原 NO （—■—）、

N_2O （—◆—）和 NO+ N_2O （—□— 、 —◇—）

［反应条件：0.15％ NO、0.1％ N_2O+3％

O_2+0.25％ NH_3＋He, $WHSV=200000h^{-1}$］

Kögel 及其同事[16,33] 报道了在 Fe-MFI 上碳氢化合物同时催化还原 NO 和 N_2O。以丙烷为还原剂，当起燃温度（N_2O 转化率为 50％时的温度）为 650K 时，N_2O 转化率稳步上升。相比之下，NO 转化率在 573K 时达到峰值约为 40％，然后在较高温度下稳定下降。此外，NO 的存在部分抑制了 N_2O 的转化，烃类氧化对 CO 的选择性更高。Li 和 Armor[34] 报道了在 Co MFI 上 CH_4 同时还原 NO 和 N_2O 与上述有非常相似的现象。而这些行为特征与 NH_3 在 Fe(73)-BEA 催化剂上对 NO+N_2O 的催化还原完全不同，NH_3 在 Fe(73)-BEA 催化剂上的 SCR 反应中，NO 和 N_2O 随着温度的升高而趋于完全转化，这可能与还原剂本身的性质有关，如 Busca 等[35] 所建议的那样。

氧化亚氮减排原理
与应用

Delahay 等[36] 进一步研究了铁离子交换率对 Fe-BEA 催化 NH_3 还原 N_2O 的影响，如图 5-31 所示，在 NH_3 选择性催化还原 N_2O 过程中，N_2O 的转化率先随着 Fe 的交换率增大而升高，直至铁交换率接近 100%，然后降低。相反，随着铁含量的增加，每摩尔铁的本征催化活性急剧下降。分析表明，N_2O 氧化 Fe^{2+}-BEA 生成的铁-氧物种比空气中煅烧生成的铁-氧物种更不稳定，单核铁-氧物种是 NH_3 还原 N_2O 最高活性中心，双核铁-氧物种和氧化铁聚集体的活性较低。

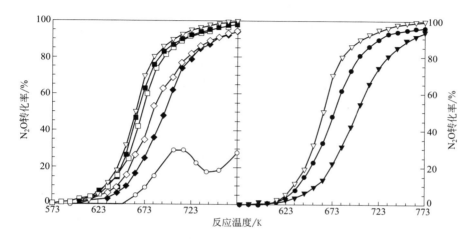

图 5-31 Fe-BEA 催化剂上 NH_3 催化还原 N_2O 转化率与温度的关系

HBEA：—○—；Fe(6)-BEAe：—◆—；Fe(10)-BEAe：—◇—；Fe(24)-BEAe：—□—；Fe(49)-BEAe：—■—；
Fe(97)-BEAe：—▽—；Fe(126)-BEAi：—●—；Fe(375)-BEAi：—▼—（其中，e—离子交换法，i—浸渍法）
[反应条件：$N_2O/O_2/NH_3/He$ 为 0.2/3.0/0.2/96.6，催化剂 100mg，

总流量（常温常压）$50cm^3/min$，$GHSV=35000h^{-1}$]

关于分子筛载体和负载 Fe 含量对 NH_3 催化还原 N_2O 及 N_2O+NO 的影响的研究存在相互矛盾的结果，为了观察宿主沸石和 Fe 含量对产生易于还原 N_2O 的 Fe-O 物种的影响，将这些物种的与 N_2O 的直接催化分解活性和 NH_3 在 O_2 存在下对 N_2O 和 N_2O+NO 的催化还原活性联系起来，Guzmán-Vargas 等[37] 进一步研究了在采用经典离子交换法制备的 Fe-BEA、Fe-ZSM-5 和 Fe-FER 催化剂上 N_2O 的直接催化分解和 NH_3 对 N_2O 和 N_2O+NO 的催化还原分解，实验结果分别如图 5-32、图 5-33、图 5-34 和图 5-35 所示。

Fe-FER 的直接催化分解活性最高，其在低温下可大量生成能还原的"氧物种"，这种"氧物种"是 Fe^{II}-分子筛与 N_2O（α-氧）相互作用时产生的。NH_3 的加入促进了 N_2O 的分解，在 Fe-FER 和 Fe-BEA 催化的情况下，NH_3+NO 更促进了 N_2O 的分解。Guzmán-Vargas 等认为，NO 促进 N_2O 还原源于 α-氧

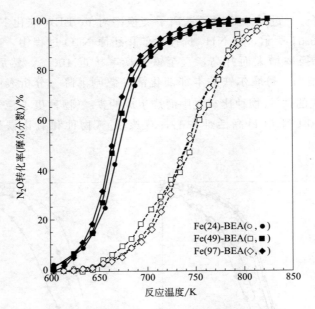

图 5-32　Fe-BEA 催化剂上 N$_2$O 直接催化分解（空心符号）和
NH$_3$ 催化还原 N$_2$O（实心符号）转化率

（反应条件：N$_2$O/O$_2$/He 为 0.2/3.0/96.8、N$_2$O/O$_2$/NH$_3$/He 为
0.2/3.0/0.2/96.6、催化剂 100mg，$GHSV=35000h^{-1}$）

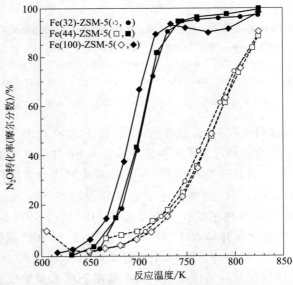

图 5-33　Fe-ZSM-5 催化剂上 N$_2$O 直接催化分解（空心符号）和 NH$_3$
催化还原 N$_2$O（实心符号）转化率

（反应条件：N$_2$O/O$_2$/He 为 0.2/3.0/96.8、N$_2$O/O$_2$/NH$_3$/He
为 0.2/3.0/0.2/96.6、催化剂 100mg，$GHSV=35000h^{-1}$）

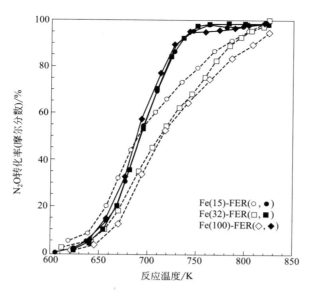

图 5-34　Fe-FER 催化剂上 N_2O 直接催化分解（空心符号）和

NH_3 催化还原 N_2O（实心符号）转化率

（反应条件：$N_2O/O_2/He$ 为 0.2/3.0/96.8，$N_2O/O_2/NH_3/He$ 为

0.2/3.0/0.2/96.6，催化剂 100mg，$GHSV=35000h^{-1}$）

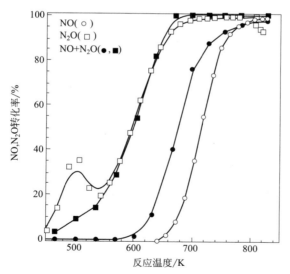

图 5-35　Fe(100)-FER 催化剂上 NH_3 催化还原 NO、N_2O 和

NO+ N_2O 转化率与反应温度的关系

（反应条件：$N_2O/NO/O_2/NH_3/He$ 为 0.1/0.15/3.0/0.25/96.5，

催化剂 100mg，$GHSV=200000h^{-1}$）

O^* 和 NO^* 之间的快速表面反应，生成 NO_2^*，然后立即与 NH_3 发生反应。

Colombo 等[38] 针对柴油机尾气中氮氧化物的减排，系统地研究了 NO/NO_2/N_2O-NH_3 SCR 反应体系，在典型温度范围（150～550℃）、高空速（$GHSV \geqslant 100000\ h^{-1}$）下，工业粉末状态 Fe 改性沸石催化剂上的反应动力学。他们除考虑了周知的 NO/NO_2-NH_3-SCR 体系中的反应，即 NH_3 吸附、NH_3 和 NO 氧化、标准反应、快速反应和 NO_2-SCR 反应、硝酸铵生成，还考虑了 N_2O 的生成。此外，他们还专门向进料物流中添加 N_2O 进行实验，结果表明，在 $T>330℃$ 时，发现另外两个反应，即 NO 还原 N_2O（$N_2O + NO \longrightarrow N_2 + NO_2$）和 NH_3 还原 N_2O（$2NH_3 + 3N_2O \longrightarrow 4N_2 + 3H_2O$）变得显著，需要考虑动力学建模。与其他已发表的 SCR 动力学模型相比，Colombo 等建立的模型还考虑了 N_2O 与 NO 和 NH_3 的反应性，这是准确再现基于铁分子筛催化剂的 SCR 转换器高温运行的一个重要特征。

沈群等[39,40] 以工业硝酸厂尾气为背景，实验对比研究了不同还原剂在 Fe-USY 催化剂上还原分解 N_2O 的反应情况，结果表明，CH_4 的还原效果最好，其次是 CO、NH_3，在还原剂存在时 N_2O 催化还原分解温度都明显低于直接催化分解，如图 5-36 所示。实验考察了 Fe-USY 催化剂在 NO、O_2 及其混合物存在时对 CH_4 催化还原 N_2O 的影响，结果表明，NO 和 O_2 在一定程度上抑制了

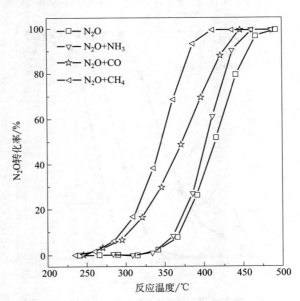

图 5-36 N_2O 在不同还原剂气氛中还原分解转化率与反应温度的关系

（反应条件：0.5% N_2O，0.2% CH_4 或 0.5% CO 或 0.4% NH_3，

He 平衡，催化剂 0.10g，反应气体流量 60mL/min，$GHSV = 30000h^{-1}$）

氧化亚氮减排原理
与应用

CH_4 对 N_2O 的选择性催化还原，将 N_2O 转化率大于 90% 的温度推移到 $450℃$ 以上。O_2 的抑制作用可归因于其占据活性中心和氧化 CH_4 衍生中间体。NO 的抑制效应非常突出，它通过强烈占据活性中心，将反应路径从 N_2O-CH_4-SCR 逐渐转移到 NO 辅助 N_2O 分解，从而抑制 N_2O 的转化，在相同的操作条件下，前者路径的 N_2O 分解效率高于后者。此外，还原剂 CH_4 的用量对 N_2O 的转化率也有影响。

选择性催化还原分解氧化亚氮在特殊气体环境下有着反应温度低的优势，有时能同时减排其他有害气体，相关工艺已经有工业应用实例，如应用于硝酸工厂的 EnviNO$_x$®尾气处理工艺（http://www.uhde.biz）。2003 年，Pérez-Ramirez 等[41] 对硝酸工厂尾气 N_2O 减排做了比较全面的分析和评述，该文献具有重要的参考价值。

参考文献

[1] Panov G I. Advances in oxidation catalysis：oxidation of benzene to phenol by nitrous oxide[J]. Cattech, 2000, 4（1）: 18-31.

[2] 王永成，吴琳瑜. Pd$_n$（$n = 1 \sim 4$）团簇催化 CO 还原 N_2O 的机理研究[J]. 西北师范大学学报（自然科学版），2020, 56（3）: 68-76.

[3] Sadhankar R R, Lynch D T. N_2O reduction by CO over an alumina-supported Pt catalyst-forced composition cycling[J]. Journal of Catalysis, 1994, 149（2）: 278-291.

[4] Angelidis T N, Tzitzios V. Promotion of the catalytic activity of a Ag/Al$_2$O$_3$ catalyst for the N_2O+ CO reaction by the addition of Rh a comparative activity tests and kinetic study[J]. Applied Catalysis B: Environmental, 2003, 41（4）: 357-370.

[5] Holles J H, Switzer M A, Davis R J. Influence of ceria and lanthana promoters on the kinetics of NO and N_2O reduction by CO over alumina-supported palladium and rhodium[J]. Journal of Catalysis, 2000, 190（2）: 247-260.

[6] 周浩生，陆继东，周琥，等. 程序升温条件下铁及其氧化物在 CO 存在时对 N_2O 的还原机理[J]. 环境科学学报，2001, 21: 167-171.

[7] Pérez-Ramírez J, Kumar M S, Brückner A. Reduction of N_2O with CO over FeMFI zeolites: Influence of the preparation method on the iron species and catalytic behavior[J]. Journal of Catalysis, 2004, 223（1）: 13-27.

[8] Boissel V, Tahir S, Koh C A. Catalytic decomposition of N_2O over monolithic supported noble metal-transition metal oxides[J]. Applied Catalysis B: Environmental, 2006, 64（3/4）: 234-242.

[9] Kapteijn F, Rodriguez-Mirasol J, Moulijn J A. Heterogeneous catalytic decomposition of nitrous oxide [J]. Appl Catal B, 1996, 9: 25-64.

[10] Pacultová K, Obalová L, Kovanda F, et al. Catalytic reduction of nitrous oxide with carbon monoxide over calcined Co-Mn-Al hydrotalcite[J]. Catalysis Today, 2008, 137（2/3/4）: 385-389.

[11] Konsolakis M, Drosou C, Yentekakis I V. Support mediated promotional effects of rare earth oxides（CeO$_2$ and La$_2$O$_3$）on N_2O decomposition and N_2O reduction by CO or C$_3$H$_6$ over Pt/Al$_2$O$_3$ structured catalysts[J]. Applied Catalysis B: Environmental, 2012, 123/124: 405-413.

[12] Konsolakis M, Aligizou F, Goula G, et al. N_2O decomposition over doubly-promoted Pt（K）/Al$_2$O$_3$-

（CeO_2-La_2O_3）structured catalysts: On the combined effects of promotion and feed composition[J]. Chemical Engineering Journal, 2013, 230: 286-295.

[13] You Y, Chen S, Li J, et al. Low-temperature selective catalytic reduction of N_2O by CO over Fe-ZSM-5 catalysts in the presence of O_2[J]. Journal of Hazardous Materials, 2020, 383: 121117.

[14] Esrafili M D, Heidari S. Catalytic reduction of nitrous oxide over boron-doped C_3N monolayers: A DFT study[J]. Chemical Physics Letters, 2019, 725: 52-58.

[15] 周浩生, 陆继东, 周琥. 燃煤流化床中 CaO 催化还原 N_2O 机理研究[J]. 东南大学学报（自然科学版）, 2000, 30（2）: 111-115.

[16] Kogel M, Monnig R, Schwieger W, et al. Simultaneous catalytic removal of NO and N_2O using Fe-MFI [J]. Journal of Catalysis, 1999, 182（2）: 470-478.

[17] Centi G, Vazzana F. Selective catalytic reduction of N_2O in industrial emissions containing O_2, H_2O and SO_2: Behavior of Fe/ZSM-5 catalysts[J]. Catalysis Today, 1999, 53（4）: 683-693.

[18] van den Brink R W, Booneveld S, Pels J R, et al. Catalytic removal of N_2O in model flue gases of a nitric acid plant using a promoted Fe zeolite[J]. Applied Catalysis B: Environmental, 2001, 32（1/2）: 73-81.

[19] 杜孟辉. 甲烷选择还原氧化亚氮 FeAlPO-5 催化剂的制备与研究[D]. 杭州: 浙江大学, 2008.

[20] 刘建楠, 赵晓旭, 杨城晨, 等. 甲烷催化还原 N_2O 杂原子磷酸铝分子筛的制备、修饰及其催化性能[J]. 工业催化, 2010, 18（6）: 63-65.

[21] 赵晓旭. 铁磷酸铝分子筛在催化甲烷还原 N_2O 反应中的催化性能及其活性位研究[D]. 杭州: 浙江大学, 2010.

[22] 赵晓旭, 程党国, 陈丰秋, 等. Fe 含量对 FeAlPO-5 催化剂上甲烷还原 N_2O 反应的影响[J]. 催化学报, 2010, 31（1）: 68-71.

[23] Campa M C, Indovina V, Pietrogiacomi D. The selective catalytic reduction of N_2O with CH_4 on Na-MOR and Na-MFI exchanged with copper, cobalt or manganese[J]. Applied Catalysis B: Environmental, 2012, 111/112: 90-95.

[24] Campa M C, Indovina V, Lauri R, et al. The simultaneous selective catalytic reduction of N_2O and NO on Co-Na-MOR using CH_4 alone as the reducing agent in the presence of excess O_2[J]. Catalysis Today, 2012, 191（1）: 87-89.

[25] Li Y, Armor J N. Catalytic decomposition of nitrous oxide on metal exchanged zeolites[J]. Appl Catal B: Environmental, 1992, 1（3）: L21-L29.

[26] Pietrogiacomi D, Campa M C, Occhiuzzi M. Selective catalytic reduction of N_2O with CH_4 on Ni-MOR: A comparison with Co-MOR and Fe-MOR catalysts[J]. Catalysis Today, 2014, 227: 116-122.

[27] Campa M C, Pietrogiacomi D, Occhiuzzi M. The simultaneous selective catalytic reduction of N_2O and NO_x with CH_4 on Co-and Ni-exchanged mordenite[J]. Applied Catalysis B: Environmental, 2015, 168/169: 293-302.

[28] Pietrogiacomi D, Campa M C, Ardemani L, et al. Operando FTIR study of Fe-MOR, Co-MOR, and Ni-MOR as catalysts for simultaneous abatement of NO_x and N_2O with CH_4 in the presence of O_2. An insight on reaction pathway[J]. Catalysis Today, 2019, 336: 131-138.

[29] Pophal C, Yogo T, Yamada K, et al. Selective catalytic reduction of nitrous oxide over Fe-MFI in the presence of propene as reductant[J]. Applied Catalysis B: Environmental, 1998, 16（2）: 177-186.

[30] Doi K, Wu Y Y, Takeda R, et al. Catalytic decomposition of N_2O in medical operating rooms over Rh/Al_2O_3, Pd/Al_2O_3, and Pt/Al_2O_3[J]. Applied Catalysis B: Environmental, 2001, 35（1）: 43-51.

[31] Mauvezin M, Delahay G, Kißlich F, et al. Catalytic reduction of N_2O by NH_3 in presence of oxygen using Fe-exchanged zeolites[J]. Catalysis Letters, 1999, 62: 41-44.

[32] Coq B, Mauvezin M, Delahay G, et al. The simultaneous catalytic reduction of NO and N_2O by NH_3 using an Fe-zeolite-beta catalyst[J]. Applied Catalysis B: Environmental, 2000, 27（3）: 193-198.

[33] Kögel M, Sandoval V H, Schwieger W, et al. Simultaneous catalytic reduction of NO and N_2O using Fe-MFI prepared by solid-state ion exchange[J]. Catal Lett, 1998, 51（1/2）: 23-25.

[34] Li Y J, Armor J N. Simultaneous, catalytic removal of nitric oxide and nitrous oxide[J]. Applied Cataly-

氧化亚氮减排原理
与应用

sis B: Environmental, 1993, 3（1）: 55-60.

[35]　Busca G, Lietti L, Ramis G, et al. Chemical and mechanistic aspects of the selective catalytic reduction of NO_x by ammonia over oxide catalysts: A review[J]. Appl Catal B, 1998, 18（1/2）: 1-36.

[36]　Delahay G, Mauvezin M, Coq B, et al. Selective catalytic reduction of nitrous oxide by ammonia on Iron zeolite beta catalysts in an oxygen rich atmosphere: Effect of iron contents[J]. Journal of Catalysis, 2001, 202（1）: 156-162.

[37]　Guzmán-Vargas A, Delahay G, Coq B. Catalytic decomposition of N_2O and catalytic reduction of N_2O and N_2O+ NO by NH_3 in the presence of O_2 over Fe-zeolite[J]. Applied Catalysis B: Environmental, 2003, 42（4）: 369-379.

[38]　Colombo M, Nova I, Tronconi E, et al. $NO/NO_2/N_2O-NH_3$ SCR reactions over a commercial Fe-zeolite catalyst for diesel exhaust aftertreatment: Intrinsic kinetics and monolith converter modelling[J]. Applied Catalysis B: Environmental, 2012, 111/112: 106-118.

[39]　Shen Q, Li L, He C, et al. A comprehensive investigation of influences of NO and O_2 on N_2O-SCR by CH_4 over Fe-USY zeolite[J]. Applied Catalysis B: Environmental, 2009, 91（1/2）: 262-268.

[40]　沈群，李兰冬，何炽，等. Fe-USY 上 CH_4 催化还原 N_2O 反应的研究[C]. 中国化学会第 26 届学术年会环境化学分会场论文集. 2008.

[41]　Pérez-Ramirez J, Kapteijn F, Schöffel K, et al. Formation and control of N_2O in nitric acid production Where do we stand today? [J]. Applied Catalysis B: Environmental, 2003, 44: 117-151.

氧化亚氮的回收利用

氧化亚氮（N_2O）在医药、食品、航天等领域均有着广泛的应用。近些年来，随着信息技术行业的快速发展，N_2O 作为现代光电子、微电子、大型集成电路以及光纤制造领域重要的基础原料，其需求量随之增长，高纯度的 N_2O 已经成为重要的电子气体之一，被称为 IT 产业的"粮食"[1]。

世界上每年排出的 N_2O 量是巨大的，只是单纯地通过 N_2O 分解或者选择性催化还原来消除 N_2O，并不是一种最好的解决方法。近年来针对高排放量的工业生产，例如己二酸生产工艺排放的尾气中 N_2O 的体积分数在 30%～50%，已经有很多单位对己二酸尾气中 N_2O 的回收利用做了大量工作，成功分离出高纯度的 N_2O 产品，使原本作为废气排放的 N_2O 有了利用价值。

本章介绍了 N_2O 的主要应用领域，阐述了传统的 N_2O 生产工艺，重点介绍了己二酸生产工艺尾气中 N_2O 的回收利用方法。回收己二酸尾气中大量的 N_2O 资源，不但有效解决环境问题，同时也带来了巨大的经济效益，是一种变废为宝的绿色化技术路线。

6.1 氧化亚氮的传统生产路线

氧化亚氮传统的生产方法为硝酸铵热分解法，该方法是以硝酸铵为原料，通过高温分解产生工业氧化亚氮，然后将工业氧化亚氮分离、提纯，获得高纯氧化亚氮。反应方程式如式(6-1)：

$$NH_4NO_3 \longrightarrow N_2O + 2H_2O \tag{6-1}$$

主要工艺流程：常温常压下，将硝酸铵原料加入密闭的计量容器中，然后提升至熔化器加料口，加料过程均在密闭容器中进行，在熔化器内将一定量的硝酸铵溶于一定量的水中，加入催化剂磷酸氢二铵，电加热至125℃左右，形成硝酸铵饱和溶液。将125℃的硝酸铵溶液泵至另一不锈钢反应器内，电加热至185～200℃，硝酸铵分解为氧化亚氮和水[2]。

气体进入水洗塔，用稀氢氧化钠碱液和水交替水洗，以去除气体中可能存在的二氧化碳、氨气和硝酸废气。水洗后的气体常温下采用压缩机加压至2～2.5MPa（20～25bar），形成高压气体，加压后过分子筛，过分子筛的主要目的是去除高压气体中的水蒸气，得到纯度为99%的氧化亚氮，进入储气柜。再由压缩机将其加压到5～8MPa，通过高效水分离器分离除去压缩后的过饱和游离水，进入吸附干燥器进行干燥；干燥气体在有水冷的高压冷凝器中液化为液体氧化亚氮。

液化后的 N_2O 液体中含有少量的杂质，为了提高产品纯度，采用纯化器对 N_2O 液体进行精馏提纯，通过精馏可得到纯度＞99.9995%的液化 N_2O，精馏产生的废气（含有大部分 N_2O 和少量杂质）回流至加压步骤循环。硝酸铵分解制氧化亚氮的工艺流程如图6-1所示[3]。

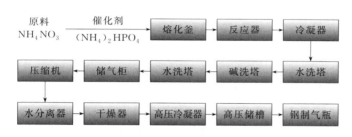

图6-1　硝酸铵分解制氧化亚氮的流程简图

硝酸铵热分解方法由于生产工艺简单、产品质量较好，长期以来几乎占据了整个高纯氧化亚氮产品生产市场，该技术主要被林德公司所垄断，进口设备价格不菲。但由于硝酸铵对热十分敏感，稍有不慎将发生爆炸事故，因此要求严格控温；另外该法中使用的原料硝酸铵为危险化学品，储存和生产过程中存在较大的安全隐患。再加之成本因素，该法生存空间将会越来越小。

德国梅塞尔集团2015年宣布在江苏苏州投资3600万美元新建的一座特气工厂正式投产。新工厂将成为梅塞尔电子特气产品在中国的生产和物流中心，为平板显示、半导体、LED和光伏等电子行业的客户提供优质产品和服务。梅塞尔特种气体（苏州）有限公司拥有世界最先进的生产和提纯设备，以及现代化的气体充装设施。在这里梅塞尔将生产600t/a纯度达到99.9995%的电子级氧化亚氮，用于电子行业的多种高纯气体如高纯硅烷、超纯氨和超纯氢等提纯或分装，并为客户度身配制各种电子级混合气。

6.2 己二酸尾气中氧化亚氮分离技术

在己二酸生产过程中会产生富含 N_2O 的工业尾气，每生产 1t 己二酸，排放 N_2O 为 $0.25\sim0.27t$，数量巨大，采用直接催化分解方法处理己二酸尾气，虽然可以满足环保要求，却也是一种对潜在资源的浪费，因此从尾气中回收提纯 N_2O 技术已经引起较多研究者的关注。多家企业已经或正在实现通过回收提纯工业化生产 N_2O，单套装置规模远远大于硝酸铵热分解工艺，并且这种工艺由于其成本较低、生产工艺更绿色环保，正在逐步占据 N_2O 产品大部分市场。

6.2.1 国外己二酸尾气回收利用状况

德国巴斯夫和美国气体产品与化学公司相继开发了己二酸尾气分离 N_2O 技术，其中，巴斯夫欧洲公司在 2009 年将己二酸车间尾气在有机溶剂中重复吸收、解吸获得 81.6% N_2O，用作烯烃氧化剂[4]。美国气体产品与化学公司于 2014 年利用干燥、吸附单元脱除尾气中的水分和重组分杂质，然后利用精馏的方法分离脱除其他杂质，在塔底得到产品，产品纯度最高可达到 99.9999%[5]；该公司在 2017 年又公开了通过涤气、吸附、液化、闪蒸或回流的连续蒸馏的单元操作组合，从含有 N_2O 的气流中回收和纯化 N_2O，以生产不同等级 N_2O 的技术[6]。日本昭和电工在日本川崎建有一套从己二酸尾气中分离生产高纯度 N_2O 的装置，产量 1200t/a。2014 年 2 月，日本昭和电工与韩国 Dooam 合资建设了一套产能 600t/a 的装置，建成后，昭和电工高纯度 N_2O 总供应能力即提高到 1800t/a[7]。

6.2.2 国内己二酸尾气回收利用状况

近年来，随着国内电子行业的发展，对高纯度氧化亚氮的需求激增。如从己二酸企业的含 N_2O 尾气中分离提纯出高纯度的氧化亚氮，将具有较高的附加值，同时解决企业环保排放问题。

北京绿菱气体科技有限公司在国内最早从事 N_2O 分离回收项目，依托山东洪业己二酸项目（山东菏泽）。2014 年 8 月，一套 6000t/a N_2O 分离回收装置投产。2017 年 3 月，保尔森基金会主办的"第四届保尔森可持续发展城市奖"在京举办颁奖典礼，北京绿菱气体科技有限公司的"氧化亚氮回收和提纯项目[8]"在参加评选的 42 个项目中脱颖而出，荣获本届"特别提名奖"。2017 年 10 月，二期 6000t/a N_2O 分离回收装置投产。绿菱公司的项目将己二酸制造过程中产生的含有氧化亚氮的高污染工业尾气进行回收和纯化，生产高纯氧化亚氮产品。该产品广泛应用于集成电路（IC）、液晶显示面板（TFT-LCD 和 AMOLED）、太阳能（PV）、医疗麻醉及食品发泡等领域。

山东金博环保科技有限公司，依托山东海力己二酸项目，2015 年在山东淄博桓台县马桥镇工业区建成氧化亚氮回收示范工程项目，产能 2000t/a，产品设计纯度达 6N 水平。其工艺技术是利用化学净化、吸附以及精馏的集成工艺脱除尾气中杂质以得到高纯 N_2O 产品[9]。其中，化学净化过程利用碱液脱除尾气中的酸性气体（CO_2、NO_2），吸附单元利用分子筛物理吸附脱除 C_2H_2、NO、CO、H_2O 等杂质，最后利用精馏单元脱除其他相对挥发度大的组分后在塔底得到产品，产品纯度可以达到 99.9999%。

2015 年 5 月，苏州金宏气体股份有限公司同平煤神马控股集团有限公司（原中国平煤神马能源化工集团有限责任公司）合作成立平顶山市金宏普恩电子材料有限责任公司，采用苏州金宏技术，2017 年 3 月建成一套 3000t/a N_2O 回收装置，神马公司负责生产管理，苏州金宏负责销售。苏州金宏气体股份有限公司通过两步吸附反应分别脱出 CO_2 和氮氧化物，再通过精密过滤、增压以及两级精馏装置去除轻组分，最后经过第二次精馏，除掉重组分得到 99.999% 的 N_2O[10]。

2017 年 4 月，重庆华峰集团公司在重庆涪陵白涛化工园区建设了 $2 \times 10000t/a$ N_2O 分离回收装置，总投资 1.4 亿元。据了解，重庆华峰集团的生产装置工业设计是由成都巨涛油气工程有限公司完成，该公司 2015 年公开专利提出一种己二酸尾气中氧化亚氮分离提纯装置，包括洗涤净化装置、吸附净化装置、深冷液化装置、精馏提纯装置[11]。

中科瑞奥能源科技股份有限公司 2016 年公开的利用己二酸尾气生产液态 N_2O 的装置专利中，通过液态分离、提纯等过程生产得到医用级 N_2O 产品[12]。该公司分别于 2020 年、2021 年完成己二酸尾气综合利用提取（年产 18000t，分三期建设）氧化亚氮项目一、二期建设。该项目利用平煤神马尼龙科技有限公司己二酸尾气提取氧化亚氮。项目建设规模（标准状态）$5000m^3/h$ 氧化亚氮提纯装置。本项目采用现代组合净化及分离工艺，通过"氮气膨胀制冷＋低温精馏"工艺的方法提纯回收 N_2O；富氮尾气及放空气中含有的少量 N_2O 返回己二酸焚烧系统处理，达到排放标准后排放。

辽阳石化公司具有 $14 \times 10^4 t/a$ 己二酸装置，其尾气每年约产生 43160t N_2O，目前采用德国巴斯夫公司的催化分解技术，该技术引进德国史道勒公司工艺包技术，催化剂每两年更换一次，费用为 2000 万元。此装置于 2008 年 3 月建成投产，是目前国内最大的温室气体减排装置。该处理方式虽然可以解决环保问题，但副产资源的潜在价值和创效能力没有得到最大化的发挥。基于此，该公司研究院闫虹工程师提出了一套 N_2O 废气回收的建议方案，方案为碱洗、吸附、加压液化及低温精馏工艺结合[7]。

国内具有相关专利技术的单位还有很多。2015 年，上海交通大学使用己二酸生产尾气制备高纯 N_2O 的装置和方法，包括压缩机、吸收塔、吸附装置、低温精馏塔及低温精制塔，可得到高浓度的 N_2O[13]。2015 年开封黄河空分集团有限公司利用两级精馏过程完成对尾气中 N_2O 的回收纯化，通过脱轻、脱重两级精馏工艺，在脱轻塔底得到纯度达到 99.999％的 N_2O 产品[14]。

氧化亚氮尾气回收技术为己二酸企业提供了全新的尾气解决方案，在保证经济效益的同时，也保护了环境和人类健康，实现了环境保护和经济效益双赢，该项目的优点主要表现在以下几个方面：

一是实现节能减排。氧化亚氮对大气的温室效应作用为二氧化碳的 310 倍，是《京都议定书》规定的 6 种温室气体之一。

二是促进循环经济。废气利用，可节约自然资源/能源。为己二酸生产企业环保减排提供了解决方案，为循环经济提供了范例。

三是保证生产安全。有别于传统的硝酸铵分解工艺，避免了因分解温度失控而产生的爆炸危险，操作更安全可靠。此外，也避免了硝酸铵作为原材料在运输、储存方面的爆炸隐患。

四是推动技术创新。在国际上首次实现了从己二酸的工业尾气中大规模回收、提纯氧化亚氮。2014 年北京绿菱建成了全球第一套生产装置，并成功实现商业化生产，该项目建成之前中国大陆使用的电子级氧化亚氮 100％进口。

五是降低生产成本。与传统生产工艺相比，生产成本大幅度降低，为客户提供更高性价比的产品，降低了整个电子和平板行业的生产成本。

6.2.3　己二酸尾气中氧化亚氮分离工艺流程

开滦（集团）有限责任公司与北京石油化工学院基于 ASPEN Plus 数据库和热力学方法，进行了一系列模拟研究，设计了一套可生产多级别 N_2O 的系统[15]。该系统在低温常压下对 N_2O 进行分离，实现生产多级别的 N_2O，纯度范围为 99.9％至 99.99999％。该系统包括含 N_2O 的混合气流、混合循环气和进料气的缓冲罐、吸附装置、压缩气流的压缩机、液氮降温的冷却装置、N_2O 的富集装置、生产不同级别 N_2O 的精馏装置，以及给循环气加热的循环气加热器。工艺流程如图 6-2 所示。

生产过程来自己二酸生产厂的废气流中通常含有体积分数为 28.0％～55.0％的 N_2O，来自典型己二酸工厂的废气流的组成列于表 6-1 中，在下面的模拟中使用类似的废气流。表 6-1 中废气流的分析结果来自工厂中液滴分离器后的废气流，以干重计。

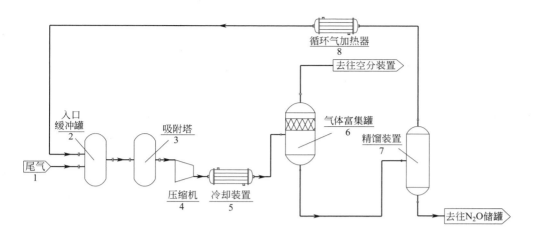

图 6-2　己二酸尾气分离 N₂O 工艺流程

◆ 表 6-1　废气流的分析结果（基于干重）

组分名称	组成分数/%	
	体积分数	质量分数
N_2	47.40	37.48
N_2O	38.40	48.25
O_2	5.6	5.09
Ar	0.50	0.56
CO	0.30	0.21
CO_2	6.10	7.52
NO	0.04	0.03
H_2O	1.7	0.86
合计	100	100

6.2.3.1　纯度为 99.9% 的 N₂O 生产工艺

在工艺中，使用包含吸附装置、缓冲装置、压缩机、冷却装置、富集装置、蒸馏装置和循环气加热器的系统来生产 99.9% 的 N₂O。

气流中 N₂O 的初始含量为 39.11%，混合以后提高到 48.09%，经吸附装置后提高到 50.53%，经过富集装置后提高到 85.79%，最终经过精馏后达到

99.94% 的 N_2O 液体被作为产物储存。

对于 CO 来说，初始含量约为 0.30%，难以通过吸附移除，然而通过闪蒸降低其浓度是不经济的。在经过富集装置以后，CO 作为非冷凝性气体降低至 2.49×10^{-4}，在经过精馏装置后降为痕量。模拟结果示出在表 6-2 中。

◆ 表 6-2 99.9% N_2O 的生产工艺数据

从	废气流	缓冲装置	吸附塔	压缩机	冷却装置	富集装置	蒸馏装置
到	缓冲装置	吸附塔	压缩机	冷却装置	富集装置	蒸馏装置	储罐
温度/℃	20	19.99574	20	80	−135	−135	−84.5415
压力/kPa	101.325	101.325	101.325	405	405	390	14
质量流量/(kg/h)	1118.1	1597.291	1488.694	1488.694	1488.694	1006.581	527.3894

组分的体积分数

N_2							
N_2O	0.391139	0.480947	0.5053	0.5053	0.5053	0.857862	0.9994
O_2	0.056741	0.070111	0.073661	0.073661	0.073661	0.05254	1.36×10^{-14}
Ar	0.005032	0.005823	0.006118	0.006118	0.006118	0.003945	0.00053
CO	0.002734	0.002317	0.002435	0.002435	0.002435	0.000614	5.71×10^{-20}
CO_2	0.060977	0.04411	9.36×10^{-7}	9.36×10^{-7}	9.36×10^{-7}	1.59×10^{-6}	2.20×10^{-6}
NO	0.000319	0.001289	0.001354	0.001354	0.001354	0.001912	1.15×10^{-13}
H_2O	0.005671	0.004102	1.74×10^{-5}	1.74×10^{-5}	1.74×10^{-5}	2.97×10^{-5}	5.93×10^{-5}

对于 H_2O 来说，初始含量为 0.56%，不论含有多少水，在吸附装置后，水的含量会大大降低，并通过富集略有升高。产品中水的含量约为 5.9×10^{-5}。对于 O_2 来说，初始含量为 5.67%，经过富集装置降低到 5.25%，最终在蒸馏装置中进一步降低到痕量。对于 N_2 来说，初始含量为 47.74%，经过富集装置降低到 8.31%，最终在蒸馏装置中降低到痕量。

在整个过程中，成功运行的关键参数包括压缩机排气压力、除水装置的温度和压力、富集装置的入口温度和压力、精馏塔的理论塔板数和回流比、塔运行压力和塔的入口温度。

6.2.3.2 纯度为 99.99% 的 N_2O 生产工艺

在本工艺中，使用包含吸附装置、缓冲装置、压缩机、冷却装置、富集装置、蒸馏装置和循环气加热器的系统来生产 99.99% 的 N_2O。

气流中 N_2O 的初始含量为 39.11%，在混合以后提高到 48.09%，在吸附装

置后提高到 50.53%，经过富集装置后提高到 85.79%，最终经过精馏后达到 99.994%。99.994% 的 N_2O 液体被作为产物储存。

对于 CO 来说，初始含量为 0.27%，在经过蒸馏装置以后，CO 作为非冷凝性气体降低至痕量。模拟结果示出在表 6-3 中。

◆ 表 6-3　99.99% N_2O 的生产工艺数据

从	废气流	缓冲装置	吸附塔	压缩机	冷却装置	富集装置	蒸馏装置
到	缓冲装置	吸附塔	压缩机	冷却装置	富集装置	蒸馏装置	储罐
温度/℃	20	19.99574	20	80	−135	−135	−84.5415
压力/kPa	101.325	101.325	101.325	405	405	390	14
质量流量 /(kg/h)	1118.1	1597.291	1488.694	1488.694	1488.694	1006.581	527.3894
组分的体积分数							
N_2	0.477387	0.391301	0.411114	0.411114	0.411114	0.083095	1.59×10^{-18}
N_2O	0.391139	0.480947	0.5053	0.5053	0.5053	0.857862	0.999939
O_2	0.056741	0.070111	0.073661	0.073661	0.073661	0.05254	1.36×10^{-14}
Ar	0.005032	0.005823	0.006118	0.006118	0.006118	0.003945	4.81×10^{-16}
CO	0.002734	0.002317	0.002435	0.002435	0.002435	0.000614	5.71×10^{-20}
CO_2	0.060977	0.04411	9.36×10^{-7}	9.36×10^{-7}	9.36×10^{-7}	1.59×10^{-6}	2.20×10^{-6}
NO	0.000319	0.001289	0.001354	0.001354	0.001354	0.001912	1.15×10^{-13}
H_2O	0.005671	0.004102	1.74×10^{-5}	1.74×10^{-5}	1.74×10^{-5}	2.97×10^{-5}	5.93×10^{-5}

产品中水的含量约为 5.9×10^{-5}。对于 CO_2 来说，初始含量为 6.10%，通过吸附装置减小到 1×10^{-6} 左右，再经过富集装置升高到 1.59×10^{-6}，最终在蒸馏装置中升高到 2.2×10^{-6}。

6.2.3.3　纯度为 99.99999% 的 N_2O 生产工艺

在本工艺中，使用包含吸附装置、缓冲装置、压缩机、冷却装置、富集装置、蒸馏装置和循环气加热器的系统来生产 99.99999% 的 N_2O。

气流中 N_2O 的初始含量为 39.11%，在混合以后提高到 39.57%，在吸附装置后提高到 42.05%，经过富集装置后提高到 85.78%，最终经过精馏后达到 99.99999%。99.99999% 的 N_2O 液体被作为产物储存。

对于 CO 来说，初始含量为 0.27%，在经过蒸馏装置以后，CO 作为非冷凝性气体降低至痕量。模拟结果示出在表 6-4 中。

从	废气流	缓冲装置	吸附塔	压缩机	冷却装置	富集装置	蒸馏装置
到	缓冲装置	吸附塔	压缩机	冷却装置	富集装置	蒸馏装置	储罐
温度/℃	20	19.99995	19.99995	80	−135	−135	−88.8552
压力/kPa	101.325	101.325	101.325	405	405	390	11
质量流量/(kg/h)	1118.1	1262.368	1157.12	1157.12	1157.12	674.7382	423.8219
组分的体积分数							
N_2	0.477387	0.460914	0.489845	0.489845	0.489845	0.08306	
N_2O	0.391139	0.395701	0.420539	0.420539	0.420539	0.857792	1
O_2	0.056741	0.074184	0.07884	0.07884	0.07884	0.052604	$1.47×10^{-13}$
Ar	0.005032	0.006254	0.006647	0.006647	0.006647	0.003949	$5.20×10^{-15}$
CO	0.002734	0.002702	0.002872	0.002872	0.002872	0.000614	0
CO_2	0.060977	0.054056	$1.16×10^{-6}$	$1.16×10^{-6}$	$1.16×10^{-6}$	$2.37×10^{-6}$	$4.87×10^{-7}$
NO	0.000319	0.001161	0.001234	0.001234	0.001234	0.001935	$1.25×10^{-12}$
H_2O	0.005671	0.005027	$2.16×10^{-5}$	$2.16×10^{-5}$	$2.16×10^{-5}$	$4.42×10^{-5}$	$6.65×10^{-30}$

　　产品中水的分数降至痕量。对于 CO_2 来说，初始含量为 6.10%，通过吸附装置后减小到 $1.16×10^{-6}$，再经过富集装置升高到 $2.37×10^{-6}$，最终在蒸馏装置中降低到 $4.8×10^{-7}$。

6.2.4　氧化亚氮的回收

　　虽然尾气回收技术可以回收己二酸尾气中大量的 N_2O，但是从不同工业装置数据了解到，N_2O 的回收率在 30%～60%，己二酸尾气经过回收 N_2O 后仍有一半左右的 N_2O 随尾气排放，虽然目前我国对 N_2O 排放未明令禁止，但是从长远角度，国家对温室气体的监管将越来越严格。

　　如对这些剩余的含 N_2O 尾气再进行深度分离，"吃干榨净"，从技术角度可行，但是将大大增加回收成本，经济性差且不必要。鉴于此，笔者设计了先对己二酸尾气进行分离回收 N_2O[15]，再对剩余尾气进行 N_2O 催化分解处理[16～19]。解决分离后续尾气处理问题，将是未来的发展方向。流程简图如图 6-3 所示。

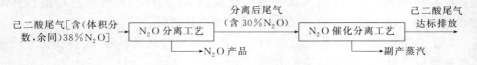

图 6-3　己二酸尾气中 N_2O 处理流程简图

如图 6-3 所示，己二酸尾气中 N_2O 浓度约为 38%，经 N_2O 分离工艺，得到 N_2O 产品，分离后剩余尾气中 N_2O 浓度约为 30%，再经过 N_2O 催化分解处理，将 N_2O 直接转化为 N_2 和 O_2，不产生其他氮氧化物，达到国家允许的直接排放标准，并可副产蒸汽抵消装置运行成本。

6.3 己二酸尾气中氧化亚氮热分解制硝酸

6.3.1 热分解原理及工艺流程

该技术是将 N_2O 和燃料气（如甲烷）一起送入热分解反应炉中进行燃烧，在温度为 $1200\sim1500℃$ 条件下，N_2O 和 CH_4 经过还原和分解反应主要生成 N_2、O_2、CO_2 和 NO 等。主要反应如式(6-1)～式(6-6)：

还原

$$CH_4 + 2O_2 \longrightarrow CO_2 + 2H_2O \tag{6-2}$$

$$CH_4 + 4N_2O \longrightarrow 4N_2 + CO_2 + 2H_2O \tag{6-3}$$

$$CH_4 + 4NO \longrightarrow 2N_2 + CO_2 + 2H_2O \tag{6-4}$$

分解

$$N_2O \longrightarrow N_2 + \frac{1}{2}O_2 \tag{6-5}$$

$$N_2O \longrightarrow NO + \frac{1}{2}N_2 \, (T > 800℃) \tag{6-6}$$

典型热分解工艺流程如图 6-4 所示。

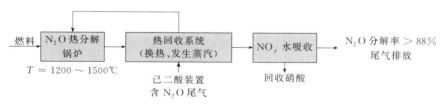

图 6-4 己二酸尾气热分解回收硝酸工艺流程

一般现场对蒸汽有更多的需求时采用这项技术，但需有充足的天然气供应，并占用较大的场地。目前采用这项技术的有英威达公司在新加坡和英国威尔敦的工厂，美国杜邦和日本朝日化学公司也有采用该技术的工厂。

该技术的优点：(1) 可进一步通过对产生的 NO 进行氧化、水吸收生产一部分硝酸；(2) 可由燃烧反应炉发生蒸汽。

这种技术有较为明显的缺点：（1）消耗燃料；（2）反应温度高；（3）反应产生温室气体 CO_2。

6.3.2　工业应用概况

热分解技术是最早用于处理己二酸尾气的手段，旭化成公司自 2000 年以来在其 $12 \times 10^4 t/a$ 己二酸生产装置中使用本法，N_2O 的排放量减少了 90%。在朝日化学公司采用的热分解方法中，将第一级吸收塔回收硝酸后气体送入活塞式流动反应器，在 1000℃和 1.5 大气压下使 N_2O 分解为 N_2、O_2 和 NO_2，用热交换器回收反应放出的热量，然后将气体送入第二级吸收塔，从 NO_2 回收硝酸。由于本法比催化法多回收 20%硝酸，并且不使用催化剂，耗能较低，因而运行费用比催化法低[20]。

6.4　己二酸尾气中氧化亚氮氧化苯制苯酚

苯酚的工业生产一直以异丙苯法为主，工业流程复杂，收率低，"三废"对环境危害大，寻求一种直接氧化苯制苯酚的途径具有重要的意义。以氧化亚氮为温和氧化剂，直接气相催化氧化苯制苯酚，对于己二酸生产企业更经济，其硝酸氧化过程产生大量废气 N_2O，直接排放，对大气污染严重，若能利用其生产苯酚，而苯酚又可作为生产己二酸的原料，则一举两得。

己二酸尾气中含有大量的 N_2O，如果能利用这部分 N_2O 进行反应，生成新的产品，不仅解决 N_2O 排放问题，同时提供反应原料。特别是将 N_2O 作为一种氧化剂与苯反应生成苯酚，得到的苯酚又可以加氢制得环己醇，而环己醇正是生产己二酸的原料，这将是一个绿色循环工艺的典范[21]。

1983 年，Iwamato 等[22] 以 V_2O_5/SiO_2 为催化剂完成了一步氧化苯制取苯酚。实验结果表明，苯的转化率不高，只有 10%，但苯酚选择性较高，达到 70%。虽然苯酚的收率不高，但无疑为一步法制备苯酚指明了方向，促使研究者们寻找更合适的催化剂应用到这一反应中，相关主要催化剂的研究情况如下。

6.4.1　ZSM-5 分子筛催化剂

1988 年，ZSM-5 分子筛进入了 Suzuki 等的研究视野，他们首次利用 ZSM-5 分子筛这一催化体系在 $300 \sim 400$℃下得到了苯酚，选择性近乎 100%，收率为 $8\% \sim 16\%$[23]。这为日后将 ZSM-5 分子筛开发为具有较高苯酚选择性催化剂奠定了基础。

Kustov 等研究认为[24]，N_2O 在路易斯酸中心作用下极化，并发生化学吸附形成 α-氧，α-氧与苯反应生成苯酚。在 77K 下用氢分子吸附表征活性中心，活性中心数由 500℃煅烧处理的 $10^{17} \cdot g^{-1}$，经 900℃煅烧后增加到 $5 \times 10^{19} \cdot g^{-1}$。表明高温煅烧使催化剂脱氢，可提高催化剂活性。

在大气压、苯计空速为 $0.3 \sim 3h^{-1}$、N_2O/苯物质的量比为 $0.5 \sim 4$、1g 催化剂、不同温度（$330 \sim 450$℃）下，反应 1h，测定其活性，结果见表 6-5。

◆ 表 6-5 不同温度下 H-ZSM-5 的催化活性

硅铝比	煅烧脱氢温度/K	反应温度/K	苯酚产率/%	苯酚选择性/%
$n(Si)/n(Al)=20$	720	620	11.4	95
	920		15.2	95
	1120		27.8	96
	1190		35.3	98
$n(Si)/n(Al)=20$	720	720	17.9	35
	920		20.4	37
	1120		36.7	68
	1190		55.1	95
$n(Si)/n(Al)=40$	820	620	2.0	100
	920		13.0	100
	1020		21.0	100
$n(Si)/n(Al)=40$	720	720	59.5	85
	1020		67.5	90
	1120		77.0	100

表 6-5 表明高温煅烧是提高催化剂活性中心水平的有效方法。

文献[24] 的作者还对催化剂的寿命进行了研究，结果表明，苯/N_2O 物质的量比越高，反应温度越高，催化剂越容易结炭失活。当温度为 350℃、苯/N_2O 物质的量比为 1、$LHSV=0.88h^{-1}$ 时，反应 25h 催化剂活性下降了 1/2。

6.4.2 Fe 改性 ZSM-5 分子筛催化剂

该催化剂由草酸、硝酸铁、硅酸钠、TPABP 的混合液，经硝酸铵离子交换，再经蒸汽处理，最后由 $Na_2S_2O_4$/NaCl 溶液及 HNO_3/NH_4NO_3 缓冲液处理而获得[25]。

TPD-TPR-MS 分析表明：以铁为活性中心的催化剂，在极低的温度下（<50℃）即可分解 N_2O 形成 α-氧，苯酚能在较低温度（100~200℃）下形成，但仅当温度高于 300℃时才可脱附而出，另外，在较低的温度下，苯的扩散速率慢，导致接触时间增长，副反应发生的可能性加大。

该研究认为，铁从沸石晶格中脱除，并在沸石表面及微孔中形成簇团，导致催化剂具有活性和选择性。高温蒸汽处理以及化学处理等手段可有效地控制这种簇团的形成，从而提高催化剂的活性。从 X 射线衍射分析可以看出，该催化剂只有 MFI 结构。研究发现苯/N_2O 比率越高，选择性越低，并且催化剂失活也加快。该反应为高放热反应，容易产生"热点"，致使局部选择性下降，结炭加重。对催化剂的一些物理性质研究结果表明，催化剂的活性不在于含铁量的多少，而取决于铁的位置[26]。

Fe-ZSM-5 分子筛上 N_2O 一步法制苯酚属于复杂反应体系，主要化学反应方程见式(6-7)~式(6-10)：

主反应：

$$\text{\includegraphics{benzene}} + N_2O \longrightarrow \text{\includegraphics{phenol}}\!\!-OH + N_2 \qquad (6\text{-}7)$$

主要副反应：

$$\text{\includegraphics{benzene}} + 9N_2O \longrightarrow 6CO + 9N_2 + 3H_2O \qquad (6\text{-}8)$$

$$\text{\includegraphics{benzene}} + 15N_2O \longrightarrow 6CO_2 + 15N_2 + 3H_2O \qquad (6\text{-}9)$$

催化剂结焦失活副反应：

$$\text{\includegraphics{benzene}} \longrightarrow \text{\includegraphics{phenol}}\!\!-OH \longrightarrow 结焦 \qquad (6\text{-}10)$$

自一步氧化苯制苯酚的新型合成方法被发现以后，直接氧化苯制苯酚已经成为研究热点，其中在 Fe-ZSM-5 分子筛上 N_2O 一步法制苯酚因具有工艺简单、收率高和低污染的明显优势，是一种具备良好工业化前景的合成方法[27]。

6.4.2.1　反应温度对 N_2O 氧化苯制苯酚性能的影响

Fe-ZSM-5 分子筛上 N_2O 一步氧化苯制备苯酚反应的温度多在 350~450℃之间[28]。Ivanov 等[29] 在常压固定床活塞流反应器中以 Fe-ZSM-5 为催化剂，变温范围 375~425℃，在苯∶N_2O∶He（物质的量比）为 50∶5∶45，停留时间为 1s 的条件下进行了单因素实验研究，发现反应温度的升高会使 N_2O 的转化率增加，但生成苯酚的选择性却降低。Hiemer 等[30] 以 Fe-ZSM-5 为催化剂，通过实验研究发现，反应温度的升高会使 N_2O 生成苯酚的选择性降低，并且反应温度越高催化剂失活速率越大。张宪国[31]认为其原因可能是：一方面，反应温度升高，有利于N_2O在分子筛表面吸附，N_2O分解速率增加，因而N_2O转化率会增加；另一方面，反应温度升高，副反应速率也随之增大，并且伴有苯酚的深度氧化，因而苯酚选择性随之下降。从以上分析可以看出，在Fe-ZSM-5分子筛上N_2O一步氧化苯制苯酚的反应中，考虑反应温度对N_2O转化率影响的同时也要兼顾反应温度对苯酚选择性及催化剂失活速率的影响。

6.4.2.2　空速对N_2O氧化苯制苯酚性能的影响

对于N_2O一步氧化苯制苯酚反应来说，空速范围的选择随着催化剂不同也不尽相同，空速的大小对该反应体系会有影响，随着反应空速的增加，反应物在催化剂床层的停留时间相应缩短，反应物的转化率相应降低[32]。

6.4.2.3　原料配比对N_2O氧化苯制苯酚性能的影响

对于N_2O一步氧化苯制苯酚的反应体系，早期的研究发现[23]，采用原料气N_2O/苯（物质的量比）>1的N_2O过量的配比时，苯的转化率较高（>20%），但是N_2O生成苯酚的选择性较低（<4.0%）。后来Notte[33]发现，随着原料中苯含量的增加，N_2O生成苯酚的选择性和苯生成苯酚的选择性也会增加，苯过量能够提供较高的苯和N_2O生成苯酚的选择性，还有较高的N_2O转化率。通过苯过量而不是N_2O过量的工艺可以使N_2O对苯酚的选择性从40%~90%得到大幅度提高，原料中苯/N_2O（物质的量比）的增加，会使N_2O的转化率及N_2O转化苯酚的选择性增加。Häfele等[34]发现，苯酚选择性几乎不依赖于原料气中N_2，其不随N_2含量的变化而变化，苯酚的选择性会随着原料气中苯含量的增加而增加，反应物中苯含量的提高会使反应混合物的热容量成倍地增加，这一研究结果表明提高苯含量可以减小反应中热量变化不可控制的可能性，减少副反应过程，增加催化剂稳定性，得到的实验结果也更加稳定可靠。因此，在N_2O一步氧化苯制苯酚的反应中，采用苯/N_2O（物质的量比）>1的苯过量的配比较有利。

6.4.3　其他改性 ZSM-5 分子筛催化剂

负载钠的 ZSM-5 分子筛催化剂由 Na-ZSM-5[n(Si)/n(Al)=33]经 3 次 1mol/L 的 NH_4Cl 溶液离子交换，煅烧，再由 2~5mol/L 的 NaOH 溶液浸渍，最后干燥，经550℃煅烧制得[35]。几种有机物在催化剂上与N_2O反应的结果列于表 6-6。

反应有机物	主反应产物	选择性/%	副反应产物
甲烷	CO、CO_2	80～95	芳烃、乙烯
乙烷	C_2H_4	90～98	蜡油、芳烃、CO、CO_2
丙烷	C_3H_6	90～98	蜡油、芳烃、CO、CO_2
苯	苯酚	>95	CO、CO_2

Häfele 等[34] 认为 H-[Ga]-ZSM-5 有较好的催化活性。Burch 等[36] 认为 H-[Al]-ZSM-5 中铝的含量与苯酚产率有直接关系，布朗斯特酸中心是催化剂的重要活性中心，铝含量高的催化剂活性高，苯酚收率 27.2%，选择性 98%。Piryutko 等[37] 研究了各种组成不同的分子筛催化剂（B、Al、Ga、Ti-ZSM-5 等），认为铁的存在是催化剂具有产生 α-氧能力的原因，不同组分的分子筛对铁的激活能力不同，其中 Ga-ZSM-5 表现了较好性能，可使 N_2O 转化率达到 99%，每克催化剂每小时可制得苯酚 13.8mmol。

6.4.4　钛硅沸石催化剂 TS-1

钛硅沸石催化剂的制备过程是：TEOTi 与 TEOSi 混合[$n(Si)/n(Ti)=33$]，然后加入含改性金属盐［$FeCl_3$、$AlCl_3$、$Cr_2(SO_4)_2$、$VoSO_4$、$Co(NO_3)_2$、$RuOHCl_3$］的 TPAOH，经结晶、过滤、干燥、煅烧得到催化剂。对于 Fe-TS-1，再用摩尔分数为 50%、650℃的水蒸气处理 2h[38]。与 Panov 研究的 Fe-ZSM5 催化剂相似，铁的引入并生成 α 位致使催化剂具有较高的活性和选择性[39]。在直接氧化苯制苯酚的分子筛催化剂这一领域的研究中发现能生成 α 位的系列有 ZSM-5、ZSM-11、Beta 沸石，而其他沸石催化剂则不具活性，如 mordenites、Y、MCM-41 等。TS-1 与 ZSM-5 相似也是 MFI 结构，但不含酸中心。

研究发现对于不经金属改性的钛硅分子筛，尽管在其他催化反应中，如液相 H_2O_2 氧化苯制苯酚，是很好的催化剂，并且上述反应过程与 N_2O 氧化苯制苯酚极相似，但在 N_2O 氧化苯制苯酚的反应中该催化剂实际上却不具有活性。对于 Al 改性的钛硅分子筛，有弱活性，原因可能是铝的存在促使少量的杂质铁（10μg/g）进入 α 位。对于 Ru、Cr 改性的催化剂，发生的则是少量的深度氧化反应。对于 Fe 改性的 Fe-TS-1，含铁质量分数少于 0.11% 时也没有明显反应。水处理可提高 α 位浓度，也仅对 Fe-TS-1 有效；含铁质量分数为 1% 时催化剂处理结果最好。催化剂的活性中心是由铁形成的 α 位，而与酸中心等因素无关。高温处理或高温水蒸气处理提高了 α 位浓度，这一结论可见于相关研究[40]，不同处理条件下的催化剂、反应 0.5h 后的活性实验结果见表 6-7。

◆ 表 6-7 TS-1 的实验结果

样品	550℃ 煅烧			650℃ 水蒸气处理		
	活性中心数/ $10^{16} \cdot g^{-1}$	苯酚产量/ [mmol/(g·h)]	N_2O 转化率/%	活性中心数/ $10^{16} \cdot g^{-1}$	苯酚产量/ [mmol/(g·h)]	N_2O 转化率/%
TS-1	1	<0.01	<1	<1	<0.01	<0.01
Fe-TS/0.11	1	<0.01	<1	~1	0.22	1.8
Fe-TS/0.51	1	0.6	4	150	8.0	53
Fe-TS/0.95	10	1.5	12	550	13.4	90
Fe-TS/1.8	60	4.3	32	980	12.1	89
Fe-TS/3.0	300	9.4	73	920	13.6	96

6.4.5 催化剂的失活

在很多化学反应过程中都会用到催化剂，在反应进行的过程中，由于一个或多个因素的影响，催化剂的活性可能降低，这就是通常所说的催化剂失活。一般地，催化剂失活的原因有下面几点：

① 中毒性失活：反应物不纯，含有有害杂质，导致反应进行时催化剂活性中心吸附或与活性中心反应，使其活性降低或消失。

② 热失活（烧结）：反应时高温环境引起催化剂结构和性能变化，直接导致活性降低或消失。

③ 积炭和堵塞失活（统称为积炭失活）：反应过程中，含炭物质在催化剂表面沉积或在催化剂孔口或孔内沉积，导致孔口阻塞或孔道减小，反应物不能扩散到孔内表面，从而导致活性降低或消失。有机化合物特别是烃类在分子筛催化剂上的失活多为积炭失活。

在 N_2O 为氧化剂的一步氧化苯制苯酚反应系统中，目的产物苯酚会在分子筛表面发生强吸附作用，导致苯酚从分子筛表面的活性位上很难脱附，这种现象很可能会使苯酚进一步发生反应生成其他物质，造成分子筛积炭，使催化剂失活。实验过程中也确实存在着 Fe-ZSM-5 分子筛明显的失活现象，分子筛寿命的缩短很大程度上制约了一步氧化苯制苯酚反应技术的工业化。因此，研究该反应的失活机理，通过实验结果分析分子筛的失活原因，对失活催化剂性能的再生和反应过程优化将起到重要的指导作用，也对进一步研究和开发出更高活性、更高选择性和更高稳定性的分子筛催化剂具有重要的意义。近年来，关于积炭对催化剂活性的影响已有不少研究报道，尽管如此，由于该反应本身的复杂性，加之采用的研究方法和评价条件不尽相同，研究者们所得到的结论也不尽相同[32]。

一般认为 N_2O 一步氧化苯制苯酚反应的失活机理主要有以下两种。一种认为分子筛催化剂的失活主要是由孔道的堵塞造成的。在固定床反应器中，翟王沐[41] 等进行了 H-ZSM-5 分子筛一步氧化苯制苯酚的积炭和失活机理实验研究，其实验结果表明：随着反应的进行，H-ZSM-5 分子筛表面存在积炭，分子筛微孔孔口被堵塞，这是分子筛催化剂失活的主要原因。翟王沐等认为积炭的活性中心是 Bronsted 酸性位。这和其他有机物在 ZSM-5 上的积炭行为相似，积炭物种主要为带有烷基的芳烃和多环芳烃，同时含有少量带有羟基的多环芳烃。另一种认为分子筛失活原因在于积炭物质占据了分子筛的活性位。Reitzmann 等[28] 和 Hiemer 等[30] 提出：N_2O 一步氧化苯制苯酚反应过程中，由于生成产物苯酚和二苯酚在分子筛表面 Lewis 酸性位上的强吸附，催化剂表面的活性位被占据，催化剂无法继续参加反应，Fe-ZSM-5 分子筛催化剂失去活性。

通过对催化剂失活机理的研究 Ivanov 等[29] 也认为，导致分子筛失活的主要原因是分子筛表面的活性位被积炭物种占据。但 Ivanov 等的观点与 Reitzmann 等和 Hiemer 等不尽一致，Ivanov 等认为在一步氧化苯制苯酚的反应过程中，分子筛表面的活性位是 α-Fe，因此积炭物种占据的是 α-Fe 活性位。

失活催化剂经一定的技术手段处理后活性可得到一定程度的恢复，目前多采用加入氧化剂高温焙烧对失活催化剂 Fe-ZSM-5 的积炭进行处理。焙烧时温度选择宜在 673～773K，因为温度过高有可能会破坏催化剂结构，影响失活催化剂再生的效果。在该温度范围内焙烧，几乎可以将催化剂中的积炭完全烧除，使催化剂的活性基本上全部恢复。

6.4.6 工业应用情况

1997 年，美国孟山都（Monsanto）公司和俄罗斯保莱斯考夫催化研究所（BIC）共同研究开发了由 N_2O 通过沸石分子筛催化氧化原料苯一步生成苯酚的技术，并在佛罗里达州 Pensacola 己二酸装置进行工业试验[26]。

BIC 开发的 N_2O 氧化苯制苯酚技术的制约因素在于催化剂的寿命，催化剂的活性仅有 3～4d，通过再生活化，即高温空气通过失活催化剂床层，可使催化剂恢复原来的活性。通过反复实验，证实含有铁的酸性 ZSM-5 和 ZSM-11 沸石催化剂，用 500～900℃水蒸气处理 2h 之后，可极大地提高苯酚的产率，抑制苯与 N_2O 的燃烧反应，延缓催化剂的失活。1998 年，BIC 进行中试研究，规模为 2000t/a，中试装置运转结果表明，在进行了 100 多次再生操作之后，催化剂的活性仍然未降低[20,21]。

N_2O 直接氧化苯制苯酚是目前世界上生产苯酚的最新工艺，具有工艺简单、收率高、对环境污染小等特点，但是产物苯酚在分子筛表面发生强吸附作用，不容易从分子筛表面的活性位上脱附下来，因而可能进一步发生反应生成其他物质，造成分子筛积炭，使催化剂失活，导致分子筛的寿命很短，这制约了一步法制取苯酚的工业应用，该工艺的关键在于开发高效催化剂。

参考文献

[1] 孙玮，高天龙，董涛，等. 尾气中一氧化二氮的处理技术[J]. 低温与特气，2016，34（5）：1-4.

[2] 高天龙. 高纯一氧化二氮的研制[D]. 大连：大连理工大学，2014.

[3] 史红军，郑黎. 氧化亚氮生产技术与应用研究进展[J]. 河南化工，2018，35（3）：20-22.

[4] 鲍曼·D，勒斯勒尔·B，特莱斯·J·H. 分离 N₂O 方法：101351402A[P]. 2009-01-21.

[5] 修国华，张鹏. 一氧化二氮的回收和纯化：104229760A[P]. 2014-12-24.

[6] 修国华，张鹏. 一氧化二氮的回收和纯化：104229760B[P]. 2017-04-12.

[7] 闫虹，张运虎，佟恒军，等. 己二酸装置尾气回收 N₂O 方案[J]. 石油石化节能，2018，8（1）：41-43.

[8] "氧化亚氮回收和提纯项目"获得"第四届保尔森可持续发展城市奖"特别提名奖[OL]. 绿菱电子材料（天津）有限公司，2017.

[9] 王云飞，袁年武，王美兰，等. 一种从石化工业尾气中提取精制 N₂O 的设备及方法：105271144A[P]. 2016-01-27.

[10] 金向华，陈琦峰，张友圣，等. 一种回收和纯化一氧化氮的方法：105384154A[P]. 2016-03-09.

[11] 曾启明，李桃. 己二酸尾气中氧化二氮分离提纯装置：205442644U[P]. 2016-08-10.

[12] 王慧凤，吕品. 利用己二酸尾气生产液态笑气的装置：205607021U[P]. 2016-09-28.

[13] 阎建民，肖文德，李学刚，等. 使用己二酸生产尾气制备高纯一氧化二氮的装置和方法：105110304A[P]. 2015-12-02.

[14] 董妍妍，阮真真，王梦抒，等. 一种亚硝尾气回收提纯笑气综合利用工艺：104880025A[P]. 2015-09-02.

[15] 于泳，徐舜，刘莉莉，等. 低温生产多级别 N₂O 的系统：201720418088. 8[P]. 2018-01-16.

[16] 于泳，宋永吉，刘莉莉，等. 一种己二酸尾气中 N₂O 处理及余热回收装置：ZL201720972398. 4[P]. 2018-03-30.

[17] 于泳，丁林，李建华，等. γ-Al₂O₃ 负载钴铜复合氧化物的制备及其催化分解 N₂O 性能[J]. 石油化工，2016，45（4）：434-438.

[18] 于泳，陈健，李英霞，等. 整体式 Fe-β 分子筛成型方法及其催化 N₂O 分解反应性能研究[J]. 工业催化，2016，24（4）：38-42.

[19] 曹雨来，仇杨君，于泳，等. 催化分解 N₂O 的催化剂工业中试应用条件研究[J]. 环境污染与防治，2018，40（1）：80-83.

[20] 程火生. 辽阳石化己二酸生产中 N₂O 减排技术应用研究[D]. 北京：清华大学，2010.

[21] 于泳，王亚涛. 己二酸尾气中 N₂O 处理技术进展[J]. 工业催化，2016，24（7）：17-20.

[22] Iwamato M, Hirata J, Matsukami K, et al. Catalytic oxidation by oxide radical ions. One-step hydroxylation of benzene to phenol over Group 5 and 6 oxides supported on silica gel[J]. J Phys Chem, 1983, 87（6）: 903-905.

[23] Suzuki T, Okuhara T. Change in pore structure of MIF zeolite by treatment with NaOH aqueous solution[J]. Microporous and Mesoporous Materials, 2001, 43（1）: 83-89.

[24] Kustov L M, Tarasov A L, Bogdan V I, et al. Selective oxidation of aromatic compounds on zeolites using N₂O as a mild oxidant: A new approach to design active sites [J]. Catal Today, 2000, 61（1/2/3/4）: 123-128.

[25] Leanza R, Rossetti I, Mazzola I, et al. Study of Fe-silicalite catalyst for the N₂O oxidation of benzene to phenol [J]. Appl Catal A: Genera, 2001, 205（1/2）: 93-99.

[26] 兰忠，王立秋，张守臣，等. N₂O 直接催化氧化苯制苯酚研究进展[J]. 化工进展，2002，21（9）：621-625.

[27] 邱正璜，欧阳萃，李建伟，等. 工业粒度 Fe-ZSM-5 分子筛上 N₂O 一步氧化苯制苯酚工艺条件研究[J]. 化学

反应工程与工艺, 2016, 32（5）: 408-414.

[28] Reitzmann A, Klemm E, Emig G. Kinetics of the hydroxylation of benzene with N_2O on modified ZSM-5 zeolites[J]. Chemical Engineering Journal, 2002, 90（1/2）: 149-164.

[29] Ivanov A A, Chernyavsky V S, Gross M J, et al. Kinetics of benzene to Phenol oxidation over Fe-ZSM-5 catalyst[J]. Appl Catal A: General, 2003, 249（2）: 327-343.

[30] Hiemer U, Klemm E, Scheffler F, et al. Microreaction engineering studies of the hydroxylation of benzene with nitrous oxide[J]. Chemical Engineering Journal, 2004, 101: 17-22.

[31] 张宪国. N_2O 一步氧化苯制苯酚的催化剂研制与性能研究[D]. 北京: 北京化工大学, 2006.

[32] 邱东. 固定流化床反应器中 N_2O 一步氧化苯制苯酚反应过程研究[D]. 北京: 北京化工大学, 2010.

[33] Notte P P. The AIphOx™ process or the one-step hydroxylation of benzene into phenol by nitrous oxide [J]. Topics in Catalysis, 2000, 13: 387-394.

[34] Häfele M, Reitzmann A, Roppelt D, et al. Hydroxylation of benzene with nitrous oxide on H-Ga-ZSM5 zeolite[J]. Applied Catal A: General, 1997, 150（1）: 153-164

[35] Vereshchagin S N, Kirik N P, Shishkina N N, et al. Chemistry of surface oxygen formed from N_2O on ZSM-5 at moderate temperatures[J]. Catal Today, 2000, 61: 129-136.

[36] Burch R, Howitt C. Direct partial oxidation of benzene to phenol on zeolite catalysts[J]. Appl Catal A: General, 1992, 86（2）: 139-146.

[37] Piryutko L V, Parenago O, Lunina E, et al. Silylation effect on the catalytic properties of FeZSM-11 in benzene oxidation to phenol[J]. React Kinet Catal Lett, 1994, 52（2）: 275-283.

[38] Pirutko L V, Uriarte A K, Chernyavsky V S, et al. Preparation and catalytic study of metal modified TS-1 in the oxidation of benzene to phenol by N_2O[J]. Microporous and Mesoporous Materials, 2001, 48（1/2/3）: 345-353.

[39] Panov G I, Kharitonov A S, Sobolev V I. Oxidative hydroxylation using dinitrogen monoxide: A possible route for organic synthesis over zeolites[J]. Appl Catal A: General, 1993, 98（1）: 1-20.

[40] Sobolev V I, Dubkov K A, Paukshtis E A, et al. On the role of Brønsted acidity in the oxidation of benzene to phenol by nitrous oxide[J]. Appl Catal A: General, 1996, 141（1/2）: 185-192.

[41] 翟王沐, 王立秋, 刘长厚, 等. H-ZSM-5分子筛催化剂在催化苯氧化合成苯酚反应中的积炭和失活行为[J]. 催化学报, 2005, 26（1）: 10-14.

氧化亚氮减排原理
与应用

第7章

氧化亚氮减排工业应用

1991 Thiemens 和 Trogler[1] 在《科学》杂志上发表了一篇文章，该文章呼吁人们注意己二酸工业 N_2O 排放量相对于其他人为来源的排放量。这篇文章还提醒生产者注意这种氮氧化物对平流层臭氧的消耗和全球变暖的可能影响。在此之前，人们并不认为氧化亚氮的排放对大气是一个问题。尽管氧化亚氮常被用作麻醉剂，被认为是无毒的，但人们仅对全球所有来源的排放量表示了极大的关注。

自 20 世纪后半叶人们开始重视氧化亚氮对大气环境的影响以来，世界各国科学家们开始研究各种氧化亚氮的减排方法，其中一些方法以专利等方式成为技术储备，也有一些工艺技术开始在工业上进行试验，甚至工业化。这些工艺或工业技术包括催化还原分解技术、热分解技术和直接催化分解技术等，本章对已报道的工艺及装置实例进行简单介绍。

7.1 氧化亚氮直接催化分解工艺

20 世纪末，国际上一些大型石油化学工业公司联合合作，研究针对工业排放源的氧化亚氮减排技术，其中氧化亚氮直接催化分解减排工艺是研究的重点之一，并开发了多项工艺流程[2]，其基本原理如图 7-1 所示。

图 7-1　氧化亚氮直接催化分解工艺示意图

7.1.1 环球油品公司直接催化分解工艺

美国环球油品公司（UOP）在 20 世纪 90 年代开发了己二酸工厂的氧化亚氮直接催化分解减排的 $ElimiNO_x{}^{SM}$ 工艺[3]。

7.1.1.1 催化剂研究

$ElimiNO_x{}^{SM}$ 工艺催化剂样品在适合高压应用的中试装置上进行了测试。实验采用的总物料流量为 1L/min，压强为 0.1MPa，混合物浓度为 $33\% N_2O + N_2$ ＋空气＋ H_2O（饱和），进料经过三区电加热炉预热。催化剂样品形状为最初筛选阶段的球状或者挤条状到陶瓷蜂窝体，这需要根据高气流操作下的低压降来进行合适的选择。采用各种在线技术来进行气体浓度分析：N_2O 用热导检测器气相色谱法进行，O_2 用电化学和顺磁仪测定，NO_x（NO/NO_2）采用化学发光分析仪测定。

催化剂筛选。该工艺的前期研究工作筛选了许多氧化物作为催化剂，这些氧化物在 500℃ 以下，在前面提及的反应条件下都没有催化活性，有一些氧化物在 500℃ 以下虽然有活性，但是在氮气或空气中冷却到 200℃ 一夜后，再次将温度提高到 500℃ 后无法重新启动激活催化剂，也就是说存在冷却滞后效应。在某些情况下，催化剂确实会在冷却过程结束后重新启动，但此时的代价是提高起燃温度。例如，钴镁复合氧化物样品，每次启动的起燃温度差约为 35℃。此外，催化剂经过 10 天运行后失活（如图 7-2 所示），同期内对产物 NO_x 的选择性也有所增加。这些特性对于商业催化剂来说是不可接受的，催化剂在反应期间和装置关闭后应保持稳定，最好保持对氮和氧的选择性大于 99.9%。

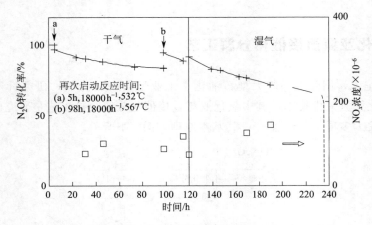

图 7-2　在无水和饱和水汽情况下，Co-Mg 挤条催化剂
上 N_2O 催化分解转化率和出口 NO_x 浓度随运行时间的变化

一些氧化亚氮催化分解催化剂的另一个特点是氧对催化分解性能具有负面影响，即氧气对反应速率的抑制作用。环球油品公司的研究人员发现，当进料中存在氧气时，某些过渡金属氧化物催化剂的性能会受到抑制，而降低空速会增强这种不良影响，这是竞争性化学吸附过程的预期结果。如图 7-3 所示，这种行为可以通过钴-氧化铝样品说明。

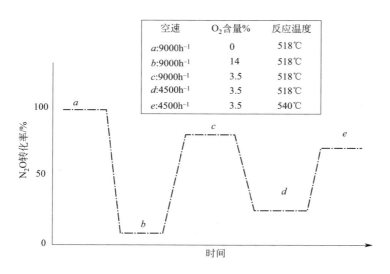

图 7-3　球形颗粒 Co-Al$_2$O$_3$ 催化剂上 N$_2$O 转化率与氧气的关系

7.1.1.2　ElimiNO$_x$ 工艺催化剂

前面描述的筛选程序中没有包括二元复合氧化物催化剂，这类催化剂没有表现出对 N$_2$O 分解的负效应，这些新的配方在启动和停车程序后是稳定的，在试验条件下没有失活，也未受到添加氧的抑制作用，对氮和氧的产物具有极高的选择性（$<1\times10^{-5}$NO$_x$），在相对较高的空速（约 25000h^{-1}）下获得了高转化率（$>99\%$）。在整体式催化剂样品上进行了 1000h 加速老化试验，结果如图 7-4 所示。其中，进料中含有 20% N$_2$O、11% 的氧气，空速为 21000h^{-1}，在测试过程中分解转化率为 99%，而且检测到的 NO$_x$ 浓度低于 1×10^{-5}，没有发现失活现象。

由于强烈的金属-载体相互作用，这些催化剂比其他配方更稳定。操作温度较低是因为难熔氧化物载体负载了贵金属，这使得起活温度比载体本身低得多。另一方面，载体将贵金属离子固定在表面上，使其在通常预期的热烧结温度（约650℃）以上保持稳定。其他的优点是，与 Co-MgO 等材料相比，催化剂可以稳定地热循环而不增加起活温度。

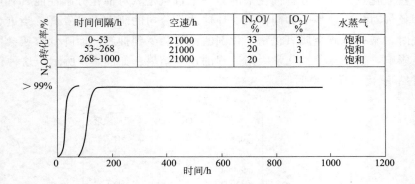

时间间隔/h	空速/h	[N₂O]/%	[O₂]/%	水蒸气
0~53	21000	33	3	饱和
53~268	21000	20	3	饱和
268~1000	21000	20	11	饱和

图 7-4 入口温度为 416℃下，整体 ElimiNOₓ 催化剂样品反应条件下的转化率

在准绝热条件下使用整体催化剂进行的研究表明，反应仅在反应物 N₂O 浓度（体积分数）高于 15% 的区域内能持续进行，如图 7-5 所示。然而，当催化剂以挤出物的形式制备并在模拟绝热反应器中测试时，甚至在 N₂O 浓度低于 5% 的情况下，也能表现出与图 7-4 所示相当的性能，这表明在前一种情况下可能存在传质/传热控制。

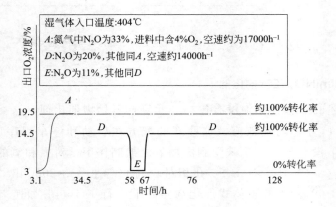

图 7-5 氧化亚氮浓度对转化率的影响

7.1.1.3 ElimiNOₓ 工艺流程

ElimiNOₓ 工艺流程如图 7-6 所示，其中一部分经过处理的废气通过入口-出口换热器冷却，N₂O 经再循环气体稀释后进入催化分解装置，这样就可以根据需要监测和控制反应放热。该系统的优点包括控制催化剂表面温度（因此保证催化剂的稳定性和寿命）、控制选择性（即 NOₓ 产生）以及用于下游热集成的热回收系统（如果需要）。

氧化亚氮减排原理
与应用

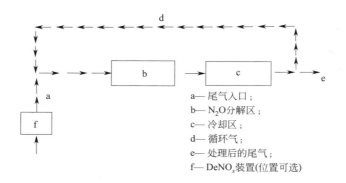

a— 尾气入口；
b— N₂O分解区；
c— 冷却区；
d— 循环气；
e— 处理后的尾气；
f— DeNOₓ装置(位置可选)

图 7-6　ElimiNOₓ 工艺流程简图

在某些情况下，可以通过降低入口 NO_x 水平来提高 N_2O 催化分解性能，采用相应的催化剂，可以在装置的上游设置 SCR（选择性催化还原），如图 7-6 所示。

7.1.2　巴斯夫氧化亚氮催化分解工艺

德国巴斯夫（BASF）公司开发了以多种催化剂为基础的 N_2O 直接催化分解工艺技术，并有多项相关技术专利。1997 年巴斯夫公司宣布将引进直接催化分解法减排 N_2O 装置，随后，它建成了一个 2.4×10^5 t/a 己二酸工厂的 N_2O 分解装置，并宣布其已达到 95% 的分解率。专利申请中使用的催化剂为尖晶石型 $CuAl_2O_4$（一种负载在 Al_2O_3 上的 CuO 催化剂），或者负载在 Al_2O_3 上的 Ag 催化剂。当催化剂在 500℃ 左右对来自实际己二酸工艺含 23% N_2O 的尾气进行催化时，所有这些催化剂的分解率都在 99% 以上。表 7-1 为己二酸工艺过程排放的尾气主要成分，表 7-2 为巴斯夫工艺条件和催化分解结果。

◆ 表 7-1　己二酸装置尾气分析

组成	摩尔分数/%	组成	摩尔分数/%
N_2O	23	O_2	7.5
NO_2	17	H_2O	3.0
N_2	47		

◆ 表 7-2　巴斯夫工艺条件和催化分解结果

催化剂	金属含量(质量分数)/%	温度/℃	转化率/%	空速/(1/h)	N_2O 入口浓度/%	实验时间/h
$ZnO \cdot CuAl_2O_4/Al_2O_3$		480	>99.9	4000	23	1036
$MgO \cdot CuAl_2O_4/Al_2O_3$		480	>99.9	4000	23	1025

催化剂	金属含量(质量分数)/%	温度/℃	转化率/%	空速/(1/h)	N₂O入口浓度/%	实验时间/h
CaO,CuAl$_2$O$_4$/Al$_2$O$_3$		480	>99.9	4000	23	1013
Ag,CuO/Al$_2$O$_3$	Ag:14.9	490	>99.9	4000	23	242
Ag/Al$_2$O$_3$	Ag:14.2	550	>99	4000	23	550

巴斯夫直接催化分解工艺流程如图 7-7 所示。

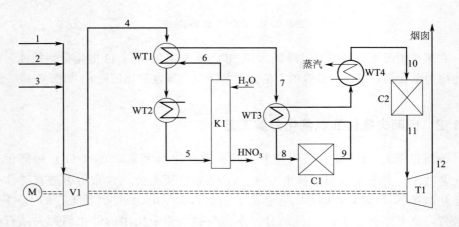

图 7-7　巴斯夫直接催化分解工艺流程图

来自工厂的含有 N$_2$O 和 NO$_x$ 的废气 1 和 3 与空气流 2 混合后一起通过压缩机 V1 来提高压力，并使混合气流 4 的温度提高到 250～350℃。热交换器 WT1和 WT2 将混合气流 4 冷却至 30～40℃成为气流 5，进入吸收塔 K1，以硝酸的形式回收 NO$_x$。从吸收塔 K1 流出的气流 6 通过热交换器 WT1 和 WT3 被加热到450～500℃，然后供应给催化分解反应器 C1，WT3 的热源是 N$_2$O 分解后的气体。反应器 C1 中催化剂分解 N$_2$O，并在大约 800℃时排出气流 9，气流 9 由热交换器 WT3 和 WT4 冷却至 260～300℃，变为气流 10，在热交换器 WT4 中将N$_2$O 的分解热回收为蒸汽。气流 10 被引入到绝热反应器 C2 中，该反应器中装有将 NO$_x$ 还原为 N$_2$ 和 O$_2$ 的还原催化剂。C2 出口处气流 11 的温度为265～310℃，透平 T1 使气流产生绝热膨胀，并在 100℃下排放到大气中。

等温反应器或绝热反应器被认为都是适合用作催化分解 N$_2$O 的分解反应器。绝热反应器的形式是一个塔式固定床流动反应装置。而在等温反应器中，使用了一种由冷却剂和换热器构成的流动反应器装置，该反应器具有多段催化剂填充层。己二酸装置排放高浓度的 N$_2$O，因此可能会出现高于反应器和催化剂允许的温度，因此，采用绝热反应器时，需要特别小心。重要的是，催化分解反应器出口的温度必须保持在800℃左右，绝热反应器的温度由工艺来气控制，而等温反应器的温度由反应器冷却剂（熔盐）控制。

7.1.3 英威达氧化亚氮催化分解工艺

英威达（INVISTA）公司的氧化亚氮催化分解技术[4]采用以 ZrO_2 为载体的负载型催化剂，根据专利说明，活性组分包括 Ca、Sr、Y、La、Ce、Pr、Nd、Sm、Eu、Gd、Tb、Dy、W、Ti、Al、Si、Ge 和 Sn 中的一种或多种氧化物，还可以含有 Ni 或 Co 的氧化物，或者二者兼有。该催化剂最高在 950℃下焙烧，最大比表面积可达 $200m^2/g$。

英威达的催化分解工艺适用于来自硝酸工厂或己二酸工厂的含 N_2O 尾气，采用固定床反应器，反应器入口温度可以在 200℃，出口可在 1000℃。分解反应器的运行温度最高可在 850～950℃，操作压强在 1～25 个大气压范围内。该工艺适用于分解体积浓度在 0.1％到 98％含 N_2O 的尾气。

7.2 氧化亚氮热分解工艺

高温热分解是一种重要的处理氧化亚氮的方法，从 20 世纪八九十年代开始，一些大型石油化学工业公司已开发了多种相关工艺技术[2]，其基本原理如图 7-8 所示，该方法的主要特点是能够回收 NO_x，因为它的分解温度远高于直接催化分解方法，因而氧化亚氮分解过程中有部分 N_2O 转化成了 NO_x。部分热分解工艺已经实现了工业化应用。

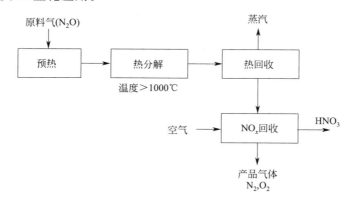

图 7-8 氧化亚氮热分解方法的基本工艺流程示意图

7.2.1　朝日化学氧化亚氮热分解工艺

1986 年，朝日化学（Asahi Kasei Corporation）提出了一种将 N_2O 分解成氮和氧的方法，并提出了一种回收 NO 生成硝酸的方法，表 7-3 为来自己二酸装置的尾气组成及热分解后的气体组成。

◆ 表 7-3　己二酸装置的尾气组成及热分解后的气体组成

组成	浓度(摩尔分数)/%	
	原料	产物
N_2O	51.0	0
NO	0.02	2.63
NO_2	0.20	8.28
CO_2	5.52	4.57
O_2	5.57	16.21
N_2	37.7	68.31
总流率(标准状态)	$2.87m^3/h$	$3.46m^3/h$

来自己二酸装置排放的气体中的 N_2O 在 1054℃ 下于反应炉中保持停留时间 1.2s 进行热分解，N_2O 100% 分解并有 21% 的 N_2O 转化为 NO_x，图 7-9 为公开专利中描述的工艺流程。

己二酸（AA）反应过程 8 产生的含 NO 废气由水封泵 16 加压至 $0.1\sim$ 0.2MPa，然后进入氧化塔 17 中被氧化为 NO_2，再送入吸收塔 18，其中的 NO_2 被转化为硝酸。脱除了 NO_2 的气流被送入柱塞流反应器 19，在该反应器中 N_2O 进行热分解反应。N_2O 热分解后的气流进入柱塞流反应器管，以便从外部加热，并用于加热工艺气体。然后，气流进入锅炉 20 进行热回收，由热交换器 24 冷却至室温，最后送入吸收塔 27，其中 NO_x 被回收为硝酸。

1999 年，朝日化学还申请了改进的 N_2O 处理设备的专利。该方法加热部分气体（其中包含 N_2O）供应给反应器以启动热分解反应，剩余的含 N_2O 的气体分几个阶段供应至分解反应器进行分解。图 7-10 所示为专利描述的反应器，图中 1、4 为工艺气体入口，2 为预热室，3 为连接预热室和热分解室通道，5 为热分解室，6 为分解后气体出口，7 为保温壁。在这种方法中，为维持 N_2O 分解反应而向反应器提供的能量保持极低，能量输入可以使用氢气或甲烷等可燃气体，在 550℃ 下，$1m^3$（标准状态下）含 33.9% N_2O 的工艺气分解所需输入的热量仅为 46.0kJ，而分解率高于 99%。

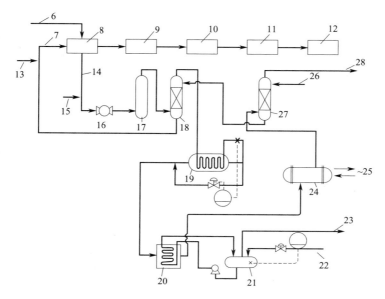

图 7-9 朝日化学 N_2O 热分解工艺流程

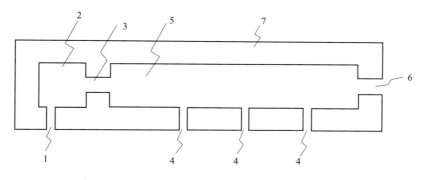

图 7-10 朝日化学改进后的热分解反应器

氧化亚氮热分解法的优点是能够以硝酸的形式回收 NO，几乎没有工业废物排放，因为它不需要更换催化剂。朝日化学于 1999 年开始投资 6 亿日元采用热分解法减排氧化亚氮，分解率达到 98% 以上。

7.2.2 杜邦氧化亚氮热分解工艺

1995 年，美国杜邦（DuPont）公司提出了一种自发维持 N_2O 热分解的方法，通过将含有 N_2O 的甲烷工艺气体与火焰接触来启动分解过程，从而维持 N_2O 热分解过程自发持续进行。该方法是将甲烷气体与含有 660℃ 的 N_2O 气体在三通中混合并加热至 850℃ 或更高的温度产生分解反应。采用这种方法处理含

57%N_2O 的 AA 装置废气，在 1050～1254℃反应时，反应器出口 N_2O 的浓度为 $2×10^{-4}$ 或更低。该过程还产生约 10%的 NO_x，可作为硝酸回收。处理 $0.566m^3/min$［20 SCFM(ft^3/min)］N_2O 摩尔分数为 57%的甲烷气体的热量体积转换量为 30.7kJ/h(30000BTU/h)。

7.2.3　罗迪亚氧化亚氮热分解工艺

法国罗迪亚公司（Rhodia，France）于 20 世纪 90 年代后期开发氧化亚氮（N_2O）热分解减排技术[5]。罗迪亚在法国和世界多地建有己二酸工厂，N_2O 是该公司己二酸生产的副产物之一。根据与法国政府签订的减排合同，该公司于 1998 年在其法国 Chalampé 生产装置采用了这一技术，同时，按照清洁发展机制（CDM）要求，罗迪亚的 N_2O 减排技术也在罗迪亚公司位于巴西 Paulinia 和韩国蔚山（Onsan）的己二酸装置采用[6]。

罗迪亚 N_2O 热分解技术工艺流程如图 7-11 所示，该工艺几乎可以使氧化亚氮完全分解（＞99%）。

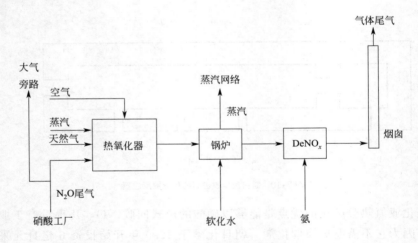

图 7-11　罗迪亚氧化亚氮热分解工艺流程

该工艺采用双室热氧化技术分解 N_2O。天然气与含有空气的 N_2O 己二酸生产废气一起进入热氧化器的还原室（第一室），还原室的温度保持在 1200～1300℃，在其中 CH_4 燃烧（氧化）成二氧化碳和水蒸气。氧化亚氮用作氧化剂，燃烧室处于富燃料（CH_4）状态，因而促进了 N_2O 的分解并限制了不希望的副反应产物 NO 和 NO_2 的产生。由于处于缺氧状态，氧化不完全，存在微量的一氧化碳和氢气。反应原理如下：

$$CH_4+4N_2O \longrightarrow CO_2+2H_2O+4N_2 \tag{7-1}$$

还原室排出的气体用空气将高温混合气体急冷，然后于热氧化器的第二燃烧室中在约 950℃ 的温度下使未燃烧的 CH_4 和少量的一氧化碳、氢气完全燃烧。在排放到烟囱之前，来自热氧化器的第二燃烧室的烟气用于热回收锅炉产生过热蒸汽，产生的蒸汽被送入现场蒸汽网络。热回收锅炉的下游安装选择性还原脱硝系统（SCR），随时预备投入运行，由于热回收锅炉的出口能满足 SCR 反应的温度要求，一旦尾气中的 NO_x 浓度超过了预期阈值，可直接向 SCR 的烟气中添加氨水溶液以控制 NO 和 NO_2 的排放，满足规定要求。

7.2.4　赫斯特氧化亚氮热分解工艺

1992 年德国赫斯特公司（Hoechst AG）提出了一种 N_2O 热分解方法，将含有 N_2O 的工艺气体喷射到天然气燃烧产生的火焰中。这种方法使用火焰高温来分解 N_2O，该方法需要消耗较多的燃料，例如，处理 $240m^3/h$ 的 N_2O 需要 $15.2m^3/h$ 的天然气和 $113m^3/h$ 的空气。经过反应器分解后的气体含 N_2O 浓度为 8×10^{-5}。

7.2.5　拜耳氧化亚氮热分解工艺

德国拜耳公司（Bayer Corporation）使用还原火焰燃烧器（RFB）处理含氧化亚氮的废气，该燃烧装置已申请专利，可以实现还原性气氛，但该方法是否用于工业处理 N_2O 仍不清楚。

7.3　硝酸工厂氧化亚氮减排技术

硝酸工厂尾气中因为氧化亚氮浓度低，并且含有 NO_x、NH_3、水等杂质气体，往往采取与己二酸工厂不同的氧化亚氮减排工艺。

7.3.1　硝酸工厂氧化亚氮减排[7]

稀硝酸的生产基于奥斯特瓦尔德工艺，包括以下基本化学操作：（1）以空气催化氧化氨（燃烧）转化为一氧化氮；（2）将一氧化氮氧化为二氧化氮；（3）以水吸收混合气中的二氧化氮以产生硝酸。图 7-12 为双压力配置的稀硝酸生产装置典型流程图。N_2O 的产生完全取决于氨的燃烧过程，其一旦形成，在经过后续装置过程中并不再发生反应，且不受吸收塔中操作条件或尾气处理后的最终脱硝过程（SCR）的影响。

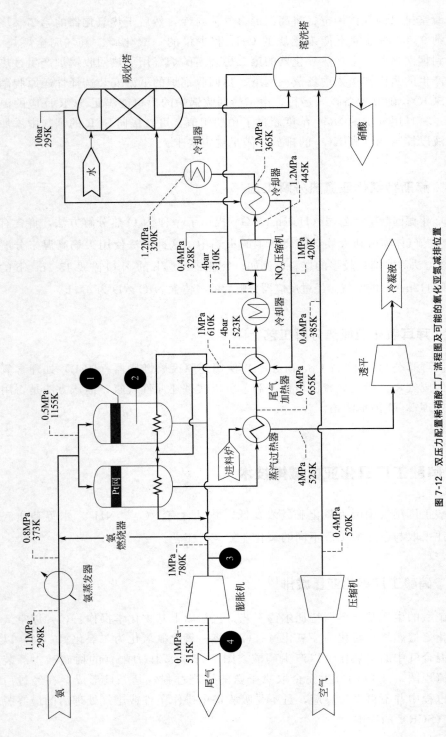

图 7-12 双压力配置稀硝酸工厂流程图及可能的氧化亚氮减排位置

在硝酸生产过程中可以有四处减排 N_2O 位置选择，或者称为四个减排阶段，包括：初级减排措施或燃烧器减排（图 7-12 中❶），即通过氨氧化工艺或催化剂的改造防止或减少在氨燃烧器中 N_2O 的形成。二级减排措施或第二位置减排（图 7-12 中❷），二级减排措施从有价值的中间物流，即从氨合成塔和吸收塔之间的 NO_x 气体中去除 N_2O，通常这意味着在氨氧化催化剂下游的最高温度下进行干预。三级减排措施或第三位置减排（图 7-12 中❸），即在减排措施中，将从吸收塔排出的尾气进行处理以分解 N_2O，尾气膨胀机上游是减排一氧化二氮最有希望的位置。四级减排或终端减排，是纯末端解决方案（图 7-12 中❹），即尾气在膨胀机下游被处理，然后进入烟囱。

具体在什么位置进行氧化亚氮减排因工艺和工厂而各不相同，新建硝酸工厂可能采用新技术进行一级减排更具优势，这就需要研发新的工艺和新的催化剂，核心是采用新技术的氨氧化炉，而已建成工厂的改造可能采用二、三、四级减排更方便。采用二、三、四级进行 N_2O 减排，其技术与通常的氧化亚氮并无大的区别，可以采用直接催化分解、高温热分解、选择性催化还原（SCR）或者选择性非催化还原方法（SNCR）。

在尾气膨胀机（图 7-12 中的位置❸）上游的尾气中实施 N_2O 减排具有不影响硝酸装置核心装置（即氨燃烧器和吸收器）的巨大优势，并且相当于实施了脱硝 SCR 装置。

7.3.2 伍德硝酸工厂催化还原减排工艺

德国伍德（Uhde）使用含铁沸石的 EnviNO$_x$® 工艺去除硝酸工厂尾气中的 N_2O 和 NO_x，并实现了工艺商业化[8]，属于硝酸工厂 N_2O 和 NO_x 联合脱除工艺。Sud-Chemie 公司以两种品牌生产 EnviNO$_x$® 催化剂，即 EnviCat®-N$_2$O 和 EnviCat®-NO$_x$，分别适用于不同的工艺，EnviCat®-NO$_x$ 工艺中的减排反应器位于吸收塔之后，处于尾气加热器和膨胀机之间，如图 7-13 所示。

Uhde EnviNO$_x$® 工艺于 2003 年 9 月首次在林茨（奥地利）AMI 工厂运营的双压硝酸装置中实施。考虑到该工厂的尾气温度（约 710K），应用的配置包括一个带有两层中间氨气注入的铁沸石的单反应器（图 7-13ⓐ），N_2O 在第一层发生直接分解反应，然后在第二个催化剂床层中 NH_3 选择性催化还原 NO_x 和未转化的 N_2O。反应器入口气体中 NO 的存在对于促进催化剂上 N_2O 的分解至关重要，将铁沸石用于 NH_3 选择性催化还原 NO_x 的优点是，在 $675\sim725K$ 的温度范围内，其活性高于成熟的 $V_2O_5+WO_3/TiO_2$ 催化剂，并且不会形成副产品 N_2O。AMI 工厂的 EnviNO$_x$® 反应器呈现稳定的 N_2O 转化率（98%），出口 NO_x 浓度小于 1×10^{-5}，并且可通过改变氨的添加量来控制。

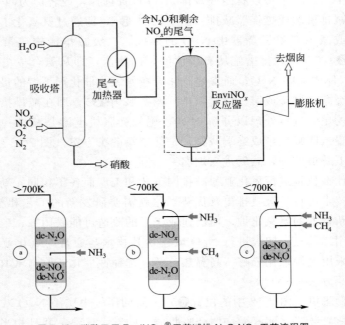

图 7-13　硝酸工厂 EnviNO$_x$ ®工艺减排 N$_2$O-NO$_x$ 工艺流程图

（ⓐ适用于尾气温度＞700K 的情况，ⓑⓒ适用于尾气温度＜700K 的情况）

7.3.3　硝酸工厂氧化亚氮减排装置

清洁发展机制（CDM）的建立大大推动了世界范围内氧化亚氮减排，特别是在发展中国家，其中以硝酸工厂氧化亚氮减排项目最多，以下介绍部分项目装置情况[9]。

7.3.3.1　韩国东部硝酸工厂的 N$_2$O 二级直接催化分解装置

韩国东部硝酸工厂（Dongbu，South Korea）平均每年生产 9 万吨硝酸。生产 HNO$_3$ 排放 N$_2$O 量估计为 10.78kg/t，以 CO$_2$ 排放当量计算相当于 300814t/a。东部硝酸工厂 CDM 项目于 2008 年 4 月 1 日以 AM0034 第 2 版方法注册，二级直接催化分解技术由英国庄信万丰公司（Johnson Matthey PLC，United Kingdom）转让。N$_2$O 分解催化剂（Amoxis Hybrid® 催化剂 RN20/101）为镧铈-钴钙钛矿，呈三叶草状颗粒。在 1.17MPa 的压力下氨氧化燃烧器的工作温度在 910～920℃，在氨氧化催化剂下方安装 N$_2$O 分解催化剂。

根据项目设计文件，由于假设催化效率至少为 80%，每年将排放（以 CO$_2$ 排放当量计算）60163t 未分解的 N$_2$O。项目区无 N$_2$O 旁路，无未经过燃烧的 CH$_4$，且燃料燃烧产生的 CO$_2$ 直接排放，此外，没有与用于产生分解装置蒸汽和电力的能源相关的排放物泄漏。因此，预计 N_2O 减排量（以 CO_2 排放当量计算）为 240651t/a。

7.3.3.2 智利 PANNA 3 硝酸工厂的三级催化还原减排装置

PANNA 3 是 Prillex America Complex 公司最大的硝酸工厂，其硝酸产量约为 925t/d。PANNA 3 于 2007 年 10 月 13 日以 AM0028 第 4 版方法在 CDM 项目中注册减排 N_2O，基于 305250t/a 的硝酸产量，估算 N_2O 排放量（以 CO_2 排放当量计算）为 878429t/a。该清洁发展机制项目采用三级催化还原法减排 N_2O，由德国 UHDE 公司转让，UHDE 公司 $EnviNO_x$® 工艺包括用氨催化还原 NO_x 和用丙烷等碳氢化合物催化还原 N_2O，催化还原系统位于现有脱硝系统和尾气轮机之间。由于 $EnviNO_x$® 系统需要在约 350℃ 的温度下运行，而系统实际入口温度略低于 350℃，一部分工艺气体通过旁路以将入口温度提高到大约 350℃。$EnviNO_x$® 系统中使用基于铁分子筛的催化剂，N_2O 入口浓度为 1.5×10^{-3}。

$EnviNO_x$® 系统减排 N_2O 的效率估计至少为 94%，因此未分解的 N_2O 估计为（以 CO_2 排放当量计算）52736t/a。此外，由于丙烷被送入 $EnviNO_x$® 系统作为还原剂，还原剂丙烷主要转化为 CO_2，排放量为 2851t/a，N_2O 旁路、非燃烧的 CH_4 和泄漏的其他排放不包括在内，因此，总温室气体排放量的减少量（以 CO_2 排放当量计算）为 822842t/a（占无 $EnviNO_x$® 系统时 N_2O 排放量的 93.7%）。

7.3.3.3 柳州化学工业公司三级催化分解减排装置

中国柳州化学工业公司的五个工厂每年生产 454080t 硝酸。这些工厂排放的 N_2O（以 CO_2 排放当量计算）约为 1007619t/a。柳州化学工业公司工厂的 CDM 项目于 2008 年 5 月 9 日以 AM0028 第 4 版方法注册，采用 Sumiko Eco Engineering（日本）和 N. E. Chemcat（日本）转让的三级直接催化分解技术。通常，三级催化分解系统安装在脱硝装置和尾气轮机之间，但是该 CDM 项目的三个高效的 DeN_2O 装置位于汽轮机的正后方，以减少提高脱硝装置尾气出口温度所需的燃料消耗。DeN_2O 装置的操作温度范围为 450～580℃ 之间，假设电厂排放的 N_2O 浓度范围为 8.82×10^{-4}～1.493×10^{-3} 之间。

DeN_2O 装置的性能效率预计至少为 90%，因此就 N_2O 排放量而言，DeN_2O 装置可将温室气体排放量（以 CO_2 排放当量计算）从 1007619t/a 减少到 100761t/a。另一方面，由于项目使用燃料加热反应器进行催化分解，一些温室气体（如燃料燃烧产生的未燃烧的 CH_4 和 CO_2）是由 DeN_2O 装置产生的。CH_4 是燃料中的主要碳源，CH_4 作为燃料的燃烧效率假定为 99.5%。因此，燃

烧和未燃烧 CH_4 排放的 CO_2 分别计算（以 CO_2 排放当量计算）为 $4823t/a$ 和 $185t/a$，另外，假设没有 N_2O 旁路和来自 DeN_2O 装置的泄漏。因此，该 CDM 项目的温室气体总减排量（以 CO_2 排放当量计算）估计为 $901850t/a$，占装置排放温室气体量的 89.5%。

7.4 己二酸工厂氧化亚氮减排工艺

本节对国内外已有的己二酸工厂氧化亚氮减排工业化装置进行简单介绍。

7.4.1 杜邦己二酸尾气氧化亚氮催化减排工艺

在前期基础研究及技术开发的基础上，杜邦公司开发了催化分解和热分解处理硝酸厂含 N_2O 尾气的工艺[10]，1991 年末的经济评估结果显示，催化减排显然是 Orange、Maitland 和 Victoria 己二酸工厂的最低投资选择。由于空间限制和现有装置不需要额外的蒸汽发生设施，采用改造现有锅炉以实现低 NO_x 热分解 N_2O 在这些场所是不可行的，因此，为履行 N_2O 减排时间承诺，杜邦公司加快了 N_2O 催化减排工艺开发和工程设计工作。图 7-14 所示为杜邦公司 N_2O 催化分解的工艺方案选项示意图。

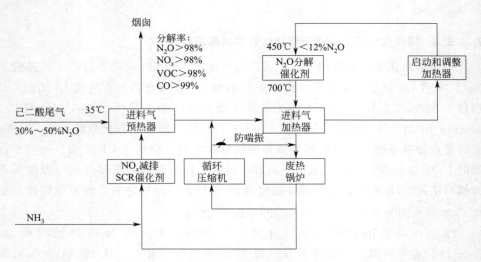

(a) N_2O 催化分解典型工艺流程——最大能量回收方案

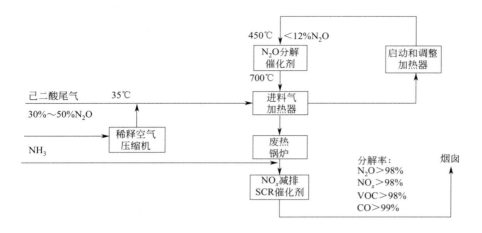

(b) N$_2$O催化分解典型工艺流程——最少能量回收/最低成本方案

图 7-14 杜邦氧化亚氮催化减排方案选择

最终，世界上第一个商业化催化 N$_2$O 减排工艺装置于 1996 年 12 月 18 日在美国得克萨斯州奥兰治（Orange，TX，USA）开车成功。1997 年 6 月，第二套装置在加拿大安大略省梅特兰（Maitland，Ontario，Canada）开车。1997 年 10 月，第三套装置在得克萨斯州维多利亚（Victoria，TX，USA）开车。三套装置的催化反应器都能够高效地分解 N$_2$O，此外，正如预期的那样，所有装置还可以将己二酸废气中的 NO$_x$、CO 和 VOCs 减排到当时要求的和未来可预见的更严格的许可水平。在减排 90％～95％的效率下，N$_2$O 催化分解装置的总成本为每吨 N$_2$O 20～60 美元（包括约 7％的折旧）。以更高的整体效率进行催化减排可能使设备冗余和需要更高的成本。

7.4.2 杜邦新加坡热分解己二酸尾气氧化亚氮减排工艺

当杜邦公司在 1991 年承诺减少 N$_2$O 排放时，该公司在新加坡的一个新己二酸工厂的设计阶段已经接近尾声。由于该现场需要一台新锅炉，建议采用改进燃烧器/锅炉系统来分解 N$_2$O，同时产生较低的烟囱 NO$_x$ 排放水平。

在加利福尼亚州欧文市能源与环境研究公司（Energy and Environmental Research Co.，EER）的协助下，为 1994 年杜邦新加坡新工厂启动设计了一套分阶段减少火焰和气体再燃系统。新加坡工厂锅炉的设计还包括为将来进一步减少氮氧化物而注入选择性非催化还原剂的准备。如图 7-15 所示[10]，该装置的总停留时间为 3～4s，约为标准锅炉通常所需停留时间的两倍。N$_2$O 的分解率大于

99%，最终目标（设计容量）为烟气中 NO_x 排放浓度小于 $1.5×10^{-4}$。

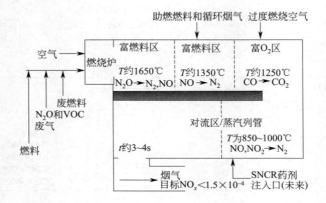

图 7-15　杜邦新加坡工厂氧化亚氮热分解装置

1993 年，英国威尔顿 ICI 己二酸生产装置被杜邦公司收购。作为全面现代化项目的一部分，杜邦承诺到 1998 年减少威尔顿产生的 N_2O。在威尔顿购买蒸汽的高成本使得 N_2O 热分解减排成为一个有吸引力的选择。威尔顿的热力装置建造得与新加坡稍有不同，但也采用现代分级燃烧器设计，以尽量减少氮氧化物的产生。其他几种废气流也在装置中被经济高效地清除。分解产生的热量与燃料能结合起来，有助于提供低成本的蒸汽。

拜耳公司和德国德拉格能源技术公司（DET）也联合开发了一种改进的但略有不同的还原炉技术（半催化），并于 1993 年启动运行。在日本，朝日化学还开发和实施了一种增强型氧化亚氮热减排系统，并于 1999 年开始运作。

7.4.3　韩国罗地亚己二酸尾气氧化亚氮热分解减排工艺

罗地亚在韩国蔚山（Rhodia，Onsan，South Korea）的工厂每年生产 13 万吨己二酸，据估计作为己二酸生产副产品的 N_2O 产量为每千克己二酸 0.27kg，相当于（以 CO_2 排放当量计算）10881000t/a。罗地亚公司于 2005 年 11 月 27 日以 AM0021 版本 1 方法登记了 CDM 热分解减排 N_2O 项目，该项技术是由法国和日本的罗地亚公司转让的。在热分解过程中，己二酸生产尾气中的 N_2O 与被送入反应器的 CH_4 还原，产生 CO_2、N_2 和水蒸气。

热分解反应器大约在 1300℃ 下运行，富燃料条件下避免了将 N_2O 氧化为 NO 和 NO_2。来自热分解反应器的产品气随后进行急冷和热回收以生产蒸汽，蒸汽供应至己二酸生产工艺的现有蒸汽网络。最后，在将经热回收后的气体排放到烟囱之前，使用选择性催化还原工艺将气流中的 NO_x 去除至 $8×10^{-5}$。

氧化亚氮减排原理
与应用

在该 CDM 项目中，基准排放量根据分解产生的年蒸汽量以及 N_2O 的年排放量进行估算，总计（以 CO_2 排放当量计算）10898780t/a。另一方面，未分解和旁路的 N_2O 排放量分别计算（以 CO_2 排放当量计算）为 93000t/a 和 1632150t/a，假设分解效率为 99%，连接阀开启时间为 85%，此外，热分解过程中 CH_4 燃烧产生的 CO_2 排放量（以 CO_2 排放当量计算）估计为 23990t/a。由于在热分解过程中应考虑由电力和蒸汽消耗引起的排放，因此产生的总排放量（以 CO_2 排放当量计算）估计为 2339t/a，因此，该 CDM 项目下温室气体排放量的净减少量（以 CO_2 排放当量计算）估计为 9147301t/a，约为基准排放量的 84%。

7.4.4 辽阳石化己二酸尾气氧化亚氮催化减排工艺

中国石油天然气股份有限公司辽阳石化分公司己二酸装置始建于 1975 年，采用法国隆伯利公司专利技术，采用巴斯夫工艺，以醇酮和硝酸为原料，采用环己烷氧化法生产精己二酸，工艺包括氧化反应工段、工业己二酸工段和精己二酸工段，主要装置包括氧化、结晶、增浓离心、溶解过滤、干燥等单元。经过多年改建扩建，目前己二酸产能为 $14 \times 10^4 t/a$。

辽阳石化的己二酸生产工艺为：精苯经催化加氢生成环己烷，环己烷经空气氧化生成 KA 油（环己酮、环己醇的混合物），再经硝酸氧化生成己二酸。相应发生的反应如下：

$$ \tag{7-2} $$

其中，KA 油硝酸氧化过程产生副产物 N_2O：

$$ C_6H_{12}O + C_6H_{10}O \xrightarrow{HNO_3 \ 催化剂} HOOC(CH_2)_4COOH + N_2O + 其他副产物 $$

$$ \tag{7-3} $$

基于辽阳石化分公司每年生产 14 万吨己二酸，其生产过程中排放的 N_2O 量（以 CO_2 排放当量计算）估计为 11718000t/a。该公司于 2007 年 11 月 30 日以 AM0021 版本 1 方法注册了 N_2O 催化分解工艺的 CDM 项目。

该催化分解技术由巴斯夫公司提供，己二酸产生的尾气温度为 15℃，低于催化分解起活温度，尾气需加热至 480℃，尾气通过两级热交换器和一个电预热器后被送入催化分解反应器。

辽阳石化己二酸尾气 N_2O 催化分解减排的工艺流程如图 7-16 所示。

从己二酸装置出来的含有 N_2O 的尾气首先与空气压缩机来的空气混合，使混合气体中 N_2O 的浓度不超过 12%（体积分数）（控制放热反应，避免催化剂

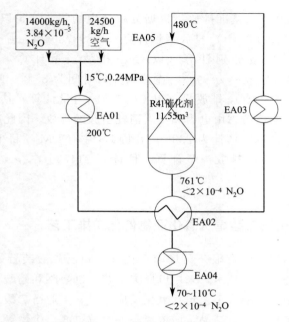

图 7-16　辽阳石化己二酸尾气 N_2O 催化分解减排的工艺流程

温度过高而损坏反应器），然后被送入预热器中，使进料气体的温度升高到约200℃，然后在内置热交换器中与反应器后的尾气进行热交换，温度升高至480℃，然后进入反应器，在反应器中 N_2O 气体在催化剂和高温（约760℃）的作用下，被分解为 N_2 和 O_2，分解率大于99%。由于操作温度超过760℃时，催化剂的性能和使用寿命会降低，所以最高操作温度不能高于800℃。从反应器出来的气体经热交换器后进入蒸汽发生器，用于产生蒸汽。经一次降温后的尾气通过以 NH_3 为还原剂的选择性催化还原的 $DeNO_x$ 装置和蒸汽发生器二次降温，然后尾气经过高约45m的烟囱排入大气。

　　该工艺采用巴斯夫三氧化二铝负载的铜锌复合氧化物催化剂，截面为星形长条，长度为6mm，乱堆固定床反应器，每套装催化剂量约 $11.55m^3$，使用寿命2年，期望值为3年。

　　该装置从2008年3月14日减排装置开车到2009年3月13日，第一个减排期内实现减排13.04Mt二氧化碳当量[11]。随着CMD项目的结束，辽阳石化己二酸尾气氧化亚氮分解装置于2021年8月完全更换为由辽阳石化研究院自主开发的氧化亚氮催化分解催化剂。

7.4.5　神马集团己二酸尾气氧化亚氮减排工艺

　　中国河南平煤神马尼龙化工有限责任公司引进英威达公司的直接催化分解减

排氧化亚氮技术，由惠生工程设计，装置于 2007 年 12 月建成并一次开车成功[12]。

"中国神马集团有限公司己二酸装置 N_2O 减排项目"利用《京都议定书》确定的清洁发展机制和"排放贸易"机制，对原有己二酸装置进行 N_2O 减排改造。装置按年产 5.7 万吨己二酸的生产能力计算，建成运行后每年可减少排放 N_2O 约 1.68 万吨，折合 CO_2 当量 408 万吨。

该 N_2O 催化分解工艺使用小球状氧化锆负载的镍和钴的氧化物催化剂，采用固定床反应器，N_2O 转化率大于 95%，最终排放尾气中 NO_x 浓度小于 1.5×10^{-4}。神马己二酸装置 N_2O 尾气催化分解工艺流程如图 7-17 所示。

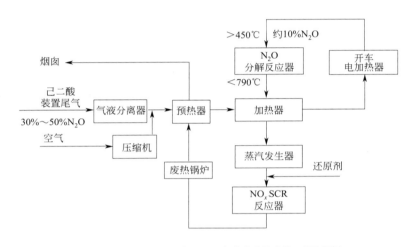

图 7-17　平煤神马己二酸 N_2O 尾气催化分解装置工艺流程图

含有 N_2O 的气体进入气液分离器后，与从空气压缩机过来的空气混合稀释，稀释后的气体中 N_2O 的体积分数稳定在 8%～10% 之间。稀释后的 N_2O 气体首先进入进料预热器，在进料预热器中，气体被预热到一定温度后，与催化分解反应器出口混合气再次换热并达到 450～550℃，然后进入固定床 N_2O 分解反应器。在首次开车的时候，进入反应器的气体首先在电加热器中升温到 450～550℃后再进入催化剂床层，在镍-钴-锆催化剂的作用下，N_2O 气体被分解为氮气和氧气，反应器正常操作温度在 400～790℃之间。

从 N_2O 反应器出来的混合气体中有一定的 NO_x 气体，混合气体经预热器、蒸汽发生器换热降温到 380℃左右后，混合气体进入 NO_x 选择性催化还原反应器，在该反应器中，NO_x 气体被还原分解成为无害的氮气和氧气，同时还携带一定的热量，混合气体进入废热锅炉产生低压蒸汽，从废热锅炉出来的气体进入进料预热器，将新鲜的稀释后的反应混合气体进行预热后，经烟囱排放到大气中。

7.5 氧化亚氮生化法末端减排新技术

氧化亚氮生化法末端减排是近年来发展起来的新技术[13]，最早因污水处理厂（WWTPs）减排 N_2O 需求开始受到关注。过去几十年来，实验室、中试和实际装置已成功评估了用于减少工业气体污染物（如 H_2S、NH_3、气味、NO、NO_2 和 VOCs）的生物技术。由于该技术在环境温度和压力下进行工艺操作（低能耗）以及最终产品无害化，这些技术始终显示出高适应性、成本效率和低环境影响。与物理化学技术不同，生物工艺不需要使用还原剂、额外的燃料和昂贵的催化剂，这些通常会导致高运营成本、高能耗和环境影响（即排放到大气中的未分解燃料，高 CO_2 浓度和废催化剂的危险处理）。因此，有必要开发创新的生物替代物来替代传统的物理化学技术来减排 N_2O。本节将简单介绍 N_2O 生物降解的可能机制以及 N_2O 减排生物反应器的研究进展。

7.5.1 减排原理

N_2O 的生物降解可以通过硝化、同化和反硝化三种生物机制进行。根据 N_2O 氧化反应的负吉布斯自由能，理论上可以由硝化细菌在足够的无机碳和氧浓度及最佳 pH 下实现将 N_2O 硝化生成 NO_2^- 或 NO_3^-：

$$N_2O + O_2 + H_2O \longrightarrow 2NO_2^- + 2H^+ \quad (\Delta G^\ominus = -87.4kJ/mol) \qquad (7-4)$$

$$N_2O + 2O_2 + H_2O \longrightarrow 2NO_3^- + 2H^+ \quad (\Delta G^\ominus = -15kJ/mol) \qquad (7-5)$$

Frutos[14] 在富含 N_2O 的空气气氛中，在 1.2L 气密瓶中间歇操作研究了这种 N_2O 氧化机制的可行性，在培养基中有足够的碳酸盐和氨情况下，用活性污泥维持硝化培养 11 个月，将厌氧氨氧化菌 ANAMMOX（anaerobic ammonium oxidation）和 AOB/NOB（铵和亚硝酸盐氧化菌，ammonium and nitrite oxidizing bacteria）作为接种物，在同一项研究工作中，评估了接种活性污泥的生物滴滤床在连续提供含 N_2O 约 3×10^{-4} 的排放气体以及碱度和营养物下对促进 N_2O 硝化生物膜在吸收塔中生长的潜力。这项概念验证研究结果表明，在实验条件下没有发生 N_2O 硝化作用。

人们也假设利用与 BNF（生物固氮）类似的途径将 N_2O 转化为有机氮，以形成构建合成蛋白质的基本单元，但是这一机理的可行性也未得到实验证实。因此，异养反硝化是迄今为止唯一被证实的利用有机物作为电子供体和碳源，通过

还原成 N_2 来降解 N_2O 的生物反应机理。N_2O 被还原为 N_2 是一种强放热反应 [如式(7-6)]，通过 N_2OR 酶作用进行[15]：

$$N_2O + 2H^+ + 2e^- \longrightarrow N_2 + H_2O(\Delta G^{\ominus} = -341 \text{kJ/mol}) \tag{7-6}$$

7.5.2 减排反应器

在处理污水处理厂稀释的 N_2O 排放物时，N_2O 反硝化反应仅能在没有溶解 O_2 的情况下发生，这种情况就要求在生物反应器中高成本地去除溶解的 O_2（以维持缺氧条件），因此很少有基于 N_2O 异养反硝化的生化系统被用于减少污水处理厂和化学工业的 N_2O 排放。在此背景下，一些学者在实验室规模评估了传统废气处理生物反应器（如生物过滤器）的性能，例如，在装有堆肥和木片（30%/70%）的生物过滤器中，在 7.6s 的空床层停留时间（EBRT）下运行 8 个月，对猪舍坑废气中 N_2O 的减排进行了评估。在猪场排放的低 N_2O 浓度（$0.38 \times 10^{-6} \sim 0.69 \times 10^{-6}$）下，$N_2O$ 去除效率较低（RE 为 14%~17%）。同样，在 5s 的气体 EBRT 和 90% 的相对湿度下，采用填充松核和熔岩的生物过滤器处理猪粪和废水储存坑废气的性能，在较低入口浓度（$428 \pm 22) \times 10^{-9}$ 下，N_2O 的去除率也很低（RE 约 0.7%），这归因于 O_2 的存在和较低的气体 EBRT [如图 7-18(a)所示]。这些因素阻碍了类似 N_2O 这种水溶性差的气体污染物的有效传质及其通过生物过滤器中存在的微生物群落的进一步生物降解。

另一方面，有人评估了具有自养反硝化生物阴极的新型生物电化学系统去除 N_2O 的潜力，在反硝化培养物富集过程中，最初使用乙酸钠作为电子供体，NO_3^- 作为阴极电子受体，接下来硝化培养物进一步用于完全反硝化 N_2O。

鉴于开发有效的生化技术以减排 N_2O 方面进展有限，Frutos 等[16] 评估了使用甲醇作为碳源和电子供体的创新生物净气塔处理 WWTPs N_2O 排放的方法 [图 7-18(b)]。在 2L 填充床吸收塔的底部引入含 N_2O 的排放空气，该吸收塔采用从 3L 缺氧搅拌槽反应器（STR）中泵出的矿物盐介质（MSM）滴流逆向接触，搅拌槽反应器中含有固定在聚氨酯泡沫中的反硝化生物质。以甲醇为唯一碳源和电子供体，固定化异养反硝化菌群将滴流中的 MSM 上吸附的 N_2O 在搅拌反应器（STR）中还原为 N_2。填料吸收塔床柱在 3min 的气体 EBRT 下运行，随着液体循环速度（1~8m/h）的增加，N_2O 的去除率提高（RE 为 6%~40%）。在研究中，Frutos 等使用活性污泥作为接种物以促进生物净气塔的启动，经过 90 天的运行，分析表明在反应器中建立了反硝化群落，与接种物相比，相似性较低，但多样性较高。因此，使用甲醇作为碳源和能量来源以及系统中厌氧条件的建立促进了反硝化菌群的富集，其主要特征是异养反硝化嗜甲基菌和一些更严格的厌氧菌。作为降低外部碳供应产生的总体运营成本的运营策略，进一

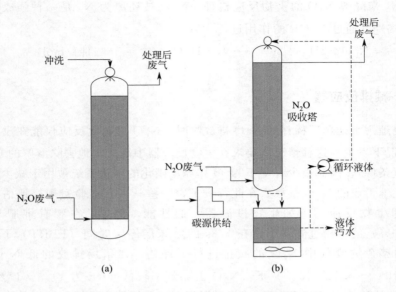

图 7-18 减排 N_2O 生物过滤器（a）和生物净气塔（b）

步的实验室研究评估了使用生活污水作为碳源和电子供体源的类似生物净气塔中 N_2O 的连续减排，生物净气塔由填充床吸收柱（2L）和固定床缺氧生物反应器（FBR）组成，填充聚氨酯泡沫以支持微生物固定化。在不同的液体循环速度（1～8m/h）和气体 EBRT（3min、6min、12min、18min、40min 和 80min）下评估了生物净气塔减排 N_2O 性能，系统实现了高达 94％ 的 N_2O 去除率及持续的废水处理性能。该生物反应器中 N_2O 的生物降解特征是，首先滴流废水中的 N_2O 沿填料吸附柱被吸附，然后 N_2O 被 FBR 中的厌氧反硝化菌群还原为 N_2。生物净气塔运行结束时所建立的微生物群落表现出很高的多样性指数，并且存在黄单胞菌科和气单胞菌属细菌，这可能是发生异养反硝化的主要原因。与此同时，先进的分子工具，如实时聚合酶链反应（rtPCR）或下一代测序（NGS），最终可以提供更高质量的数据，用于鉴定微生物种群和参与 N_2O 还原的酶机制。持续的废水处理使得 N_2O 得到有效去除，这证实了耦合两个生物修复过程的技术可行性。然而，以往研究中使用的生物净气塔的主要局限性是 N_2O 的传质受限和过量生物质在填充床吸收塔中的积累，最终影响了系统的气体吸收能力。

  Frutos 等还在 2.5L 活性污泥扩散系统（ASD）中研究了溶解氧浓度（1～4mg/L）对连续减排 N_2O 的影响，该系统的目标是生活污水处理过程中 N_2O 的减排。研究表明，无论好氧罐中的溶解氧浓度如何，ASD 中 N_2O 的去除率都是有限的。尽管在最低溶解氧浓度下记录到最高的 N_2O 排放，但废水处理期间始终能观察到 N_2O 的排放。Frutos 等认为，N_2O 的产生主要归因于 NH_3 硝化和羟胺在高氧浓度条件下的氧化，以及低氧浓度下硝化细菌的反硝化过程。需要强调的是，尽管一些新建的污水处理厂已完全封盖，但是大多数污水处理厂是室外设施，需要一个特设的 N_2O 排放捕获系统，这可能会增加 N_2O 减排技术的投资成本。

人们还研究了一些其他结构的生物反应器，如气泡塔和气升式反应器，用于以甲醇为碳源和电子供体源的连续工业 N_2O 减排[17,18]。在这些研究中，研究者认为，HNO_3 生产厂等化工行业的尾气排放高浓度 N_2O （0.15%~0.35%）、低浓度 O_2 （1%~4%），这有可能适用于以有机碳源为碳源和电子供体源的反硝化悬浮培养物中的 N_2O 直接扩散排放，如图 7-19 所示。因此，Frutos 等评估了创新设计和操作策略，以实现高附加值生物产品的生产，同时通过生物炼制方法连续去除 N_2O，从而提高 N_2O 减排生物技术的成本竞争力。从这个意义上讲，可以通过甘油等残碳/电子供体生产生物聚合物、药物或化妆品等商业生物制品，从而实现基于 N_2O 减排的生物炼制，最终将提高 N_2O 减排的经济可持续性。基于此，在生物反应器中，在纯反硝化副球菌培养下，利用氮控制诱导同时生产生物聚合物的研究结果表明，无论生物反应器结构（气泡塔或气升式）如何，均具有较高的 N_2O 去除效率（RE 约 87%），生物聚合物在反硝化菌培养基中的含量也较高，以生物质质量为基准，含量范围在34%~68% 之间。

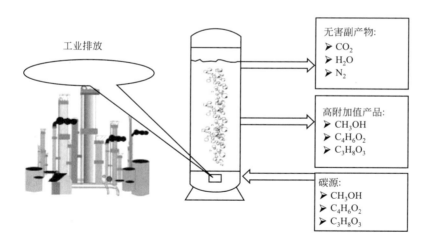

图 7-19　生物炼制方法减排 N_2O

此外，Frutos 等还研究了碳源/电子供体类型对鼓泡塔生物反应器中生物聚合物和辅酶 Q10 合成的影响（见图 7-19）。以甲醇、醋酸盐/乙酸和甘油为原料，通过持续的进料/供氮促进策略，N_2O 的去除率达到 81%~91%，同时伴随着聚羟基丁酸戊酸共聚酯（PI-IBV）的高积累，此外，辅酶 Q10 的比细胞含量在 0.4～1mg/g 之间。有趣的是，由于共聚物组成中均聚物 3-羟基戊酸酯（HV）的含量高于在使用甲醇和乙酸的系统中观察到的共聚物，因此使用甘油产生具有更高物理特性的生物聚合物。Frutos 等认为，甘油水解产生的丙酸在培养液中可能促进了均聚物 HV 的形成，然而，与传统底物（即葡萄糖）的工业生物聚合物生产相比，生物反应器中较低的生物质浓度（0.2～2.7g/L）导致了较低的 PHBV 产率，生产率是这项技术的主要控制因素。此外，在生物反应器操作过程中观察到的气液传质限制可能会限制该技术的放大，一些克服生物反应器中 N_2O 传质限制的策略是基于对 N_2O 具有高度特异性的新型膜生物反应器，其可显著增强 N_2O 的选择性传质，同时防止抑制异养 N_2O 反硝化有害的 O_2 扩散。此外，在生物反应器中添加对 N_2O 具有高亲和力的非水相（NAPs）也可能最终促进 N_2O 的气液传质。泰勒流生物反应器也被认为是一种高性能的反应器，可以在不增加系统能量输入的情况下提高气液传质效率。

参考文献

[1] Thiemens M H, Trogler W C. Nylon production: An unknown source of atmospheric nitrous oxide[J]. Science, 1991 (4996), 251:932-934.

[2] Shimizu A, Tanaka K, Fujimori M. Abatement technologies for N_2O emissions in the adipic acid industry [J]. Chemosphere Global Change Science, 2000, 2 (3/4): 425-434.

[3] Riley B W, Richmond J R. A catalytic process for the decomposition of nitrous oxide[J]. Catalysis Today, 1993, 17 (1/2):277-284.

[4] Slaten C S, Aki S. Catalyst and process for the conversion of nitrous oxide: WO2008150956A3[P]. 2008.

[5] Rhodia Polyamida Especialidades Ltd. Initial Verification of the CDM project: "N_2O emission reduction in Paulínia SP, Brazil" [R]. 2006, Report No. 909954.

[6] Rhodia. CDM project design document of the Republic of Korea: N_2O emission reduction project in Onsan [R]. 2004, version 1.

[7] Pérez-Ramírez J, Kapteijn F, Schöffel K, et al. Formation and control of N_2O in nitric acid production where do we stand today? [J]. Applied Catalysis B: Environmental, 2003, 44 (2): 117-151.

[8] Hevia M A G, Pérez-Ramírez J. Assessment of the low-temperature EnviNO$_x$ ® variant for catalytic N_2O abatement over steam-activated FeZSM-5[J]. Applied Catalysis B: Environmental, 2008, 77 (3/4): 248-254.

[9] Lee S J, Ryu I S, Kim B M, et al. A review of the current application of N_2O emission reduction in CDM projects[J]. International Journal of Greenhouse Gas Control, 2011, 5 (1): 167-176.

[10] Reimer R A, Slaten C S, Seapan M, et al. Adipic acid industry——N_2O abatement: Implementation of technologies for abatement of N_2O emissions associated with adipic acid manufacture. In book: Non-CO_2 Greenhouse Gases: Scientific Understanding, Control and Implementation[M]. Netherlands: Allen Press, 2000, 347-358.

[11] 周禹君, 刘会艳. N_2O 催化分解工艺模拟计算与操作分析[J]. 炼油与化工, 2018, 29 (2): 25-27.

[12] 孙浩杰, 施耀华, 杨益江. N_2O 的工业分解方法[J]. 内江科技, 2009, 30 (6): 84.

[13] Frutos O D, Quijano G, Aizpuru A, et al. A state-of-the-art review on nitrous oxide control from waste

氧化亚氮减排原理
与应用

treatment and industrial sources[J]. Biotechnology Advances, 2018, 36（4）: 1025-1037.

[14] Frutos O D. Novel biotechnologies for N$_2$O abatement[D]. Castillay León: Universidad de Valladolid, 2018.

[15] Zumft W G. Cell biology and molecular basis of denitrification[J]. Microbiol Mol Biol Rev, 1997, 61: 533-616.

[16] Frutos O D, Arvelo I A, Pérez R, et al. Continuous nitrous oxide abatement in a novel denitrifying off-gas bioscrubber[J]. Appl Microbiol and Biotechnol, 2015, 99（8）: 3695-3706.

[17] Frutos O D, Cortes I, Cantera S, et al. Nitrous oxide abatement coupled with biopolymer production as a model GHG biorefinery for cost-effective climate change mitigation[J]. Environ Sci Technol, 2017, 51: 6319-6325.

[18] Frutos O D, Barrigu i n G, Lebrero R, et al. Assessing the influence of the carbon source on the abatement of industrial N$_2$O emissions coupled with the synthesis of added-value bioproducts[J]. Sci Total Environ, 2017, 598: 765-771.

第8章 氧化亚氮直接催化分解中试开发研究

N₂O 减排的方法主要包括直接催化分解技术、选择性催化还原分解技术、高温热分解技术和综合回收利用技术。其中直接催化分解作为最简单有效的办法，已被大多数氧化亚氮尾气减排装置所采纳。N₂O 直接催化分解工艺的核心是催化剂，该催化剂主要包括贵金属催化剂、金属氧化物催化剂和金属离子改性的分子筛等。直接催化分解 N₂O 工艺流程短，反应产物为 N₂ 和 O₂，可以直接排放，几乎不产生 NO$_x$，还可以利用反应热副产工艺蒸汽，是消除 N₂O 的一种比较经济的方法，是实现工业 N₂O 废气减排技术商业化的最佳途径。

北京石油化工学院燃料清洁化及高效催化减排技术北京市重点实验室工业尾气污染治理及催化减排技术课题组，自 2006 年开始进行氧化亚氮催化分解应用基础研究，十几年来该研究团队以工业己二酸厂尾气减排氧化亚氮为目标，开发了各类以过渡金属复合氧化物为主要活性组分的催化剂，催化剂形式覆盖了纯过渡金属氧化物、负载型复合氧化物、尖晶石类复合氧化物、钙钛矿类复合氧化物、六铝酸盐类复合氧化物以及分子筛负载型催化剂[1-33]。开滦（集团）有限责任公司煤化工研发中心自 2013 年 4 月起开始进行 N₂O 直接催化分解技术研究，2014 年与北京石油化工学院合作开发了工业现场应用氧化亚氮直接催化分解催化剂，并进行了工业现场每年 1000t N₂O 的工业中试，实验达到了设计目标[34-36]。

开滦集团 15×10⁴t/a 己二酸装置于 2014 年 6 月正式生产运行，该装置每年尾气排放 4 万多吨 N₂O，随着我国对温室气体减排力度的加大，N₂O 尾气治理势在必行。经多年研究，开发出了 Co-Cu-Ce/γ-Al₂O₃ 的过渡金属氧化物负载型催化剂，研究了工业催化剂成型条件，并对 N₂O 催化分解实验数据进行分析处理，为了研究开发的催化剂在真实的己二酸厂尾气环境下的性能表现，设计建设了一套 1000t/a 己二酸尾气处理中试装置并对 Co-Cu-Ce/γ-Al$_2$O$_3$ 催化剂进行了实验研究。

8.1　1000t/a 己二酸尾气处理中试装置设计及建设

8.1.1　中试装置初步设计方案

初步设计本实验的 N$_2$O 催化分解中试装置方案。

8.1.1.1　工艺参数

中试规模确定为 1000t/a，运行时间为 8000h。

（1）某参考的分解 N$_2$O 装置的工艺参数如表 8-1 所示。

◆ 表 8-1　设计基本数据

基本数据	实际值
N$_2$O 质量流量/(kg/h)	5330
催化剂体积/m^3	14
堆密度/(kg/m^3)	800

该工艺的 N$_2$O 质量空速：

$$\frac{5330}{14 \times 800} = 0.476 \text{h}^{-1}$$

其混合气质量空速：

$$\frac{14000 + 24500}{14 \times 800} = 3.4387 \text{h}^{-1}$$

按同样的停留时间设计中试实验反应器。

（2）中试反应器结构参数设计计算，计算的基本数据如表 8-2 所示。

◆ 表 8-2　设计计算的基本数据

基本数据	理论值	基本数据	理论值
中试规模/(t/a)	1000	入口混合气体量/(m^3/h)	627
运行时间/h	8000	出口混合气体量/(m^3/h)	911.67
处理 N$_2$O 量/(kg/h)	125		

中试反应器装填催化剂体积：

$$\frac{125}{800 \times 0.476} = 0.328\text{m}^3$$

装填催化剂质量：

$$0.328 \times 800 = 262.6\text{kg}$$

本中试反应器参考某企业分解 N_2O 实验装置反应器等比例（高径比相等）缩小。该企业分解 N_2O 反应器直径 D 为 3.5m，催化剂床层高度 H 为：

$$\frac{14}{3.14 \times \frac{3.5^2}{4}} = 1.46\text{m}$$

假设本中试反应器与该企业反应器具有相同的高径比，设直径为 d，则

催化剂床层高度为 $h = (1.46/3.5)d = 0.416d$

催化剂床层体积为 $V = (3.14/4)d^2 \times 0.416d = 0.328d^3$

反应器直径为 $d = 1.00\text{m}$

催化剂床层高度为 $h = 0.416d = 0.416\text{m} \approx 0.42\text{m}$

通过考察，确定反应器直径取 800mm，鉴于 N_2O 催化分解反应在较高温度下转化率较高，而较小反应器热损失较大，故通过提高床层高度来保证床层温度，将催化剂床层高度设定为 700mm。计算结果数据见表 8-3。

◆ 表8-3 主要工艺参数汇总

工艺参数	理论值
反应器大小(高/径)/mm	800/700
催化剂堆密度/(kg/m³)	800
催化剂装填量/kg	262.6

在设计加工过程中，考虑到此中试反应器的尺寸规模还是较大，装填催化剂量大，配套装置处理量相应增加，经课题组讨论，在实际制造时将反应器的尺寸确定为高/直径=640mm/560mm，催化剂装填量为120kg。

8.1.1.2 预设工艺流程

N_2O 尾气与压缩空气进行混合，将 N_2O 浓度稀释至 10%～12%（体积分数）。混合气在预热器 E01 中被加热至 200℃，进入换热器 E02 进行换热升温，再通过开车预热器 E03 加热至反应起始温度 480℃，最后进入分解反应器进行反应，反应温度在 480～700℃ 之间。控制出口温度不超过 700℃，短时间不超过 750℃，以防止催化剂高温失活。反应尾气经过余热换热器 EA04 换热后排空，预设分解 N_2O 的工艺流程简图见图 8-1。

氧化亚氮减排原理
与应用

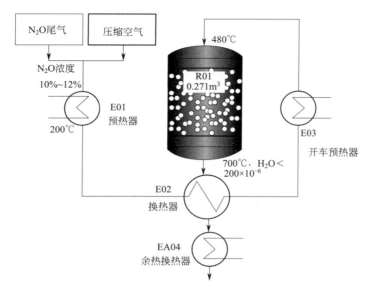

图 8-1　直接催化分解 N$_2$O 工艺流程简图

8.1.2　1000t/a 己二酸尾气处理中试装置设计

1000t/a 己二酸尾气处理中试装置内容包括：流程图、装置布局图、设备、管道、仪表、阀门等。

8.1.2.1　主要设备及技术参数

本套中试装置包含 7 台主要设备，分别为空气压缩罐、静态混合器、换热器、电加热器、反应器、气体取样器 2 个，表 8-4 为设备列表及主要参数。

◆ 表 8-4　主要设备及技术参数

序号	设备编号	新设备名称	单位	数量			材料
				设计	备用	请购	
1	V8591	空气压缩罐	台	1	0	1	碳钢
2	M8591	静态混合器	台	1	0	1	304L
3	E8591	换热器	台	1	0	1	310S
4	E8592	电加热器	台	1	0	1	310S
5	R8591	反应器	台	1	0	1	310S
6	A-2591/A-2592	气体取样（含冷却器）	台	2	0	2	304L

（1）空气压缩罐

空气压缩罐 V8591 用于储存压缩空气，确保压缩空气的压力稳定且能连续供应。技术参数见表8-5。

◆ 表8-5 空气压缩罐技术参数

参数	数值
温度	常温
设计压力/MPa	1
操作压力/MPa	0.6～0.8

(2) 静态混合器

静态混合器M8591内部设置涡流管，用于N_2O和压缩空气按工艺条件进行混合，为静态设备，无需人工操作。技术参数见表8-6。

◆ 表8-6 静态混合器技术参数

参数	数值
介质	N_2O、压缩空气
流量/(kg/h)	N_2O130～286;压缩空气232.15～510.73
温度	常温
设计压力/MPa	0.3
操作压力/MPa	0.18

(3) 换热器

换热器E8591用于预热原料气，将原料气预热再进入加热器升温。技术参数见表8-7。

◆ 表8-7 换热器技术参数

参数	数值
对数传热温差/℃	259.4
气体流量/(kg/h)	724.3
设计温度/℃	冷气侧500;热气侧670
允许阻力降/MPa	0.02
设计压力/MPa	0.3
操作压力/MPa	冷气侧0.18;热气侧0.11

(4) 电加热器

电加热器E8592用于开工状态时对原料气体进行预热，正常实验过程采用换热器预热，无需电加热，电加热器功率为150kW。开工状态下，将原料气由常温预热至460℃以上进入主反应器R8591。技术参数见表8-8。

◆ 表 8-8　电加热器技术参数（不包括后增加的电加热器）

参数	数值
设计温度/℃	550
设计压力/MPa	0.3
功率/kW	150

（5）反应器

本装置主反应器 R8591 是提供 N_2O 催化分解反应的空间，内部装有催化剂、惰性瓷球、金属格栅开孔、金属网。技术参数见表 8-9。

◆ 表 8-9　主反应器技术参数

参数	数值	参数	数值
外形尺寸/mm×mm	ID560×H640	设计压力/MPa	0.3
设计温度/℃	800	操作压力/MPa	0.11
操作温度/℃	400～650	流速/(m³/h)	627～912

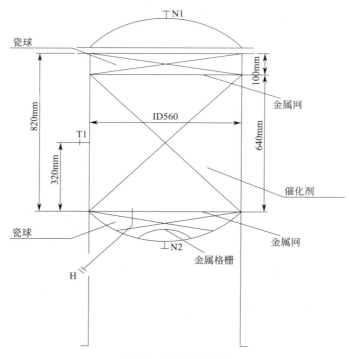

图 8-2　反应器结构简图

反应器中装填成型催化剂，反应器从下至上分别装填惰性瓷球（直径25mm、19mm、10mm）、催化剂（直径 5mm，长 10~15mm）、惰性瓷球（直径 10mm、19mm、25mm）。反应器简图见图 8-2。

8.1.2.2　工艺流程及装置布局图

装置布局管道 3D 图如图 8-3 所示，图 8-4 为中试装置建造现场照片，图 8-5为中试装置 PLC 控制系统界面。

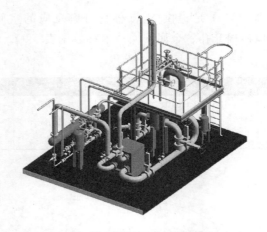

图 8-3　N$_2$O 直接催化分解装置布局管道 3D 图

图 8-4　1000t/a 己二酸厂尾气处理中试装置照片

氧化亚氮减排原理
与应用

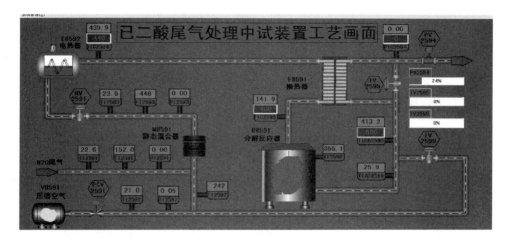

图 8-5　N_2O 催化分解中试装置 PLC 控制系统界面

8.2　中试实验研究

　　该研究以型号为 P-DF-07-LSi 的特种拟薄水铝石为载体，硝酸铜、硝酸钴、硝酸铈为活性组分前驱体，田菁粉为助挤剂，硝酸为胶溶剂，采用电动挤条机批量制备五叶草形催化剂（Co-Cu-Ce/γ-Al_2O_3）。在建成的 1000t/a 己二酸尾气处理中试装置上对 Co-Cu-Ce/γ-Al_2O_3 催化剂进行了研究，考察了体积空速、入口温度及 N_2O 入口浓度对 N_2O 催化分解的影响。

8.2.1　中试装置概况

　　本 N_2O 催化分解中试装置针对己二酸生产过程中产生的尾气，其中含 47.7% N_2（体积浓度，下同）、33.5% N_2O、5.6% O_2、6.1% CO_2，还有少量 Ar、NO 和 NO_2。随着生产负荷的变化，N_2O 可降至 16.5% 左右，中试实验期间，根据原料来气浓度调整压缩空气掺入量，使原料气浓度达到实验要求。

8.2.2　中试装置工艺流程

　　厂区压缩空气经空气压缩罐（V8591）除液后，与来自己二酸装置的尾气（N_2O 浓度 33.5%，为体积浓度，下同）在静态混合器（M8591）中进行混合，N_2O 浓度稀释至 8%～14%，混合后的气体先经过电热器（E8592）预热，再进入换热器（E8591）与反应器出口气体换热，后进入反应器（R8591），N_2O 分解为 N_2 和 O_2，同时放出热量。出口气体进入换热器（E8591）与原料气进行换热，降温后的气体送至烟囱排空。开工时，采用电加热器（E8592）对原料气预热。中试运行期间，将在一定范围内调整入口温度、空速和浓度等参数，考察催化剂性能。条件实验结束后，在固定操作条件下进行长周期催化剂稳定性试验。图 8-6 为实验现场运行实际状态图。

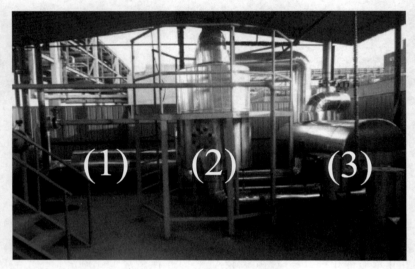

图 8-6　N_2O 直接催化分解现场实际图
（1）—加热器；（2）—反应器；（3）—换热器

8.2.3　公用工程与辅助工程条件

（1）装置用电
用电负荷见表 8-10。

◆ 表 8-10　用电负荷

设备	设备容量	电压
E8592	90kW	380V
电脑、色谱、PLC 系统等	2kW	220V
总计	92kW	

（2）装置用压缩空气
由公辅管廊引入压缩空气，管线外部涂有黑色涂料，压力为 0.18MPa，流

量（标准状态）为 $181\sim397\mathrm{m}^3/\mathrm{h}$。

（3）装置用氮气

装置用氮气管线外部涂有黄色涂料，主要用于开停工装置吹扫，间歇性使用。

（4）仪表风（压缩空气）管线

装置用仪表风管线外部涂有天蓝色涂料，由试验场过来的仪表风经走廊上截止阀进入装置。一般来说，风源压力为 $0.35\sim0.7\mathrm{MPa}$，仪表风经装置上的仪表风压力调节阀向装置气动仪器仪表送风压力，即入口压力应为 140kPa，而气动转换器输出的仪表风压力则为 $21\sim105\mathrm{kPa}$。

（5）装置用水

装置用水为取样冷却器使用，为简化装置结构，采样冷却水采用冷却水箱，人工注入冷水作为冷却介质，不设置循环冷却水接入口。

8.2.4　PLC 控制系统

本中试装置采用 PLC 编程逻辑控制，并配备远程计算机控制系统，可实现远程集中控制，自动化程度高，降低人工操作、记录的烦琐工作。

8.2.5　中试装置开停工步骤

8.2.5.1　催化剂装填

催化剂装填于主反应器（R8591）中，装填过程从下至上分别装填惰性瓷球（25mm、19mm、10mm）、催化剂、惰性瓷球（10mm、19mm、25mm）。

惰性瓷球规格：$Al_2O_3+SiO_2>92\%$；吸水率(%)<0.5；堆密度(kg/m³)为 $1.25\sim1.35$；毛密度（kg/m³）为 $2.2\sim2.35$；最高操作温度（℃）为 982；莫氏硬度(Mon′s hardness scale)>6.8。

催化剂技术指标：催化剂外观呈蓝黑色，五叶草形（草叶内径为 $\Phi3\mathrm{mm}$，外径为 $\Phi8\mathrm{mm}$），长 $10\sim15\mathrm{mm}$；堆密度为 750kg/m³；抗压强度$>100\mathrm{N/cm}$。

本项目催化剂装填至反应器。

更换催化剂时，打开 R8591 反应器，取出装填的催化剂及惰性瓷球，注意防止用钝器破坏反应器内部结构，保证反应器格栅及金属网完好。

8.2.5.2　气密实验及 N_2 置换

从界区引入 N_2，进行 N_2 升压，使 PIC2594 压力达到 30kPa。进行系统的气密实验，在设备法兰、配管法兰、阀门法兰以及排放阀等处，涂肥皂水，检查泄漏点。打开尾气排放管线上 PIC2594 泄至常压后，关闭排放阀 PV2594。继续引入 N_2 升压，使 PIC2594 压力达到 100kPa，停止 N_2 升压。反复进行置换操作，排放处测得 O_2 浓度（体积分数）在 0.5％以下时，便是 N_2 置换合格，关闭入口阀，完成 N_2 置换。

8.2.5.3 建立气体循环

开工准备工作完成后，检查冷却水、电、气等公用工程。打开管线阀门，引入 N_2O 尾气和压缩空气，根据 FI2591 和 FI2592 流量控制 N_2O 尾气与压缩空气流量，从而控制反应空速大小。气体经静态混合器（M8591）混合后，分别进入电加热器（E8592）、换热器（E8591）、反应器（R8591）至尾气排放口排放，通过检测取样点气体组成，并根据色谱数据分析判断。当尾气中 N_2O 浓度达到 11％的设定值，并且两处取样口组成一致时，建立循环气体过程完成，维持此状态，进行下一步操作。

8.2.5.4 系统开车及实验研究

完成系统循环气稳态调节后，启动电加热器预热升温，控制升温速率小于 50℃/h。观察 TI2595 与 TI2596 温度变化，TI2596 较 TI2595 温度高，说明此时已发生 N_2O 催化分解反应，此后反应器逐渐升温至 630℃左右，通过 TV2595 调节阀自动控制反应尾气进入换热器（E8591）的流量，并自动调节电加热器（E8592）功率，直至停止 E8592 电加热。通过检测取样口样品组成，确定反应是否完全。在系统达到稳态后，反应开始持续进行。

空速实验的调节方法：通过调节 FI2591 和 FI2592 流量控制 N_2O 尾气与压缩空气流量，当系统达到上述稳定状态时，考察该空速条件下，催化剂催化分解 N_2O 的转化率。

气体配比的调节方法：通过调节 FI2591 和 FI2592 流量控制 N_2O 尾气与压缩空气流量，检测分析取样口气体组成，当达到稳态条件时，考察催化剂催化分解 N_2O 的转化率。

催化剂活性实验：通过上述实验确定最佳空速及浓度配比，在稳定的条件下考察催化剂活性，通过分析样品组成测定 N_2O 转化率，并以此作为评价催化剂活性指标，当转化率低于 99％时，即达到催化剂验证目标。

8.2.5.5 实验样品收集及分析

能否顺利地完成试验并取得具有代表性的试验数据，除了要平稳运转外，对气体样品正确地收集与处理也是非常必要的。

分析样品的采集原则：采集具有代表性的样品，尽量减少对装置运转情况的

氧化亚氮减排原理
与应用

扰动。在规定的取样时间，及时进行取样。最后还应对比前后数据，及时掌握装置运转状态是否正常。

采集样品操作规程：

① 确认装置运转情况是否平衡，是否符合采样条件。

② 根据具体情况，确定采集口的温度。

③ 缓慢打开采样阀的旁路进行气体置换，控制速度，置换 5min，确保获得新鲜样品气体。

④ 采用取样钢瓶或取样袋收集样品，同一样品要采集 2 份。

⑤ 进行色谱分析并分析检测结果，同一样品一般要分析 3 次。

⑥ 对于可疑样品要重新检测。

8.2.5.6 停车步骤

① 调节 TV2595 开度控制高温尾气进入换热器的量，从而控制入口原料气的温度，降低原料气温度至 400℃以下，致使催化反应停止放热，尾气温度逐渐降低。

② 在气体循环状态下，带走反应器内部热量，防止热量积聚造成催化剂损坏。注意控制降温速率在 100℃/h 以内，防止温度迅速降低造成催化剂及反应器损坏。

③ 当反应器温度降至 200℃以下，停止 N_2O 尾气进料，改用 N_2 吹扫，并关闭压缩空气进料阀。

④ 当反应器温度降低至 100℃以下，停止吹扫，自然降温。

⑤ 停止 N_2 吹扫，关闭进气阀，停工完毕。

8.2.6 第一阶段实验结果

8.2.6.1 体积空速对 N_2O 催化分解的影响

体积空速反映了气体和催化剂接触时间的长短。当空速过低时，气体在催化剂上停留的时间变长，有利于催化反应的进行，但是空速过低不利于气体由主流区向边界层扩散，导致反应气体与催化剂的接触时间降低，从而抑制了催化反应的进行。另外，如果空速过低，则表示处理单位体积的反应气体所需的催化剂多，从而增加运行成本。当空速过高时，由于反应气体与催化剂接触的时间过短，有些气体还没来得及参与催化反应便通过了催化剂，从而降低了 N_2O 的转化率。同时，如果空速过高，则意味着气体对催化剂的冲刷力度加大，从而增加对催化剂的磨损。因此，为了达到理想的催化分解 N_2O 的效果，在工业中试过程中应选择合适的空速。

本实验在 N_2O 浓度为 10％ 的条件下，改变体积空速分别为 $2500h^{-1}$、$3000h^{-1}$ 和 $3500h^{-1}$，考察体积空速对 Co-Cu-Ce/γ-Al_2O_3 催化剂催化分解 N_2O 的影响。表 8-11 为 480℃时 Co-Cu-Ce/γ-Al_2O_3 催化剂在不同体积空速下催化分解 N_2O 的转化率，图 8-7 为不同体积空速下 Co-Cu-Ce/γ-Al_2O_3 催化剂催化分解 N_2O 反应温度与 N_2O 转化率的关系图。

◆ 表 8-11　480℃入口温度及不同体积空速下 N_2O 的转化率

体积空速/h^{-1}	2500	3000	3500
N_2O 的转化率/％	45.07	42.89	15.50

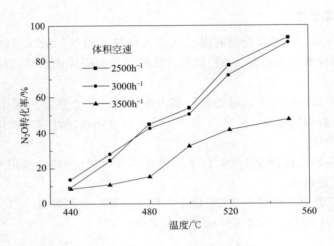

图 8-7　体积空速对 N_2O 催化分解的影响

由表 8-11 和图 8-7 可以看出，在三种不同体积空速下，N_2O 的转化率均随着温度的升高而增大。在 480℃时 Co-Cu-Ce/γ-Al_2O_3 催化剂在 $2500h^{-1}$ 和 $3000h^{-1}$ 下催化分解 N_2O 的转化率分别为 45.07％、42.89％，基本接近，这是因为体积空速低于一定值时，通过催化剂的气体的流型（层流和湍流）对催化体系反应性能的影响不明显。但是，当体积空速增加到 $3500h^{-1}$ 时，N_2O 的转化率下降明显，这是因为当体积空速增大时，反应气体与催化剂接触时间过短，从而 Co-Cu-Ce/γ-Al_2O_3 催化剂催化分解 N_2O 的性能下降。

8.2.6.2　入口温度对 N_2O 催化分解的影响

本实验在体积空速为 $2500h^{-1}$、N_2O 浓度为 10％下，改变入口温度分别为 440℃、460℃、480℃、500℃、520℃和550℃，考虑到加热器功率以及反应器材质限制，入口温度最高设定为 550℃，考察入口温度对 Co-Cu-Ce/γ-Al$_2$O$_3$ 催化剂催化分解 N$_2$O 的影响。表 8-12 为 Co-Cu-Ce/γ-Al$_2$O$_3$ 催化剂在不同入口温度下催化分解 N$_2$O 的转化率，图 8-8 为不同入口温度下 Co-Cu-Ce/γ-Al$_2$O$_3$ 催化剂催化分解 N$_2$O 反应温度与 N$_2$O 转化率的关系图。

◆ 表 8-12　N$_2$O 在不同入口温度下的转化率

入口温度/℃	440	460	480	500	520	550
N$_2$O 的转化率/%	8.9	24.49	45.07	53.97	77.7	93.3

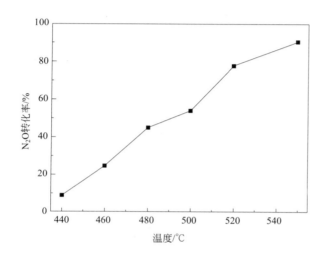

图 8-8　入口温度对 N$_2$O 催化分解的影响

由表 8-12 和图 8-8 可以看出，随着入口温度的增加，Co-Cu-Ce/γ-Al$_2$O$_3$ 催化剂催化分解 N$_2$O 的转化率逐步上升。当入口温度为 440℃时，N$_2$O 的转化率仅为 8.9%，当入口温度升至 550℃时，N$_2$O 的转化率为 93.3%，此时反应器的出口温度达 670.5℃，这是因为 N$_2$O 催化分解反应为放热反应。但进入换热器时的温度仅为 364.5℃，意味着在管路中热量损失严重，从而增大了加热器的负荷。在以后的中试装置中可以增加对管路的保温措施，尽量降低热量在管路中的损失，一方面提高催化反应放出的热量的利用率，另一方面降低加热器的负荷。

8.2.6.3　N$_2$O 入口浓度对 N$_2$O 催化分解的影响

本实验在体积空速为 2500h^{-1} 的条件下，改变 N$_2$O 入口浓度分别为 8%、10%、12% 和 14%，考察 N$_2$O 入口浓度对 Co-Cu-Ce/γ-Al$_2$O$_3$ 催化剂催化分解 N$_2$O 的影响。表 8-13 为 480℃时 Co-Cu-Ce/γ-Al$_2$O$_3$ 催化剂在不同 N$_2$O 入口浓

度下催化分解 N_2O 的转化率，图 8-9 为不同 N_2O 入口浓度下 Co-Cu-Ce/γ-Al_2O_3 催化剂催化分解 N_2O 反应温度与 N_2O 转化率的关系图。

由表 8-13 和图 8-9 可以看出，在入口温度为 440℃时，随着 N_2O 浓度的增大，N_2O 的转化率逐步上升，但是随着温度的升高，N_2O 的转化率并没有随着 N_2O 浓度的增大而继续上升，其中，N_2O 浓度为 10％时，Co-Cu-Ce/γ-Al_2O_3 催化剂催化分解 N_2O 的性能最佳，入口温度 500℃时 N_2O 的转化率达 53.97％，这是因为当 N_2O 浓度低于 10％时，反应气体未能充分和催化剂接触，而过高浓度的 N_2O 对催化剂催化分解 N_2O 有抑制作用。

◆ 表 8-13 N_2O 在入口温度 480℃、不同入口浓度下的转化率

N_2O 入口浓度/%	8	10	12	14
N_2O 的转化率/%	29.7	45.1	29.2	32.6

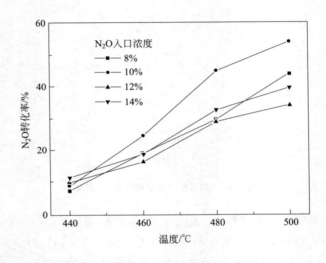

图 8-9 N_2O 入口浓度对 N_2O 催化分解的影响

从上述实验结果可以看出，在当时设备能力情况下（特别是电加热器加热能力），反应器的最高转化率为 93.3％，此时的反应器气体入口温度达到 550℃，再无法提高气体入口温度。这时的体积空速为 $2500h^{-1}$，因设备的原因无法再进一步降低空速。

本中试实验的期望目标是氧化亚氮的分解转化率为 99％以上，对目前实验结果进行分析可能有两个原因：一是放大后，催化剂的性能可能有所下降，或者反应器设计不合理；第二个原因，可能是催化剂装填量不够，催化剂装填量和堆密度两个指标都没有达到设计值。

8.2.7 第二阶段实验结果

重新打开反应器，发现催化剂床层厚度大幅缩减，也间接证实首次装填催化剂堆密度过低的猜测。于是，再次补充装填催化剂，补充前后的催化剂床层情况见表8-14。

◆ 表8-14 第一阶段实验后及补充催化剂后的催化剂床层情况

项目		补充前	补充后
催化剂装填参数	ID/m	0.55	0.55
	H/m	0.52	0.76
	V/m³	0.123481	0.180472
催化剂填充质量/kg		92.2	134.912(补充量:42.712)
堆密度/(kg/m³)		746.7	747.6

启动第二阶段实验，对比第一阶段仍考察入口浓度、体积空速、入口温度对 N_2O 分解率的影响。尾气 N_2O 压力 0.03MPa（表压），压缩空气 0.06MPa（表压），混合气体 0.01MPa（表压），压力一直稳定。

8.2.7.1 N₂O 浓度对转化率的影响

为了考察入口浓度对转化率的影响，控制体积空速为 $2500h^{-1}$，入口温度分别为 440℃、460℃、480℃、500℃、520℃时，改变入口浓度，观察其变化对转化率的影响。实验原料气 N_2O 来源于己二酸厂排放尾气，气体进入中试装置，用压缩空气稀释至工艺所需浓度进行分解。

入口浓度受两方面因素制约：一是来源尾气中 N_2O 的浓度，主要受己二酸厂生产负荷的影响。二是旁路压缩空气的影响，由于尾气 N_2O 长距离输送至中试现场，表压为 0.03MPa，而压缩空气进气端设计有压缩罐，表压为 0.06MPa，两路气体在进入混合器时，压缩空气的压力也制约着 N_2O 流量的调节，进而影响 N_2O 浓度。

通过理论分析，提高入口浓度，就要增加 N_2O 的流量，势必会降低压缩空气的流量，气路压力降低，因此原料气的流速就会降低，从而增加了原料气在反应器中的停留时间，有利于反应充分进行。此外，N_2O 浓度提高，反应量增加，进一步升高床层温度，在反应温度区间内，提高床层温度更有利于反应充分进行。但是，N_2O 浓度过高，单位体积催化剂的处理量有限，反应后尾气 N_2O 转化率不一定达标，而且床层温度过高，容易使催化剂失活，高温也超出设备的承受能力，不利于长期平稳运行。因此，入口浓度具有一个最优值。

实验分别考察了入口浓度为 8%、10%、11%、12%、14%时 N_2O 的转化率，见图 8-10。从图中可以看出，当入口浓度从 8%提高至 12%时，N_2O 的转化率也不断提高，但是继续提高至 14%时，转化率反而出现下降的情况。以入口温度为 520℃为例，当入口浓度从 8%提高至 12%时，N_2O 的转化率也从 73.6%提高至 94.7%，但是入口浓度继续提高至 14%时，转化率下降至 90.7%，这说明 12%左右可能是该工艺条件下的最佳入口浓度，具体转化率变化见表 8-15。

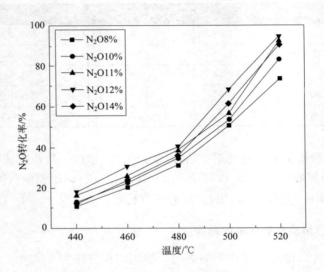

图 8-10　入口浓度对 N_2O 催化分解的影响

◆ 表 8-15　不同温度下入口浓度对应 N_2O 转化率　　　　　　　　　　　　　　　　单位：%

转化率	温度				
	440℃	460℃	480℃	500℃	520℃
8%	10.7	20.3	31.2	50.9	73.6
10%	12.7	22.8	34.9	53.6	83.2
11%	16.4	25.9	38.7	56.8	92.6
12%	18	30.6	40.4	68.3	94.7
14%	12.2	23.7	35.9	61.6	90.7

8.2.7.2　体积空速对转化率的影响

探究体积空速对转化率的影响。在探究得最佳入口浓度 12%的前提下，入口温度分别为 440℃、460℃、480℃、500℃、520℃时，改变体积空速，观察其变化对转化率的影响。

　　通过理论分析，低空速条件下，原料气流量降低，气路压力也降低，气体在反应器中停留时间增加，有利于反应充分进行，但是空速过低，不利于气体在催化剂床层扩散，催化剂利用效率降低，而且气体流量小不利于带走反应热量，容易导致反应器床层温度过高。高空速条件下，气体在反应器中停留时间少，不利于充分反应，达不到目标转化率，因此选择最佳体积空速的原则是转化率高，且反应器气体出口温度不出现"飞温"现象。

　　实验分别考察了体积空速为 $1900h^{-1}$、$2300h^{-1}$、$2500h^{-1}$、$3000h^{-1}$，不同入口温度下的转化率，见图 8-11。从图中可以看出，随着体积空速的增大，N_2O 转化率也不断降低。以入口温度为 520℃ 为例，当体积空速从 $1900h^{-1}$ 增大至 $3000h^{-1}$ 时，N_2O 转化率也从 99.9％ 降低至 79.3％，这说明体积空速为 $1900h^{-1}$ 可能是该工艺条件下的最佳体积空速，具体转化率变化见表 8-16。

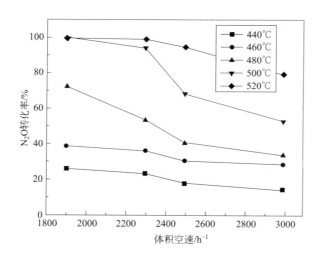

图 8-11　体积空速对 N_2O 催化分解的影响

◆ 表 8-16　不同温度下体积空速对应 N_2O 转化率　　　　　　　　　　　　　　　　单位：％

空速	温度				
	440℃	460℃	480℃	500℃	520℃
$1900h^{-1}$	26.1	38.5	72.4	99.7	99.9
$2300h^{-1}$	23.5	36.0	53.6	94.4	99.2
$2500h^{-1}$	18.0	30.6	40.4	68.3	94.7
$3000h^{-1}$	14.3	28.5	33.5	52.6	79.3

8.2.7.3　入口温度对转化率的影响

探究入口温度对转化率的影响。在探究得最佳入口浓度 12%，最佳体积空速 1900h^{-1} 前提下，改变入口温度，观察其变化对转化率的影响。

原料气预热至起始反应温度后从反应器上端进入，开始反应，并不断产生热量提高催化剂床层温度，并且热量不断从催化剂床层上端被带到下端，因此催化剂床层下端温度上升更快，有利于反应充分进行。

通过理论分析，本次制备的催化剂反应温度区间是 430～560℃，当入口温度为 440℃时，已经达到反应要求，但是起始温度比较低，反应进行得不充分，催化剂床层温度积累的热量大部分被气流带走，床层温度升不上去，不利于转化率的提高。因此，需要提高入口温度，使反应更充分，产生更多热量来升温床层。但是，入口温度也是有极限的。入口温度提高，一方面使得反应更加充分，催化床层容易积累过多热量导致温度过高，影响催化剂的性能，另一方面入口温度提高，加大设备运行负荷，长期运行不利于保持设备的使用寿命和后期维修。后期催化剂使用过程，其分解性能降低，只能通过提高入口温度来达到转化率要求。因此，选择入口温度的原则是，在保证转化率的前提下尽可能降低入口温度。

实验考察入口温度为 440℃、460℃、480℃、500℃、520℃下的转化率，见图 8-12。从图中可以看出，当入口温度从 440℃提高至 500℃时，N$_2$O 转化率也从 26.0%提高至 99.7%，但是当继续提高至 520℃时，N$_2$O 转化率为 99.9%，上升的空间有限。具体转化率变化见表 8-17。另外，从入口温度对应的出口温度可以看出相似的规律，当入口温度从 440℃提高至 500℃时，出口温度也由

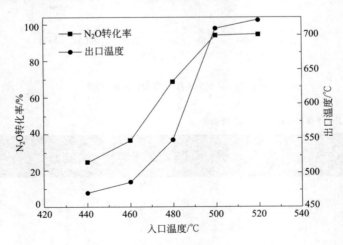

图 8-12　入口温度对 N$_2$O 催化分解的影响

469℃上升至695℃，但继续提高至520℃时，出口温度上升至706℃，上升的空间也有限，这与 N_2O 转化率及反应量是相对应的。出口温度是衡量催化剂失活和反应器设备运行上限的指标，因此需要严格控制。

◆ 表 8-17　入口温度对应 N_2O 转化率及出口温度

入口温度/℃	440	460	480	500	520
转化率/%	26.0	38.5	72.4	99.7	99.9
出口温度/℃	469	484	578	695	706

8.2.7.4　N_2O 分解副产物 NO_x 的生成规律

经测量己二酸尾气中 N_2O 浓度（体积分数）为 33.5%，NO_2 浓度为 5×10^{-4}，NO 浓度为 2.2×10^{-4}，NO_x（NO_x 为 NO_2 和 NO 之和）浓度为 7.2×10^{-4} 左右。为了考察 N_2O 催化分解过程 NO_x 产物分布情况，在实验过程中，在不同 N_2O 分解转化率条件下，采用瑞士 ECO PHYSICS 公司生产的 CLD62 型氮氧化物分析仪分别测定了反应器入口和出口 NO_2 和 NO 浓度变化，并得出规律如下。

如图 8-13 所示，实验选取浓度条件为 10%～12% 的实验点，从转化率 0～99.24% 选取 7 个数据点，从图中可以看出，由于入口浓度控制不够平稳，NO_2 的浓度略有变化，但基本保持平稳。随着反应转化率的升高，出口 NO_2 的浓度

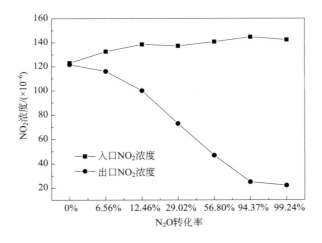

图 8-13　N_2O 分解反应对 NO_2 的影响

有降低的趋势，在 N_2O 转化率为 99.24% 条件下，出口 NO_2 浓度达到 $2×10^{-5}$ 左右。

如图 8-14 所示，入口 NO 的浓度基本保持平稳，但是随着反应转化率的升高，出口 NO 的浓度明显升高，在 N_2O 转化率为 99.24% 条件下，出口 NO 的浓度达到 $2.2×10^{-4}$ 左右。

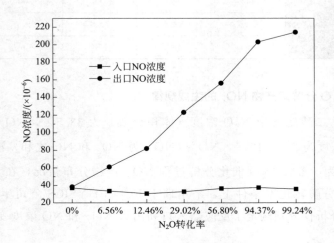

图 8-14　N_2O 分解反应对 NO 的影响

从图 8-15 可见，入口 NO_x 的浓度基本保持平稳，但是出口 NO_x 的浓度随着 N_2O 反应转化率的升高而增大。在转化率为 99.24% 条件下，入口 NO_x 浓度

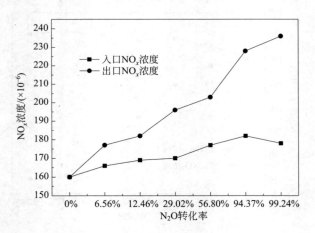

图 8-15　N_2O 分解反应对 NO_x 的影响

　氧化亚氮减排原理
与应用

从 1.78×10^{-4} 升高到出口 NO_x 浓度 2.36×10^{-4}，NO_x 总量增加近 33%，但依然维持在较低的水平上。

8.3 中试实验结果讨论

（1）确定 N_2O 浓度

在考察了入口浓度对转化率的影响之后，得出结论：较高的浓度会使得床层温度"飞温"，进而影响催化剂活性，也不利于设备长期运行，因此，维持入口浓度在 $11\% \sim 12\%$ 之间，既保证有较高的转化率，又可以长期稳定运行。

（2）选择适宜的体积空速

体积空速是影响转化率的另一个重要因素。较高的体积空速，气流过快，带走大量的反应热，而且反应不充分，达不到转化率要求；较低的体积空速能保证转化率，但设备投资会增大。因此，体积空速选择在 $1500 \sim 2500 h^{-1}$ 比较适宜。

（3）入口温度是控制转化率的手段

入口温度高，对催化剂寿命以及设备不利，但是入口温度过低达不到反应要求，考虑到后期催化剂活性会降低，只能通过提高入口温度来达到转化率要求，因此，应起初控制入口温度较低，选择入口温度在 $480 \sim 500 ℃$，且转化率达到 99% 以上。

（4）避免产生二次污染物

N_2O 催化分解反应致使 NO_2 浓度降低，NO 浓度升高，NO_x 量增大。在 N_2O 转化率为 99.24% 时，虽然出口 NO_x 量为 2.36×10^{-4}，比入口增加 33%，但依然保持在较低水平。

参考文献

[1] 刘久欣，王新承，李翠清，等 . 直接催化分解氧化亚氮的金属氧化物催化剂研究进展[J]. 化工环保，2021，41（3）：263-272.

[2] 徐庆生，刘久欣，王亚涛，等 . 硝酸胶溶剂对 CuO/HZSM-5 成型催化剂性能的影响[J]. 工业催化，2020，28（7）：29-35.

[3] 徐庆生，宋永吉，刘久欣，等 . 催化剂 Cu/HZSM-5 的硅铝比对催化分解 N_2O 的影响[J]. 环境工程学报，2020，14（6）：1579-1591.

[4] 黄思齐，王新承，于泳，等 . 负载型铜铁催化剂直接催化分解 N_2O 的研究[J]. 现代化工，2019，39（8）：124-128.

[5] 李思漩, 夏蕾, 李靖宇, 等. 成型条件对 Co/ZSM-5 催化剂催化分解 N_2O 性能影响[J]. 化工进展, 2019, 38（4）: 1746-1752.

[6] 仇杨君, 黄思齐, 庞子涛, 等. CuYO/γ-Al_2O_3 催化剂催化分解 N_2O 性能[J]. 环境化学, 2018, 37（7）: 1591-1598.

[7] 曹雨来, 仇杨君, 于泳, 等. 催化分解 N_2O 的催化剂工业中试应用条件研究[J]. 环境污染与防治, 2018, 40（1）: 80-83.

[8] 曹雨来, 宋永吉, 李翠清, 等. Co-Cu-Ce-Fe/γ-Al_2O_3 催化剂催化分解 N_2O 的性能[J]. 工业催化, 2017, 25（7）: 18-22.

[9] 丁林, 曹雨来, 宋永吉, 等. Co-Cu-M（M= Fe, Mn, Ni, Zn, Ce）催化剂催化分解 N_2O 性能[J]. 化工进展, 2016, 35（11）: 3521-3525.

[10] 于泳, 丁林, 李建华, 等. γ-Al_2O_3 负载钴、铜复合氧化物催化分解 N_2O 性能研究[J]. 石油化工, 2016, 45（4）: 434-438.

[11] Wang M J, Wang H, Li C Q, et al. Catalytic decomposition of N_2O over M（10）/RPSA（M= Mg, Mn, Cu, Zn）catalysts[J]. Advanced Materials Research, 2014, 1010-1012: 666-669.

[12] Zhang C, Song Y, Shi F, et al. High catalytic activity and stability of hexaaluminate catalysts for N_2O decomposition[R]. 2012 中国功能材料科技与产业高层论坛, 云南, 2012.

[13] 王泰, 王虹, 李翠清, 等. 碱土金属修饰的 Co/RPSA 催化剂催化分解 N_2O[J]. 工业催化, 2012, 20（6）: 19-22.

[14] 何康康, 曹明清, 王虹, 等. Co/RPSA 系列催化剂在 N_2O 分解中的应用[J]. 工业催化, 2012, 20（5）: 69-73.

[15] 王泰, 王虹, 李翠清, 等. 稀土修饰的 Co/Hβ 催化剂催化分解 N_2O[J]. 环境化学, 2012, 31（2）: 35-37.

[16] Song Y, Ren D, Ren X, et al. Co-Ni-substituted La-Ba-hexaaluminate nanoparticles for catalytic combustion of methane [R]. The World Congress on Engineering and Technology（CET 2011）, Shanghai, 2011.

[17] 冯英, 宋永吉, 任晓光, 等. 金属掺杂的镧锰六铝酸盐催化还原 NO[J]. 环境化学, 2011, 30（6）: 1157-1161.

[18] 李翠清, 李敏, 王虹, 等. γ-Al_2O_3 负载的 $Ni_xCo_{1-x}Co_2O_4$ 催化剂 N_2O 催化分解性能[J]. 工业催化, 2010, 18（12）: 70-75.

[19] 王虹, 王军利, 李翠清, 等. ACo_2O_4/HZSM-5 催化剂上 N_2O 的直接分解[J]. 物理化学学报, 2010, 26（10）: 2379-2384.

[20] Zheng J, Ren X, Song Y, et al. Effect of preparation methods and mirror plane cation on the catalytic property of $AMnAl_{11}O_{19-\delta}$（A= K, Ca）catalysts[J]. Catalysis Communications, 2009, 10: 1226-1229.

[21] 宋永吉, 董留涛, 李翠清, 等. 不同方法制备 $LaCu_{0.8}Zn_{0.2}Al_{11}O_{19-\delta}$ 催化剂及其 N_2O 催化分解活性[J]. 环境污染与防治, 2009, 31（9）: 19-22.

[22] 董留涛, 宋永吉, 李翠清, 等. $LaCu_xZn_{1-x}Al_{11}O_{19-\delta}$ 六铝酸盐催化剂分解 N_2O 的催化性能[J]. 环境化学, 2009, 28（2）: 238-241.

[23] 宋永吉, 李翠清, 王虹, 等. 铜锌掺杂的六铝酸盐分解 N_2O 催化性能研究[J]. 工业催化, 2008, 16（10）: 172-175.

[24] 刘久欣. 氧化物负载过渡金属催化剂催化分解氧化亚氮性能研究[D]. 北京: 北京工业大学, 2021.

[25] 徐庆生. 催化分解 N_2O 的 HZSM-5 催化剂制备及其催化性能研究[D]. 北京: 北京工业大学, 2020.

[26] 黄思齐. 负载型铜铁复合氧化物催化剂直接催化分解氧化亚氮的研究[D]. 北京: 北京化工大学, 2019.

[27] 仇杨君. 催化分解 N_2O 催化剂制备及中试条件研究[D]. 北京: 北京石油化工学院, 2018.

[28] 曹雨来. 氧化亚氮催化分解工业催化剂的制备及中试实验研究[D]. 北京: 北京石油化工学院, 2017.

[29] 丁林. N_2O 直接催化分解催化剂制备及工艺条件实验研究[D]. 北京: 北京石油化工学院, 2016.

[30] 冯英. 六铝酸盐型脱硝催化剂的研究[D]. 北京: 北京化工大学, 2011.

[31] 张超. 己二酸尾气 N_2O 催化分解工艺条件的研究[D]. 北京: 中国石油大学（北京）, 2010.

氧化亚氮减排原理
与应用

[32] 董留涛 . 六铝酸盐型 N_2O 催化分解催化剂的研究[D] . 北京:北京化工大学,2009.

[33] 朱安民 . 天然气燃烧催化剂的逆微乳液合成及性能研究[D] . 北京:北京化工大学,2007.

[34] 开滦(集团)有限责任公司,北京石油化工学院 . 己二酸尾气中 NO_x 无害化处理与 N_2O 分离技术研究工作报告[R] . 2017.

[35] 开滦(集团)有限责任公司,北京石油化工学院 . 己二酸尾气中 NO_x 无害化处理技术报告[R] . 2017.

[36] 开滦(集团)有限责任公司 . 科技成果验收证书:己二酸尾气中 NO_x 无害化处理与 N_2O 分离技术 . 开科验字[2017]第 05 号 .

第9章　温室气体减排政策与趋势

工业革命以来，人为大量排放温室气体对地球大气环境的影响日益严重，大气温度的升高对环境和工农业生产活动产生了明显的负面影响。减少二氧化碳的排放已经成为大势所趋，除二氧化碳以外，对产生温室效应有重要作用的气体还有甲烷、氧化亚氮、臭氧、氯氟烃等。随着人口的急剧增加和工业的迅速发展，排入大气中的二氧化碳相应增多，同时由于森林被大量砍伐，大气中应被森林吸收的二氧化碳没有被吸收，温室效应也不断增强。

温室效应和全球气候变暖已经引起了世界各国的普遍关注并采取了积极的应对措施，联合国大会于 1992 年 5 月 9 日通过的《联合国气候变化框架公约》是世界各国应对温室气体问题的共同宣言，终极目标是将大气温室气体浓度维持在一个稳定的水平。2020 年 9 月 22 日，习近平主席在第七十五届联合国大会一般性辩论上郑重宣布，中国将提高国家自主贡献力度，采取更加有力的政策和措施，二氧化碳排放力争于 2030 年前达到峰值，努力争取 2060 年前实现碳中和。中央"十四五"规划建议在 2035 年目标中提出"广泛形成绿色生产生活方式，碳排放达峰后稳中有降"，在战略任务中提出"降低碳排放强度，支持有条件的地方率先达到碳排放峰值，制定 2030 年前碳排放达峰行动方案"。这意味着作为世界上最大的发展中国家，为实现这一对全世界的庄严承诺，中国必将进一步加强温室气体减排力度。

9.1　温室气体与温室效应

9.1.1　温室气体

温室气体是指大气中能够吸收地球表面反射的长波红外辐射，并重新发射红外辐射而使地球表面升温的气体，因为起到一种类似温室的作用，而被称作温室气体（greenhouse gas，GHG），大气中的温室气体主要包括二氧化碳（CO_2）、甲烷（CH_4）、氧化亚氮（N_2O）、氢氟碳化物（HFCs）、全氟化碳（PFCs）、六氟化硫（SF_6）、全氯氟烃（CFCs）、氢代氯氟烃类化合物（HCFCs）、臭氧（O_3）及水汽（H_2O）等。主要温室气体的性质及来源见表9-1。

◆ 表9-1　主要温室气体的性质及来源

主要温室气体	性质		来源
二氧化碳（CO_2）	—		化石燃料燃烧,土地利用变化,森林被破坏
甲烷（CH_4）	大气中含量丰富的有机气体,在大气中存在的平均寿命为8年	人为源	农业活动,畜禽养殖,城市垃圾处理厂,生物质燃烧
		自然源	天然沼泽、湿地、河流湖泊、海洋、热带森林
一氧化二氮或氧化亚氮（N_2O）	被称作"笑气",在大气层中的存在寿命150年左右,在对流层中具有化学惰性	人为源	农业活动,生物质燃烧,化石燃料燃烧,己二酸和硝酸生产
		自然源	海洋、温带热带的草原和森林生态系统
氢氟碳化物（HFCs）	具有很强的温室效应,对辐射强迫产生显著影响;寿命较短,一般为几十年		主要来自工业生产
全氟化碳（PFCs）	主要包括 CF_4、C_2F_6、C_4F_{10} 三种物质,其中 CF_4 占绝大部分,C_4F_{10} 量很少;在大气中非常稳定,寿命较长,为 3200～5000 年		铝生产过程是 CF_4、C_2F_6 最大的排放源
六氟化硫（SF_6）	大气中非常稳定,寿命约为3200年		大部分来自绝缘器及高压转换器的消耗,以及镁（Mg）的生产过程

大气中适量温室气体的存在，带来恰到好处的温室效应，对整个地球生态系统以及人类生存是有益的。如果没有温室气体，近地层平均气温要比现在显著低33℃，地球将会成为一个寒冷的星球。但是工业革命以来，由于人口增加、工业高速发展、城市面积不断增大、森林砍伐严重等，大气中温室气体的浓度显著上升，温室效应持续加强，其对社会和经济发展产生了严重影响[1]。

9.1.2　温室效应

温室气体之所以会造成温室效应，是由于其本身所具有的吸收红外线的能力，这种性质由其分子结构决定。在分子中存在着非极性共价键或极性共价键，分子也因此分为极性分子和非极性分子。分子极性的强弱可以用偶极矩 μ 来表示，而只有偶极矩发生变化的振动才能引起可观测的红外吸收光谱，则该分子被称为红外活性的，而 $\Delta\mu=0$ 的分子振动不能产生红外振动吸收，则称之为非红外活性的。

很多分子都具有红外吸收活性。但相对来说，一种气体能否成为温室气体，还应考虑它在大气中的含量和持续的时间。表 9-2 为温室气体的一些具体特点。

◆ 表 9-2 主要温室气体的特点

项目	CO_2	CH_4	CFC-11	CFC-12	N_2O
平均寿命/a	50～200	8	65	130	150
20 年增温潜势	1	63	4500	7100	270

温室气体的寿命是指温室气体分子产生后在大气中的平均存留时间。温室气体分子的寿命由多种因素决定：与其他化学成分反应的难易程度，被海洋、土壤、生物所吸收或释放的可能。由表 9-2 可见，CO_2 的寿命最长，达 200 年，N_2O 可达 150 年。

全球增温潜势（global warming potential，GWP）是通过将特定气体和相同质量参照气体（CO_2）比较，来衡量其造成全球增温的相对能力。

在计算全球增温潜势时，一般会以一段特定长度的评估期间为准（如 100 年）。化学物质的全球增温潜势和以下因素有关：① 化学物质对红外线的吸收能力；② 其吸收光谱波长的范围；③ 化学物质在大气中的寿命。因此提到全球增温潜势时也需一并说明其评估期间的长度。全球增温潜势可用式（9-1）计算，

$$\text{GWP}(x) = \frac{\int_0^{TH} a_x[x(t)]dt}{\int_0^{TH} a_r[r(t)]dt} \tag{9-1}$$

式中，TH 代表评估的时间长度；a_x、a_r 是 1kg 气体的辐射效率，W/$(\text{cm}^2 \cdot \text{kg})$；$x(t)$ 则是 1kg 气体在 $t=0$ 时释放到大气后，随时间衰减之后的比例。分子是待测化学物质的积分量，分母则是 CO_2 的积分量。随着时间变化，辐射效率 a_x 和 a_r 可能不是常数。许多温室气体吸收红外线辐射的量和其浓度成正比，但有些重要的温室气体（如 CO_2、CH_4 和 N_2O）的红外吸收量和其浓度成非线性关系。

因此，若分子 CO_2 在一年内形成一个单位的增温效果，则一分子 CH_4 为 63个单位，N_2O 为 270，氟氯烃的增温效果较大，其中 CFC-11 为 4500，CFC-12 为 7100[1,2]。

9.1.3　温室气体对气候变化的贡献

气候系统是地球系统中活跃的组成部分之一，从地质历史看，地球一直以来就经历着冷—暖和干—湿等一系列的自然变化，而且不排除在某一时期存在比现在更适宜或更恶劣的地球气候。科学家利用冰心、深海沉积物、石笋、黄土剖面、湖相沉积、珊瑚以及树轮等一些古气候代用记录来发现、重建古气候条件，从而使人类对过去的气候变化有了日益深入的认识。当前以全球变暖为主要特征

氧化亚氮减排原理
与应用

的气候系统变化问题最早可以追溯到 19 世纪初期。1827 年，法国数学家傅里叶（Fourier）首先发现地球大气层吸收了本来会散射到太空中的热量而使地球温差不至太大，并据此提出温室效应的概念。

由于温室气体排放增加，全球气候呈明显的变暖趋势，联合国政府间气候变化专门委员会（Intergovernmental Panel on Climate Change，IPCC）对气候变化科学知识的现状，气候变化对社会、经济的潜在影响以及如何适应和减缓气候变化的可能对策进行评估。IPCC 第四次评估报告指出，全球平均地表温度近百年来（1906～2005 年）升高了（0.74 ± 0.18）℃，近 50 年的线性增温速率为 0.13℃/10a，过去 50 年的升温速率几乎为过去 100 年的两倍，1850 年以来最温暖的 12 个年份中有 11 个出现在近期（1995～2006 年）（见表 9-3）。这一增暖最终引起海平面上升。1980～2021 年，中国沿海海平面上升速率为 3.4mm/a，高于同期全球平均水平。

◆ 表 9-3　IPCC 历次评估报告关于气候变化检测和归因的主要结论 [3-7]

评估报告	全球气候变化的监测	全球气候变化的归因
第一次（1990 年）	全球平均地表温度在过去 100 年中增加了 0.3～0.6℃。这个值大致与考虑温室气体含量增加时气候模式得到的模拟值一致，但是仍然不能确定观测到的增暖是全部还是一部分由增强温室效应造成的	近 100 年的气候变化可能是自然波动或人类活动或两者共同造成的
第二次（1996 年）	在检测人类活动对气候变化影响方面已取得了相当的进展。其中，首先是气候模式包括了由人类活动产生的硫化物气溶胶和平流层臭氧变化的作用。其次是通过几百年的模式试验能够更好地确定气候系统的背景变率，即强迫因子不发生变化时的气候状态。得到全球平均地表温度在过去 100 年增加了 0.3～0.6℃，与第一次评估报告值相同	目前定量确定人类活动对全球气候影响的能力是有限的，并且在一些关键因子方面存在着不确定性。尽管如此，越来越多的事实表明，人类活动的影响被觉察出来
第三次（2001 年）	确认了 20 世纪的变暖是很异常的，证据表明过去 100 年的温度变化不可能完全是由自然因素造成的，模式的模拟也表明了这一点，而且 20 世纪后期的增暖与气候系统的自然外部强迫也不一致，因而不能用外部的自然强迫因子解释最近 40 年的全球变暖。全球平均地表温度在过去 100 年中检测出上升了 0.4～0.8℃，比前两次评估报告值略高	根据强有力的事实，并考虑到存在的不确定性，过去 50 年大部分观测到的增暖可能是由人类活动引起的温室气体浓度增加造成的
第四次（2007 年）	气候系统变暖，包括地表和大气温度，海面以下几百米深度上的海水温度，以及所产生的海平面上升均已被检测出来。近 100 年（1906～2005 年）全球平均地表温度上升了 0.74℃，观测到的增温及其随时间变化均已被包含人类活动的气候模式模拟出来了	观测到的 20 世纪中叶以来大部分全球平均温度的升高，很可能是由于观测到的人为温室气体浓度增加所引起的
第五次（2013 年）	1971～2010 年海洋上层 75m 以上的海水温度升幅为每10 年 0.11℃。1971～2012 年北极年平均海冰范围缩小速率约为每 10 年 3.5%～4.1%。1901～2010 年全球海平面平均上升了 0.19m。自工业化以来，海表水的 pH 已经下降了0.1，海洋对碳的进一步吸收将加剧海洋的酸化	自 1951 年，科学家们现在比以往任何时候更确定人类活动应该对全球变暖负责，科学家们95% 到 100% 肯定是人类活动造成了自 1950 年代以来的大部分气候变化问题

评估报告	全球气候变化的监测	全球气候变化的归因
第六次 （2022 年）	如果要将全球变暖控制在不超过工业化前 2℃ 以内，需要大约在 21 世纪 70 年代初实现全球二氧化碳净零排放，即"碳中和"；而如果要将全球变暖控制在不超过工业化前 1.5℃ 以内，则需要在 21 世纪 50 年代初实现全球二氧化碳净零排放	气候变化是一个多世纪以来不可持续的能源和土地利用、生活方式以及消费和生产模式变化的结果

全球变暖的影响是全方位、多尺度和多层次的，既有正面影响也有负面效应。人类对其中的负面影响尤为关注，因为不利影响可能涉及全球各地社会经济的方方面面，甚至危及人类的生存与发展。全球变暖对地球的不利影响包括以下几方面。

① 冰川融化、海平面上升对沿海、海岛地区的生态及居民生活造成威胁。

② 加剧旱涝及其他气象灾害。全球变暖影响到了气压的正常波动和洋流的规则运动，大气环流因此而发生局部变化，由此带来的降水、风暴及气温分布失常，使地表径流、旱涝灾害频率加快。

③ 危及人类健康。全球变暖会增加传染病发生率和死亡率，可能造成热带疾病的滋生与蔓延，蚊虫增加也会引起疟疾、登革热和其他虫媒疾病的肆虐。

④ 科学家预测全球变暖将使农业生产的不稳定性增加，导致一些地区水质的变化以及水资源供需矛盾日益突出。

⑤ 物种加速灭绝。2004 年的《自然》杂志曾预测，如果全球变暖的趋势得不到遏制，到 2050 年，全世界可能有 100 万物种灭绝，占陆地生物物种的 15%～37%。

9.1.4 温室气体排放清单的形成

为了更加规范与高效地掌握与控制温室气体排放情况，温室气体排放清单被全球各国广泛采用。以政府、企业等为单位，计算其在社会和生产活动中各环节直接或者间接排放的温室气体，称作编制温室气体排放清单。编制温室气体排放清单是应对气候变化的基础性工作，也是履行《联合国气候变化框架公约》（以下简称《公约》、UNFCCC）的行动。通过清单可以准确地掌握国家、地方、企业层面的温室气体排放状况，识别主要排放源，科学地制定应对气候变化的政策措施。

《公约》是 1992 年 5 月 22 日联合国政府间谈判委员会就气候变化问题达成的公约，于 1992 年 6 月 4 日在巴西里约热内卢举行的联合国环境与发展大会上通过。《公约》的目的是"将大气中温室气体的浓度稳定在防止气候系统受到危险的人为干扰的水平上"，增强生态系统对气候变化的适应性，确保粮食生产和经济可持续发展。这是世界上第一个全面控制温室气体排放、应对全球气候变暖给人类经济和社会带来不利影响的国际公约，也是国际社会在应对气候变化问题上进行国际合作的基本框架。

《公约》明确规定发达国家和发展中国家负有"共同但有区别的责任"，各缔约方均有义务采取行动应对气候变化，但发达国家对气候变化负有历史和现实的责任，理应承担更多义务，而发展中国家的首要任务是发展经济、消除贫困。《公约》第4条第1款为所有缔约方规定了应该履行的义务，其中包括提供所有温室气候的各种源的人为排放和各种汇的清除的国家清单。在《公约》下，由于发达国家和发展中国家在造成气候变化问题上责任不同，应对气候变化的能力不同，对减缓气候变化的承诺也相应有所区别。提交国家信息通报的内容，提交频率、费用等均有所区别。

其中国家温室气体清单是核心内容，《公约》要求采用由缔约方大会制定的可以进行比较的方法，编制温室气体的各种排放源的人为排放和各种吸收汇清除量的国家清单[1]。

为了帮助各缔约方履行义务，使各国在编制温室气体排放清单时采用透明、可比较的方法，IPCC国家温室气体清单专题组编制和出版了《1996年国家温室气体清单指南修订版》《2000年国家温室气体清单优良做法及不确定性管理指南》《土地利用、土地利用变化和林业优良做法指南》《2006年IPCC国家温室气体清单指南》《IPCC第六次评估报告》。这些指南不断完善估算温室气体排放和CO_2吸收的方法，帮助各国编制清单，本书所介绍的工业园区温室气体核算方法均参考以上IPCC指南。

9.2 国际温室气体减排行动

自20世纪80年代开始，随着国际社会对气候变化问题的日益关注，更多的国际组织和国家认识到必须采取积极的措施应对气候变化的挑战。截至目前，已经形成了以《公约》为主体，以区域性减缓行动和国家减缓行动为补充和支撑的国际气候变化减缓行动框架及其《京都议定书》，其是最重要的气候变化减缓和温室气体减排行动的国际条约。另外，国际上还建立了一些区域性的或专门化的温室气体减排合作框架，如2004年11月启动的"甲烷市场化合作计划"，2005年1月启动的"欧盟排放贸易框架"（EUETS），2006年1月在澳大利亚悉尼启动的"亚太清洁发展与气候新伙伴计划"（AP6），等。这些政府间的减排合作有些已经取得了阶段性的减排成果，有些已经确定了明确的技术合作计划。自愿减排计划也是一些地区、部门或组织极力推行的一种减排模式，但由于其缺乏足够的约束力，目前自愿减排行动的减排规模还较小，减排效益也不明显，总体上仍停留在理念普及层面。

9.2.1 《京都议定书》与清洁发展机制（CDM）

为了明确各国减排义务，切实推进温室气体减排运动，在 1997 年 12 月于京都召开的 UNFCCC 第三次缔约方大会上 149 个国家的代表通过了以量化减排目标限制发达国家温室气体排放量以抑制全球变暖的《京都议定书》，《京都议定书》于 2005 年 2 月生效。根据温室气体对全球变暖的贡献、来源、稳定性、易监测程度及考虑到其他公约的约束等情况，《京都议定书》将强制减排的温室气体种类限定为 CO_2、CH_4、N_2O、HFCs、PFCs 和 SF_6 等 6 种气体，这 6 种温室气体按照各自升温潜力指数，统一以二氧化碳当量（CO_2e）计算。

《京都议定书》规定，2008 年到 2012 年间，所有发达国家的 CO_2 等 6 种温室气体的排放量要在 1990 年的水平上减少 5.2%。具体地说，各发达国家 2008～2012 年必须完成的削减目标是，与 1990 年相比，欧盟削减 8%，美国削减 7%，日本削减 6%，加拿大削减 6%，东欧各国削减 5%～8%，新西兰、俄罗斯、乌克兰可将排放量稳定在 1990 的水平上。《京都议定书》同时允许冰岛、澳大利亚和挪威的排放量比 1990 的水平分别增加 10%、8%、1%。

《京都议定书》需要占 1990 年全球温室气体排放量 55% 以上的至少 55 个国家和地区批准之后才能生效。中国于 1998 年 5 月签署并于 2002 年 8 月批准该议定书，欧盟及其成员国于 2002 年 5 月批准该议定书。2004 年 11 月 5 日俄罗斯的批准对《京都议定书》于 2005 年 2 月生效起到了决定性的作用。

按照"共同但有差别"的原则，发展中国家不承担量化的减排义务。为了保证全球减排目标的实现，《京都议定书》确立了多种灵活减排机制，如联合覆约机制（JI）、清洁发展机制（CDM）和排放贸易机制（ET）。其中，清洁发展机制（CDM）是发达国家提供资金或技术援助，在发展中国家实施温室气体减排的一种灵活机制，这是目前已经成功实施并取得一定成果的一项减排行动。

CDM 项目进展：截至 2021 年 4 月，已注册备案的前五大类项目主要集中于风能、水力、生物质能、避免甲烷排放和太阳能领域，共计 6645 个，占比达 79%。从项目分布来看，CDM 项目主要集中于亚洲、太平洋地区、拉丁美洲等地，占比达 94.6%，其中，中国项目数 3861 个，占比达 45.9%，位于全球首位。

9.2.2 亚太清洁发展与气候新伙伴计划

"亚太清洁发展与气候新伙伴计划"（Asia-Pacific Partnership on Clean Development and Climate，AP6）由澳大利亚、中国、印度、日本、韩国和美国于 2005 年 7 月发起，并于 2006 年 1 月 12 日在澳大利亚悉尼正式启动。这 6 个国家拥有世界上近 50% 的人口和近 50% 的国内生产总值，其能源消耗和温室气体排放总量占全球的比例也接近 50%，因此 AP6 的实施对全球温室气体减排行动具

氧化亚氮减排原理
与应用

有重要的意义。AP6 的目标是建立一个自愿、无法律约束力的国际合作框架，通过合作促进高效益、更清洁、更有效的新技术在伙伴国之间的转让。

在 2006 年 1 月的第一次部长级会议上，AP6 成立了 8 个专门工作小组，这 8 个小组将分别针对化石能源（煤、石油、天然气等）、可再生能源和分布式供能、钢铁、铝、水泥、煤矿、发电和输电、建筑和家用电器的开发利用等 8 个领域开展技术合作与转让，并通过项目层面的合作来实现温室气体的减排。二氧化碳的收集和存储、煤炭净化处理、煤层气开发等技术的研发和应用及私营企业在解决气候变化问题中的作用都在 AP6 的关注范围内。"亚太清洁发展与气候新伙伴计划"着眼于通过技术合作和转让及项目层面的合作来实现温室气体的减排，是对《京都议定书》的补充，为全球气候变化领域的合作开辟了一条新的途径。

9.2.3 欧盟排放贸易框架

"欧盟排放贸易框架"（EU Emissions Trading Scheme，EUETS）于 2005 年 1 月开始启动，是目前最大的跨国家、多部门参与的温室气体排放贸易体系，覆盖了欧盟现有 25 个成员国的近 1.15 万个工业排放实体，占欧盟二氧化碳排放总量的 45％。ETS 的目标是在降低履行《京都议定书》减排义务成本的同时，为 2008 年以后参与全球碳排放贸易积累经验。

为了适应后京都时代温室气体减排交易的挑战与需求，欧盟又制定了 ETS 改革的新方案并于 2008 年 1 月 23 日发布。ETS 新方案的执行期限为 2013～2020 年，其主要内容包括：

① 2020 年整个欧盟工业排放在 2005 年基础上降低 21％。为实现欧盟这一统一的目标，自 2012 年底开始，流通的排放配额将每年削减 1.74％。

② 将扩大排放权交易的范围，以包含一些之前未包含的新部门，如航空、石化、氨水和铝部门，并且新增两类气体，即 N_2O 和全氟化碳（PFCs）。道路交通和海运仍然排除在外，但海运有可能以后纳入进来。农业和森林业也因为排放的监测困难而排除在该法令的范围之外。

③ ETS 不包含的部门到 2020 年平均减排 10％，如交通、建筑、农业和废弃物部门，欧盟委员会根据各国 GDP 设定了各个国家的目标。富裕国家需要承担更大的减排义务，而相对贫困的国家有权增加温室气体排放。

④ 如果存在替代减排措施，排放在每年 1 万吨 CO_2 以下的小型装置将被允许排除在 ETS 之外。

⑤ 通过碳捕获和封存技术防止工业温室气体排放到大气中可以被认定为未排放。

⑥ 拍卖。90％的排放配额是免费分配。免费配额的分配方式将在以后由欧盟委员会专家组确定。分配原则将奖励那些已经采取行动减少温室气体排放的企

业，将更好地反映"污染者付费原则"，并采取激励措施减少排放。

⑦ 成员国可以继续通过在欧盟之外的国家资助减排项目来完成它们的减排指标，但这种信用额的使用将被限制在 2005 年成员国排放总量的 3% 以内。

参与该项目计划的国家已扩展到 40 余个，政府与民间组织已有将近 700 个，在世界范围内开展了近百项工程活动。

9.2.4 《巴黎协定》

2015 年 12 月 12 日，历时长达 4 年谈判的全球气候治理协定《巴黎协定》在法国巴黎通过。自 2016 年 4 月 22 日正式开放签署以来，到 10 月份联合国气候变化公约 197 个代表团中已有 113 个通过《巴黎协定》，且通过的这些国家的碳排放总量占到全球的 80%，在 2016 年 11 月 4 日《巴黎协定》正式生效。

《巴黎协定》作为新的起点和新的里程碑来应对全球气候变化，同时也是各国经济向低碳转型的有力引擎。尽管国家自主贡献被视为各缔约方的国家自主行为，但是就已经提交的贡献来看，不同国家采取的实现减排目标承诺的法律属性迥然不同，导致作为依据的法律法规也截然不同。欧盟是通过欧盟委员会提交，由欧盟理事会和欧洲议会对法案进行表决。俄罗斯是通过国内法案确定的现行的 2020 年减排目标，同时表示与 2030 年国家贡献采取的是相同的法律属性。还有例如美国、墨西哥等国家在国家自主贡献方面不同的法律形式中都有与国内法相对应的规定来保证减排目标的落实和实现。中国也需要把协定中的自主贡献目标转化为国内法进行实施。

"一分《协定》，九分落实"，从工业文明到节能低碳的生态文明需要逐步过渡，尽管各国对碳减排问题达成一致，但碳减排并不是一蹴而就的，不仅需要累积物质文明，还要升华精神文明。从联合国气候变化框架、《京都议定书》到《巴黎协定》，各国认识到应对气候变化的水平和能力是由国家经济发展水平决定的，不可能各国保持一致水平，在《巴黎协定》中各国达成共识对于发达国家率先减排进行重申，同时对于发展中国家鼓励其努力加强自身减排。采取国家自主贡献的形式：根据各国国情和能力的不同，制定与本国发展相适应的"自下而上"方式的碳减排目标，并为之奋斗[8]。

9.3 我国"十四五"节能减排综合工作方案

在"十二五"和"十三五"期间，我国分别做了详实的规划并完成对应的工作目标，相关的论述如下：

《"十二五"控制温室气体排放工作方案》（国发〔2011〕41 号）提出的"构建国家、地方、企业三级温室气体排放核算工作体系，实行重点企业直接报送能源和温室气体排放数据制度"的要求，保证实现 2020 年单位国内生产总值二氧化碳排放比 2005 年下降 40％～45％ 的目标[9]《"十三五"控制温室气体排放工作方案》（国发〔2016〕61 号）明确，到 2020 年，单位国内生产总值二氧化碳排放比 2015 年下降 18％，碳排放总量得到有效控制。氢氟碳化物、甲烷、氧化亚氮、全氟化碳、六氟化硫等非二氧化碳温室气体控排力度进一步加大[10]。

国务院 2022 年 1 月印发了《"十四五"节能减排综合工作方案》，《方案》明确了到 2025 年，全国单位国内生产总值能源消耗比 2020 年下降 13.5％，能源消费总量得到合理控制，化学需氧量、氨氮、氮氧化物、挥发性有机物排放总量比 2020 年分别下降 8％、8％、10％以上、10％以上。节能减排政策机制更加健全，重点行业能源利用效率和主要污染物排放控制水平基本达到国际先进水平，经济社会发展绿色转型取得显著成效[11]。

参考文献

[1] 袁增伟，张玲，武慧君. 工业园区温室气体核算与减排[M]. 北京：科学出版社，2014.

[2] 张志强，曲建升，曾静静. 温室气体排放科学评价与减排政策[M]. 北京：科学出版社，2009.

[3] Houghton J T, Jenkins G J, Ephraums J J. Climate change 1990: The IPCC scientific assessment[M]. Cambridge: Cambridge University Press, 1990.

[4] IPCC 1995. Climate change 1995: Impacts, adaptation and mitigation of climate change[M]. Cambridge: Cambridge University Press, 1996.

[5] IPCC 2001. Climate change 2001: Summary for policymakers. Cambridge: Cambridge University Press, 2001.

[6] IPCC 2007. Summary for policymakers of the synthesis report of the IPCC fourth assessment report[M]. Cambridge: Cambridge University Press, 2007.

[7] IPCC 2013. Climate changed 2013: The physical science basis[M]. Cambridge: Cambridge University Press, 2013.

[8] 葛菲.《巴黎协定》对中国碳排放交易立法的影响及完善途径[D]. 济南：山东师范大学，2018.

[9] 中华人民共和国国务院. 关于印发"十二五"控制温室气体排放工作方案的通知[Z]. 国发〔2011〕41 号，2011-12-1.

[10] 中华人民共和国国务院. 关于印发"十三五"控制温室气体排放工作方案的通知[Z]. 国发〔2016〕61 号，2016-10-27.

[11] 中华人民共和国国务院. 关于印发"十四五"节能减排综合工作方案的通知[Z]. 国发〔2021〕33 号，2021-12-28.

◆ 表1 负载型贵金属催化剂

元素名称	物质状态/载体	活性温度范围/℃	N₂O初始浓度	反应物系 O₂ 等	反应条件	反应活性或活化能	文献①
Pt,Pd,Rh,Ru	金属,离子/ZSM-5,ZSM-5/Al₂O₃	$250\sim500$	0.099%	外加氧对 Pd-ZSM-5 无影响,对 Rh-ZSM-5 稍有影响,对 Ru-ZSM-5 有明显影响,对 Ru/Al₂O₃ 也有类似趋势	反应气流量:$100~cm^3/min$($GHSV=30000/h$)	$Rh>Pd>Ru>Pt$;$ZSM-5>Al_2O_3$ 活性顺序:$Rh-ZSM-5>Ru-ZSM-5>Rh/Al_2O_3>Pd-ZSM-5>Ru/Al_2O_3>Pd/Al_2O_3>Pt-ZSM-5$;相应 $T_{90\%}$(℃):325,330,340,374,419,490,498($T_{20\%}$)	[31]
Rh	金属/ZSM-5,Al₂O₃,TiO₂,ZrO₂,Mg-Al	$300\sim550$	$1\%~N_2O+He$		连续反应,空速:$1800/h$ 用量:$0.1\sim1g$	活性:$Rh/ZSM-5>Rh/TiO_2>Rh/Mg-Al>Rh/ZrO_2>Rh/Al_2O_3$ 完全分解温度(℃):420,450,500,550,550	[33]
Rh	金属/CeO₂-ZrO₂		$1\%~N_2O+He$		连续反应,$GHSV=6000h^{-1}$;催化剂量:$1ml$	$T_{50\%}=240$℃。	[35]
Rh	金属/ZrO₂ 负载型	$150\sim500$	(1)$0.05\%~N_2O+He$ (2)$0.05\%~N_2O+6\%~O_2+He$ (3)$0.05\%~N_2O+6\%~O_2+2\%~H_2O+He$	H₂O 影响 ZrO₂ 载体催化剂的活性	连续反应,催化剂量为 0.5g,$GHSV=30000h^{-1}$,操作温度 $150\sim500$℃	$1\%Rh$:$T_{95\%}$℃。Rh/ZrO₂:预还原 $233\sim374$℃,仅焙烧 $417\sim451$℃ Rh/ZrO₂-Al₂O₃:预还原 $209\sim334$℃,仅焙烧 394℃ Rh/TiO₂-Al₂O₃:400℃	[36]

① 文献序号为第3章参考文献序号。

元素名称	物质状态/载体	活性温度范围/℃	N_2O初始浓度	反应物系 O_2等	反应条件	反应活性或活化能	文献
Rh,Ru	/Al_2O_3、ZrO_2-Al_2O_3、ZSM-5	200~420	0.05% N_2O+6%O_2+He；0.05% N_2O+6% O_2+2% H_2O+He		连续反应,催化剂量 0.2~0.4g,$GHSV=30h^{-1}$,操作温度 150~500℃	Rh/Al_2O_3 催化活性:$T_{80\%}=381℃$,$T_{20\%}=350℃$ Rh/ZrO_2-Al_2O_3催化活性:$T_{80\%}=380℃$,$T_{20\%}=312℃$ Rh/ZSM-5 催化活性:$T_{80\%}=378℃$,$T_{20\%}=333℃$ Ru/Al_2O_3 催化活性:$T_{80\%}=410℃$,$T_{20\%}=368℃$	[143]
Rh	金属/γ-Al_2O_3	200~500	1% N_2O+N_2		连续反应,催化剂量 $GHSV=4000h^{-1}$ 200~500℃	加入碱金属提高 Rh 分散度进而提高催化活性 Rh/Al_2O_3+Na_2O:$T_{100\%}=375℃$,$T_{95\%}=358$,$T_{90\%}=349$,$T_{50\%}=309$ Rh/Al_2O_3+K_2O:$T_{100\%}=375℃$,$T_{95\%}=362$,$T_{90\%}=353$,$T_{50\%}=309$	[37]
Rh,Ru	金属、离子交换、SBA-15、Si-SBA-15、Al-SBA-15、	300~600	0.15%; NO+NO_2:2×10^{-4};O_2:2.5%;H_2O:0.5%;He 平衡	水蒸气对催化剂活性影响较小	连续反应,催化剂量 95mg;$GHSV=47368h^{-1}$;300~600℃	催化活性顺序:Rh>Ru>Fe,水蒸气对催化剂活性好于浸渍法和共沉淀法。离子交换型催化活性影响催化活性:Rh:$T_{100\%}=500$~548℃,$T_{95\%}=487$~512℃,$T_{90\%}=478$~498℃。Ru:600℃时,分解率 42%~73%。Fe,600℃时,分解率 10%左右	[144]

元素名称	物质状态/载体	活性温度范围/℃	N_2O初始浓度	反应物系O_2等	反应条件	反应活性或活化能	文献
Rh	金属/TiO_2-海泡石整体	250~500	$6×10^{-4}$ N_2O; 0~2% O_2(体积分数)、$[N_2O]/[NO]=2.2$, N_2平衡	NO和O_2对催化分解反应速率有一定影响，但是没有报道的严重的抑制；NO和O_2混合物的抑制作用要强于单独的NO和O_2的影响	连续反应;催化剂量:$9cm^3$(4.5g);气体流率1500ml/min; $GHSV$(常温常压)$=10000h^{-1}$;操作温度250~500	经预还原的含0.2%的Rh催化剂 $T_{100\%}=449℃$,$T_{95\%}=400℃$,$T_{90\%}=384℃$。	[145]
Rh	金属/Al_2O_3	200~450	0.5% N_2O+He		连续反应;催化剂量0.5g;气体流率60ml/min; $GHSV=7200h^{-1}$;温度范围200~450℃	沉积沉淀法微波辐照的1%含量的Rh/Al_2O_3催化剂活性为:$T_{100\%}=350℃$,$T_{95\%}=346℃$,$T_{90\%}=341℃$,$T_{50\%}=308℃$	[146]
Rh	金属/SBA-15	300~500	0.26% N_2O+He		连续反应, $GHSV=19000h^{-1}$, 温度范围300~500℃	催化活性: $T_{100\%}=500℃$,$T_{95\%}=463℃$,$T_{90\%}=442℃$,$T_{50\%}=372℃$	[147]
Rh	金属/MgO、/SiO_2、/CeO_2、/Al_2O_3、/TiO_2	150~450	0.1% N_2O+He、+5% O_2	氧气对Rh/MgO和Rh/CeO_2活性抑制明显,对Rh/Al_2O_3、Rh/TiO_2和Rh/SiO_2不明显	连续反应,催化剂量0.5cm^3;气体流率100mL/min; $GHSV=12000h^{-1}$;温度范围150~450℃	Rh/MgO,Rh/SiO_2催化剂活性:$T_{100\%}=350℃$,$T_{95\%}=285℃$,$T_{90\%}=275℃$,$T_{50\%}=249℃$; Rh/CeO_2催化剂活性:$T_{90\%}=415℃$,$T_{50\%}=289℃$; Rh/Al_2O_3催化剂活性:$T_{100\%}=450℃$,$T_{90\%}=375℃$,$T_{50\%}=341℃$; Rh/TiO_2催化剂活性:$T_{95\%}=444℃$,$T_{90\%}=416℃$,$T_{50\%}=342℃$	[48]

元素名称	物质状态/载体	活性温度范围/℃	N_2O初始浓度	反应物系O_2等	反应条件	反应活性或活化能	文献
$Rh+$ $Ce_{0.9}Pr_{0.1}O_2$	/堇青石蜂窝体	100~450	0.1% N_2O+He；0.1% N_2O $+0.1\%$ NO $+5\%$ O_2 $+0.6\%$ H_2O $+$He	模拟硝酸厂尾气 N_2O $+NO+O_2+H_2O+$He 使催化活性温度平均提高约200℃	连续反应；催化剂量 0.5cm³；气体流率 100ml/min；$GHSV=12000h^{-1}$；温度范围为 150~450℃	催化剂活性：$T_{100\%}=283℃$，$T_{95\%}=273℃$，$T_{90\%}=268℃$，$T_{50\%}=243℃$	[148]
Rh^+	/Al 修饰的有序介孔硅分子筛 MCM-41,Al-MCM-41, SBA-15	210~450	0.1% N_2O(摩尔分数，余同）$+N_2$；0.1% N_2O+ 5% O_2 $+2\times$ 10^{-4}NO $+1.8$~ 2.3% H_2O+N_2	与其他样品比较,Al-MCM+Rh(2.7%) 具有较强的耐 O_2、H_2O 和 NO 能力,适合作脱硝下游分解 N_2O 的场合	连续反应；催化剂量 0.1g；$GHSV=15648h^{-1}$，$WHSV=60000$；温度范围为 210~450℃	Al-MCM+Rh(2.7%)：$T_{100\%}=298℃$，$T_{95\%}=$ 269℃，$T_{90\%}=267℃$，$T_{50\%}=245℃$ MCM+Al+Rh(2.7%)：$T_{100\%}=330℃$，$T_{95\%}$ $=315℃$，$T_{90\%}=304℃$，$T_{50\%}=274℃$ MCM+Rh (1.7%)：$T_{100\%}=332℃$，$T_{95\%}=$ 324℃，$T_{90\%}=319℃$，$T_{50\%}=284℃$ SBA+Rh (2.7%)：$T_{100\%}=329℃$，$T_{95\%}=$ 323℃，$T_{90\%}=317℃$，$T_{50\%}=282℃$ SBA+Rh (1.7%)：$T_{100\%}=360℃$，$T_{95\%}=$ 355℃，$T_{90\%}=351℃$，$T_{50\%}=315℃$ SBA+Rh (1.4%)：$T_{35\%}=449℃$，$T_{20\%}=$ 410℃，$T_{10\%}=371℃$	[53]

元素名称	物质状态/载体	活性温度范围/℃	N_2O初始浓度	反应物系O_2等	反应条件	反应活性或活化能	文献
Rh^+	/MCM-41,SBA-15, KIT-6,MCF	150～600	20% N_2O(体积分数、余同)+ 10% O_2+He		连续反应;催化剂量0.1g;气体流率100ml/min; $GHSV$=17000h^{-1}; 温度范围150～600℃	Rh-MCM-41: $T_{90\%}$=366℃, $T_{50\%}$=405℃, $T_{10\%}$=435℃ Rh-SBA-15: $T_{90\%}$=357℃, $T_{50\%}$=403℃, $T_{10\%}$=430℃ Rh-KIT-6: $T_{90\%}$=297℃, $T_{50\%}$=360℃, $T_{10\%}$=421℃ Rh-MCF: $T_{90\%}$=277℃, $T_{50\%}$=335℃, $T_{10\%}$=407℃	[149]
Rh	/γ-Al_2O_3-海泡石(Sepiolite)规整载体	200～500	0～0.1% N_2O, 0～5% O_2(体积分数),0～0.1% NH_3、N_2	在高达5% O_2的气氛下,所有样品没有观察到氧气的抑制作用。氨和水对催化剂分解活性有抑制作用	连续反应;催化剂量95mg;进料流量(标准状态)0.03～0.27m^3/h; $GHSV$=3000～20000h^{-1}; 温度范围200～500℃	无Rh负载的γ-Al_2O_3-海泡石(Sepiolite)规整体稳定达到500℃都几乎没有分解氧化亚氮活性 Rh/Al_2O_3+Sepiolite: $T_{95\%}$=393℃, $T_{90\%}$=364℃,$T_{50\%}$=320℃,$T_{10\%}$=265℃	[150]

元素名称	物质状态/载体	活性温度范围/℃	N_2O初始浓度	反应物系O_2等	反应条件	反应活性或活化能	文献
Rh	/MO_x-Al_2O_3（M=Mn、Fe、Co、Ni、Cu、Ba）	200~400	0.5% N_2O+He		连续反应：催化剂量0.25g；气体流率60ml/min；温度范围200~400℃	催化剂活性：Rh_2O_3/Al_2O_3：$T_{100\%}$ = 351℃，$T_{95\%}$ = 343℃，$T_{90\%}$ = 333℃，$T_{50\%}$ = 302℃，$T_{10\%}$ = 263℃。Rh_2O_3/Mn-Al_2O_3：$T_{100\%}$ = 376℃，$T_{95\%}$ = 361℃，$T_{90\%}$ = 350℃，$T_{50\%}$ = 321℃，$T_{10\%}$ = 276℃。Rh_2O_3/Cu-Al_2O_3：$T_{100\%}$ = 375℃，$T_{95\%}$ = 349℃，$T_{90\%}$ = 344℃，$T_{50\%}$ = 313℃，$T_{10\%}$ = 274℃。Rh_2O_3/Co-Al_2O_3：$T_{100\%}$ = 349℃，$T_{95\%}$ = 323℃，$T_{90\%}$ = 318℃，$T_{50\%}$ = 282℃，$T_{10\%}$ = 249℃。Rh_2O_3/Ni-Al_2O_3：$T_{100\%}$ = 350℃，$T_{95\%}$ = 334℃，$T_{90\%}$ = 321℃，$T_{50\%}$ = 287℃，$T_{10\%}$ = 250℃。Rh_2O_3/Fe-Al_2O_3：$T_{100\%}$ = 350℃，$T_{95\%}$ = 337℃，$T_{90\%}$ = 324℃，$T_{50\%}$ = 290℃，$T_{10\%}$ = 253℃。Rh_2O_3/Ba-Al_2O_3：$T_{100\%}$ = 349℃，$T_{95\%}$ = 327℃，$T_{90\%}$ = 321℃，$T_{50\%}$ = 292℃，$T_{10\%}$ = 257℃	[151]
Rh-Co、Ni、Cu 双金属	/SBA-15	100~550	10% N_2O		连续反应：催化剂量0.5g；气体流率150ml/min；$WHSV$=5625h^{-1}；温度范围100~550℃	催化反应活性顺序：Rh_7Co_1/SBA-15>Rh/SBA-15 > Rh_7Ni_1/SBA-15 > Rh_7Cu_1/SBA-15。Rh_7Co_1/SBA-15 催化活性：$T_{100\%}$ = 501℃，$T_{95\%}$ = 435℃，$T_{90\%}$ = 414℃，$T_{50\%}$ = 346℃，$T_{10\%}$ = 238℃。Rh/SBA-15 催化活性：$T_{100\%}$ = 550℃，$T_{95\%}$ = 485℃，$T_{90\%}$ = 462℃，$T_{50\%}$ = 429℃，$T_{10\%}$ = 287℃。Rh_7Ni_1/SBA-15 催化活性：$T_{100\%}$ = 391℃，$T_{95\%}$ = 551℃，$T_{50\%}$ = 270℃。Rh_7Cu_1/SBA-15 催化活性：$T_{85\%}$ = 550℃，$T_{70\%}$ = 483℃，$T_{10\%}$ = 323℃	[56]

元素名称	物质状态/载体	活性温度范围/℃	N_2O 初始浓度	反应物系 O_2 等	反应条件	反应活性或活化能	文献
Rh	/γ-Al_2O_3 球状颗粒	150~400	5×10^{-4} N_2O + N_2；5×10^{-4} O_2 + N_2O+3% O_2 + N_2；5×10^{-4} N_2O + 3% H_2O + N_2；5×10^{-4} N_2O + 3% O_2 + 3% H_2O + N_2；5×10^{-4} N_2O + N_2；10^{-4} N_2O + 3×10^{-4} NO+N_2	氧气对催化分解性能几乎没有影响，但是 H_2O 和 NO 显著抑制分解活性	连续反应；$WHSV$ = 45000h^{-1}；温度范围 150~400℃	Rh/γ-Al_2O_3（薄膜）：$T_{95\%}$ = 368℃，$T_{90\%}$ = 346℃，$T_{50\%}$ = 287℃，$T_{10\%}$ = 249℃ Rh/γ-Al_2O_3（厚壁）：$T_{95\%}$ = 375℃，$T_{90\%}$ = 360℃，$T_{50\%}$ = 295℃，$T_{10\%}$ = 235℃	[152]
RhO_x	/$Ce_{1-x}Zr_xO_2$，CeO_2	200~400	5×10^{-4} N_2O + N_2；5×10^{-4} O_2 + N_2O+3% O_2 + N_2；5×10^{-4} N_2O + 3% H_2O + N_2；5×10^{-4} N_2O + 3% O_2 + 3% H_2O + N_2；5×10^{-4} N_2O + N_2；10^{-4} N_2O + 3×10^{-4} NO+N_2	改善了催化剂耐氧和水的性能	连续反应；$WHSV$ = 45000h^{-1}；温度范围 200~400℃	Rh/$Ce_{0.7}Zr_{0.3}O_2$ 催化活性：$T_{100\%}$ = 320℃，$T_{95\%}$ = 280℃，$T_{90\%}$ = 262℃，$T_{50\%}$ = 209℃ Rh/CeO_2 催化活性：$T_{85\%}$ = 367℃，$T_{50\%}$ = 247℃	[58]

元素名称	物质状态/载体	活性温度范围/℃	N₂O初始浓度	反应物系O₂等	反应条件	反应活性或活化能	文献
Rh-Mg-Al	/FeCr金属泡沫	250~400	0.1% N_2O+N_2		连续反应；催化剂量10mg；气体流率80mL/min；$WHSV=6800h^{-1}$；温度范围50~600℃	催化活性：$T_{100\%}=392℃$，$T_{95\%}=349℃$，$T_{90\%}=332℃$，$T_{50\%}=299℃$，$T_{10\%}=240℃$	[153]
Ru	金属离子/USY	120~350	0.05~1% N_2O	0~5% O_2，氧影响：Ru-HNaUSY比Ru-NaZSM-5显著，低温时更明显	连续反应；40~700℃；气体流率40cm^3/min	反应活性：Ru-HNaUSY＞Ru-NaZSM-5＞Na-ZSM-5；相应的$T_{90\%}$分别为(℃)330,330,636，对应的$T_{70\%}$分别为(℃)237,314,606。活化能：Ru-HNaUSY 46 kJ/mol；Ru-NaZSM-5 220~180kJ/mol	[32]
Ru	金属/Al_2O_3	270~480	27.97% N_2O(摩尔分数)，平衡气He	氧气在低转化率（低温）时几乎没有阻滞作用	连续反应；流量5l/h；催化剂5ml（4.3g）；$GHSV=1000h^{-1}$	在0.2%负载量时氧化亚氮分解转化率最高，在Ru%=0.00~0.26(质量分数)负载量范围内，催化剂的$T_{90\%}$在392~486℃之间	[34]
Ru+Fe	离子交换-FER	260~500	0.15%；N_2O+ $4×10^{-4}$ NO（+2% O_2）	O_2加入对催化反应有抑制作用，影响程度顺序为Ru-FER＞FeRu-FER≫Fe-FER。NO加入在Fe上优先吸附，反应产物减轻了NO对Ru的抑制作用，Fe与Ru的协同作用用提高催化剂的分解氧化亚氮性能	连续反应；催化剂量50mg；气体流率100ml/min，$GHSV=60000h^{-1}$；温度范围260~500℃	催化剂的活性顺序为FeRu-FER＞Fe-FER＞FER。各催化剂反应活性分别为FeRu-FER：$T_{100\%}=460℃$，$T_{95\%}=430℃$，$T_{90\%}=420℃$。Fe-FER：$T_{50\%}=376℃$，Fe-FER：$T_{90\%}=471℃$，$T_{100\%}=511℃$。Ru-FER：$T_{50\%}=486℃$，$T_{50\%}=410℃$。Ru-FER：$T_{95\%}=495℃$，$T_{90\%}=476℃$，$T_{50\%}=425℃$	[39]

元素名称	物质状态/载体	活性温度范围/℃	N₂O初始浓度	反应物系O₂等	反应条件	反应活性或活化能	文献
Ru	金属/Al₂O₃负载型	200~500	0.5%+He		连续反应；催化剂量0.5g；气体流率60ml/min；GHSV=7200h⁻¹；温度范围200~500℃	沉积-沉淀法（DP）制备的催化剂活性高于浸渍法（IMP）。催化剂活性为Ru/Al₂O₃-DP：$T_{100\%}$=400℃，$T_{90\%}$=392℃，$T_{50\%}$=381℃，$T_{100\%}$=324℃。Ru/Al₂O₃-IMP：$T_{100\%}$=458℃，$T_{95\%}$=411℃，$T_{90\%}$=400℃，$T_{50\%}$=357℃	[154]
Ru，Ag，Co	金属离子-分子筛	100~500	0.5% N₂O+He		连续反应；催化剂量0.1g；气体流率60ml/min；GHSV=36000h⁻¹；温度范围100~500℃	Ru+Co/USY催化剂催化活性：$T_{95\%}$=357℃，$T_{90\%}$=344℃，$T_{50\%}$=297℃。Ru+Ag/USY催化剂催化活性：$T_{100\%}$=504℃，$T_{95\%}$=456℃，$T_{90\%}$=443℃，$T_{50\%}$=388℃	[155]
Ru⁺；Ru金属	BaRu₀.₂FeAl₁₀.₈O、/BaFeAl₁₁O₁₉、/Al₂O₃	300~800	30%N₂O+Ar		连续反应；催化剂量100mg；气体流率50ml/min；GHSV=30000h⁻¹；温度范围300~800℃	催化活性：BaRu₀.₂FeAl₁₀.₈：$T_{100\%}$=551℃，$T_{95\%}$=542℃，$T_{90\%}$=534℃，$T_{50\%}$=474℃。Ru/BaFeAl₁₁O₁₉：$T_{100\%}$=800℃，$T_{95\%}$=732℃，$T_{90\%}$=706℃，$T_{50\%}$=619℃。BaFeAl₁₁O₁₉（无Ru）：$T_{100\%}$=807℃，$T_{95\%}$=755℃，$T_{50\%}$=663℃。Ru/Al₂O₃：$T_{50\%}$=739℃，$T_{90\%}$=738℃，$T_{20\%}$=681℃，$T_{10\%}$=650℃	[51]

续表

元素名称	物质状态/载体	活性温度范围/℃	N_2O初始浓度	反应物系O_2等	反应条件	反应活性或活化能	文献
Ru 金属/负载	Al_2O_3、TiO_2、MgO、CeO_2、SiO_2、SiC、AC	150～500	0.1% N_2O+He；0.1% N_2O+5% O_2+He	氧对氧化物负载的Ru催化剂活性都有影响，催化剂的敏感性顺序为：Ru/SiO_2>Ru/Al_2O_3>Ru/TiO_2>Ru/CeO_2	连续反应；催化剂量0.25cm³（标准状态）；气体流率100ml/min；$GHSV$=24000h⁻¹；温度范围150～500℃	催化剂活性：Ru/TiO_2：$T_{100\%}$=400℃，$T_{95\%}$=348℃，$T_{90\%}$=343℃，$T_{50\%}$=307℃。Ru/Al_2O_3：$T_{100\%}$=407℃，$T_{95\%}$=390℃，$T_{90\%}$=379℃，$T_{50\%}$=330℃。Ru/SiO_2：$T_{100\%}$=450℃，$T_{95\%}$=399℃，$T_{90\%}$=393℃，$T_{50\%}$=383℃，$T_{10\%}$=348℃。Ru/CeO_2：$T_{50\%}$=400℃。Ru/MgO：$T_{10\%}$=486℃。Ru/AC：$T_{100\%}$=402℃，$T_{95\%}$=394℃，$T_{90\%}$=388℃，$T_{50\%}$=344℃。Ru/SiC：$T_{40\%}$=502℃，$T_{10\%}$=387℃	[52]
Ir、Rh+Cu、Fe、Co、Ni、Mn	金属氧化物/γ-Al_2O_3+CeO_2 堇青石整体	400～550	0.6%～0.8% N_2O+N_2	氧和水对催化剂活性有抑制作用	连续反应；催化剂量1ml；进料流量$GHSV$=25000h⁻¹；操作温度范围350～550℃	纯氧化物和Rh+过渡金属复合氧化物催化剂的活性都不高，Rh复合金属氧化物催化剂活性顺序为：Ni-Rh>Co-Rh>Mn-Rh>Cu-Rh>Fe-Rh。Ir氧化物和Fe-Ir、Ni-Ir、Co-Ir复合氧化物催化剂较高催化活性高低顺序为Fe-Ir>Co-Ir>Ni-Ir>Ir>Cu-Ir>Mn-Ir。Co-Ir、Fe-Ir、Ni-Ir及IrO_2的$T_{100\%}$=550℃；Cu-Ir>Mn-Ir几乎平相等；Ni-Rh$T_{50\%}$=550℃。Rh$T_{10\%}$=550℃	[156]

元素名称	物质状态/载体	活性温度范围/℃	N_2O初始浓度	反应物系O_2等	反应条件	反应活性或活化能	文献
Ir、Ru、Rh、Pd	金属/Al_2O_3	150~500	0.5% N_2O+2% O_2+He	低温下O_2对反应有抑制作用，但是当＞350℃时氧就逐渐解吸到从催化剂表面吸附到气相中，温度高于400℃时催化活性恢复正常	连续反应；催化剂量W 0.5g；气体流率W F=0.3g·s/mL；温度范围 100~500℃	贵金属催化剂活性顺序：Ir/Al_2O_3＞Rh/Al_2O_3≫Ru/Al_2O_3＞Pd/Al_2O_3；Ir负载催化剂活性：Ir/Al_2O_3；$T_{100\%}=414℃$；$T_{95\%}=358℃$，$T_{90\%}=338℃$，$T_{50\%}=231℃$。载体的影响顺序：Al_2O_3＞Co_3O_4＞SiO_2≈TiO_2≈ZrO_2＞ZnO≈NiO＞La_2O_3＞CuO≈MgO	[40]
Ir	金属离子-$BaIr_xFe_{1-x}Al_{11}O_{19-\alpha}$；金属（氧化物）/$BaFeAl_{11}O_{19-\alpha}$、$Al_2O_3$	200~550	30% N_2O+Ar		连续反应；催化剂量100mg；气体流率50ml/min；$GHSV=30000h^{-1}$；温度范围 200~550℃	催化活性：$BaIr_{0.5}Fe_{10.5}Al_{11}O_{19-\alpha}$：$T_{100\%}=451℃$，$T_{95\%}=398℃$，$T_{90\%}=395℃$，$T_{50\%}=550℃$，368℃。$T_{20\%}=550℃$。Ir/$BaFeAl_{11}O_{19-\alpha}$：$T_{7.7\%}=550℃$。Ir/$Al_2O_3$：$T_{100\%}=561℃$，$T_{95\%}=538℃$，$T_{90\%}=518℃$，$T_{50\%}=449℃$	[41]
Ir	金属离子-$BaIr_xFe_{1-x}Al_{11}O_{19-\alpha}$-$BaAl_{12}O_{19-\alpha}$	200~550	30% N_2O+Ar		连续反应；催化剂量100mg；气体流率50ml/min；$GHSV=30000h^{-1}$；温度范围 200~550℃	进一步验证结果表明，Ir以取代Fe离子进入BaFe-$Al_{11}O_{19-\alpha}$盐催化剂部分形成$BaIr_xFe_{1-x}Al_{11}O_{19-\alpha}$，多余部分以$IrO_2$状态负载于六铝酸盐表面。比较$BaIr_xFe_{1-x}Al_{12-x}O_{19}$与$BaIr_xAl_{12-x}O_{19}$样品，六铝酸盐骨架内的Ir活性高于负载的$IrO_2$颗粒。Fe离子的作用是有利于六铝酸盐的形成，并使Ir易于进入骨架取代Fe离子	[42]

元素名称	物质状态/载体	活性温度范围/℃	N_2O初始浓度	反应物系 O_2 等	反应条件	反应活性或活化能	文献
Ir	Metal ion-$BaIr_xFe_{12-x}O_{19-\alpha}$、Metal-$BaFe_{12}O_{19-\alpha}$	400~800	30%N_2O+Ar		连续反应；催化剂量100mg；气体流率50ml/min；$GHSV$=30000h^{-1}；温度范围400~800℃	$BaIr_{0.6}Fe_{12-0.6}O_{19-\alpha}$ 催化活性：$T_{90\%}$=800℃，$T_{50\%}$=545℃。$Ir/BaFe_{12}O_{19}$ 催化活性：$T_{30\%}$=786℃，$T_{20\%}$=740℃。$BaFe_{12}O_{19}$ 催化活性：$T_{20\%}$=771℃	[43]
Ir	金属/TiO_2-Al_2O_3、TiO_2、Al_2O_3	200~600	30%N_2O+Ar		连续反应；催化剂量100mg；气体流率（标准状态）50ml/min；$GHSV$=30000h^{-1}；温度范围200~600℃	催化剂活性为 Ir/TiO_2-Al_2O_3：$T_{100\%}$=352℃，$T_{95\%}$=334℃，$T_{90\%}$=318℃，$T_{50\%}$=279℃。Ir/TiO_2：$T_{100\%}$=453℃，$T_{95\%}$=436℃，$T_{90\%}$=420℃，$T_{50\%}$=376℃。Ir/Al_2O_3：$T_{100\%}$=449℃，$T_{95\%}$=416℃，$T_{90\%}$=399℃，$T_{50\%}$=373℃	[44]
IrO_2	/γ-Al_2O_3、CeO_2、CeO_2-Al_2O_3	350~600	0.1% N_2O+He，0.1% N_2O+2% O_2（体积分数）+He	氧对 Ir/Al 和 Ir/Ce 催化性能显著抑制，而CeO_2改性的 Ir/AlCe 催化剂明显表现出耐氧性能	连续反应；催化剂量100mg；气体流率（标准状态）150cm³/min；$GHSV$=40000h^{-1}；温度范围200~600℃	催化剂活性：Ir/γ-Al_2O_3-CeO_2：$T_{95\%}$=558℃，$T_{90\%}$=537℃，$T_{50\%}$=480℃，$T_{10\%}$=423℃。Ir/Al_2O_3：$T_{95\%}$=582℃，$T_{90\%}$=542℃，$T_{50\%}$=470℃，$T_{10\%}$=415℃。Ir/CeO_2：$T_{85\%}$=599℃，$T_{50\%}$=500℃，$T_{10\%}$=429℃	[131]

元素名称	物质状态/载体	活性温度范围/℃	N_2O初始浓度	反应物物系O_2等	反应条件	反应活性或活化能	文献
Ir 金属	/γ-Al_2O_3,Y_2O_3-ZrO_2,Gd_2O_3-CeO_2,Al_2O_3-CeO_2-ZrO_2	300~550	0.1% N_2O+He		连续反应;催化剂量50mg,气体流率(标准状态)150cm³/min,WHSV$=18000g^{-1}$·h^{-1};温度范围300~550℃	催化剂活性:Ir/Al_2O_3:$T_{100\%}=500℃$,$T_{95\%}=480℃$,$T_{90\%}=463℃$,$T_{50\%}=407℃$,$T_{10\%}=358℃$。Ir/Y_2O_3-ZrO_2:$T_{100\%}=520℃$,$T_{95\%}=490℃$,$T_{90\%}=475℃$,$T_{50\%}=436℃$,$T_{10\%}=386℃$。Ir/Gd_2O_3-CeO_2:$T_{70\%}=551℃$,$T_{50\%}=516℃$,$T_{10\%}=43℃$。Ir/Al_2O_3-CeO_2-ZrO_2:$T_{70\%}=538℃$,$T_{50\%}=488℃$,$T_{10\%}=414℃$	[54]
Ir 金属	/金红石 r-TiO_2,锐钛矿 a-TiO_2,γ-Al_2O_3,P25	200~450				催化活性:Ir/r-TiO_2:$T_{100\%}=313℃$,$T_{95\%}=285℃$,$T_{90\%}=280℃$,$T_{50\%}=266℃$,$T_{10\%}=250℃$。Ir/a-TiO_2:$T_{100\%}=339℃$,$T_{95\%}=314℃$,$T_{90\%}=305℃$,$T_{50\%}=281℃$,$T_{10\%}=257℃$。Ir/P25:$T_{100\%}=331℃$,$T_{95\%}=311℃$,$T_{90\%}=305℃$,$T_{50\%}=290℃$,$T_{10\%}=273℃$。Ir/γ-Al_2O_3:$T_{100\%}=409℃$,$T_{95\%}=381℃$,$T_{90\%}=371℃$,$T_{50\%}=339℃$,$T_{10\%}=305℃$	[157]

元素名称	物质状态/载体	活性温度范围/℃	N_2O 初始浓度	反应物系 O_2 等	反应条件	反应活性或活化能	文献
IrO_2	$/Al_2O_3$，CeO_2，SiO_2，MgO，TiO_2，ZrO_2，Nb_2O_5，SnO_2	250~900	2×10^{-4} N_2O + 10% O_2+N_2；2×10^{-4} N_2O + 10% O_2+N_2	水对 Ir/ZrO_2 有抑制作用	连续反应；催化剂量 10mg；气体流率 100ml/min；W/F = 5.0×10^{-4} g·min·cm^{-3}；温度范围 50~900℃	Ir 负载型催化剂的活性顺序为（按 $T_{50\%}$）：ZrO_2 >SnO_2 >Al_2O_3 >CeO_2 >Nb_2O_5 >TiO_2 > MgO >SiO_2。催化活性：Ir/ZrO_2：$T_{90\%}$ = 386℃，$T_{95\%}$ = 373℃，$T_{50\%}$ = 333℃，$T_{10\%}$ = 288℃。Ir/SnO_2：$T_{90\%}$ = 517℃，$T_{95\%}$ = 487℃，$T_{50\%}$ = 388℃，$T_{10\%}$ = 313℃。Ir/Al_2O_3：$T_{100\%}$ = 528℃，$T_{95\%}$ = 483℃，$T_{90\%}$ = 468℃，$T_{50\%}$ = 617℃，$T_{10\%}$ = 405℃，$T_{50\%}$ = 362℃。Ir/CeO_2：$T_{95\%}$ = 617℃，$T_{90\%}$ = 585℃，$T_{50\%}$ = 468℃，$T_{10\%}$ = 395℃。Ir/TiO_2：$T_{70\%}$ = 603℃，$T_{50\%}$ = 498℃，$T_{10\%}$ = 386℃。Ir/Nb_2O_5：$T_{50\%}$ = 480℃，$T_{10\%}$ = 340℃。Ir/MgO：$T_{80\%}$ = 687℃，$T_{50\%}$ = 543℃，$T_{10\%}$ = 457℃。Ir/SiO_2：$T_{70\%}$ = 785℃，$T_{50\%}$ = 613℃，$T_{10\%}$ = 463℃	[59]
Ag，Pd	金属/Al_2O_3	300~600	$1kPaN_2O$ $+1kPaO_2$，He平衡	氧气对纯 Ag/Al_2O_3 催化剂氧化亚氮直接催化剂氧化分解影响明显，但对 Ag-Pd/Al_2O_3 双金属催化剂几乎没有影响	连续反应；催化剂量 0.1g；料流 150ml/min；$GHSV$ = $47368h^{-1}$；操作温度范围 300~600℃	纯 Ag/Al_2O_3：950K 时分解率 75%；纯 Pd/Al_2O_3：837K 时分解率 57%；Ag（5%）-Pd（3%）/Al_2O_3 的 $T_{100\%}$ = 502℃（775K），$T_{95\%}$ = 439℃（712K），$T_{90\%}$ = 424℃（697K），$T_{50\%}$ = 396℃（669K）	[38]

元素名称	物质状态/载体	活性温度范围/℃	N₂O初始浓度	反应物系 O₂ 等	反应条件	反应活性或活性化能	文献
Pd	金属/Al₂O₃、LaCoO₃	300~600	0.1% N_2O+0.1% NO;+3% O_2(体积分数,余同)+0.5% H_2O	O_2和H_2O强烈抑制催化剂表面结构重构,从而改变反应的选择性	连续反应;催化剂量0.7g;气体流率15l/h,$GHSV$=h⁻¹;温度范围300~600℃	在NO存在下,Pd/LaCoO₃催化剂分解氧化亚氮的活性优于Pd/Al₂O₃,但是在O_2和H_2O存在下,催化剂活性部分损失,并且有NO_2生成	[158]
Pd	金属/LaCoO₃ 钙钛矿	200~500	0.1% N_2O+0.1% NO+He		连续反应;催化剂量0.7g;气体流率15l/h;$GHSV$=10000h⁻¹;温度范围200~500℃	Pd/LaCoO₃催化活性:$T_{95\%}$=499℃,$T_{90\%}$=470℃;$T_{50\%}$=408℃	[159]
Pd,Pt	/Co-Mn-Al (LDH)	300~450	0.1% N_2O(摩尔分数,余同)+5% O_2;+(0.005~0.17)% NO+0.17% NO_2+(0.9~4)% H_2O		连续反应;催化剂量0.1g、0.3g;气体流率(常温常压)为100ml/min、300ml/min;SV=20g⁻¹·h⁻¹、60g⁻¹·h⁻¹;温度范围300~450℃	针对硝酸生产厂含N_2O废气,作者采用贵金属Pd,Pt,稀土金属La,Ce和碱金属Li,Na,K修饰的Co-Mn-Al捅层复合氧化物(LDH)系列催化剂样品,研究了其氧化亚氮催化分解性能	[46]

元素名称	物质状态/载体	活性温度范围/℃	N_2O初始浓度	反应物系O_2等	反应条件	反应活性或活化能	文献
Pt	/Al_2O_3+(CeO_2+La_2O_3)/堇青石蜂窝体	100~600	0.1% N_2O+He; 0.1% N_2O+2% O_2+He	氧有抑制作用	连续反应;催化剂量100mg;气体流率(标准状态)550cm³/min; $GHSV$=10000h^{-1}; 温度范围100~600℃	催化剂活性:Pt/Al_2O_3-CeO_2+La_2O_3:$T_{100\%}$=490℃,$T_{95\%}$=452℃,$T_{90\%}$=434℃,$T_{50\%}$=376℃。Pt/Al_2O_3-CeO_2:$T_{90\%}$=603℃,$T_{50\%}$=404℃。Pt/Al_2O_3:$T_{30\%}$=585℃	[49]
Pt	/Al_2O_3-(CeO_2-La_2O_3)/堇青石蜂窝体;/Al_2O_3	200~600	0.1% N_2O(体积分数)+He; 0.1% N_2O+2% O_2+He	氧和CO对催化剂活性有抑制作用	连续反应;催化剂量1g;气体流率(标准状态)550ml/min; $GHSV$=10000h^{-1}; 温度范围200~600℃	催化剂活性:Pt(K)/Al_2O_3-(CeO_2-La_2O_3):$T_{100\%}$=436℃,$T_{95\%}$=423℃,$T_{90\%}$=414℃。$T_{50\%}$=366℃。Pt/Al_2O_3-(CeO_2-La_2O_3):$T_{100\%}$=501℃,$T_{95\%}$=465℃,$T_{90\%}$=446℃。Pt/Al_2O_3:$T_{50\%}$=393℃,$T_{30\%}$=585℃,$T_{20\%}$=552℃	[50]
Pt,Pd+PdO,IrO_2	/Al_2O_3	300~600	0.1% N_2O+He; 0.1% N_2O; +2% O_2	O_2对Ir,Pd催化剂活性中等程度抑制,而对Pt催化剂强烈抑制反应活性	连续反应;催化剂量0.1g;气体流率(标准状态)150ml/min; $GHSV$=40000h^{-1}; 温度范围300~600℃	催化剂活性:Ir/Al_2O_3:$T_{100\%}$=588℃,$T_{95\%}$=506℃,$T_{90\%}$=485℃,$T_{50\%}$=438℃。Pd/Al_2O_3:$T_{75\%}$=590℃,$T_{50\%}$=532℃,$T_{10\%}$=548℃。Pt/Al_2O_3:$T_{30\%}$=600℃,$T_{10\%}$=402℃	[160]

元素名称	物质状态/载体	活性温度范围/℃	N_2O初始浓度	反应物系 O_2 等	反应条件	反应活性或活化能	文献
Ag	氧化物、复合氧化物；/锰氧化物	300~800	1% N_2O+He		连续反应；催化剂量0.05g；$GHSV$ 19000h^{-1}；温度范围300~750℃	催化剂活性为纯 Mn 氧化物：$T_{100\%}=698℃$，$T_{95\%}=588℃$，$T_{90\%}=570℃$，$T_{50\%}=516℃$。Ag-Mn 复合氧化物：$T_{100\%}=698℃$，$T_{95\%}=610℃$，$T_{90\%}=590℃$，$T_{50\%}=534℃$。银锰复合氧化物活性没有提高	[161]
Ag	/La$_{0.8}$Ba$_{0.2}$MnO$_3$钙钛矿	300~550	0.5% N_2O+He+5% O_2(体积分数，余同)；+0.02% NO	O_2、O_2+H_2O、NO 对催化剂活性有明显影响	连续反应；催化剂量0.5g；气体流率(标准状态)63ml/min；$GHSV$=7500,2000,50000h^{-1}；温度范围250~500℃	催化剂活性：Ag-La$_{0.8}$Ba$_{0.2}$MnO$_3$：$T_{100\%}=525℃$，$T_{95\%}=500℃$，$T_{90\%}=488℃$，$T_{50\%}=424℃$。La$_{0.8}$Ba$_{0.2}$MnO$_3$：$T_{95\%}=506℃$，$T_{90\%}=492℃$，$T_{50\%}=436℃$。LaMnO$_3$：$T_{90\%}=562℃$，$T_{50\%}=491℃$	[162]
Ag	/Yb$_2$O$_3$	100~800	0.14% N_2O+0.09% NO+N_2		连续反应；催化剂量100mg；气体流率4(标准状态)dm^3/h；温度范围25~800℃	Ag/Yb$_2$O$_3$催化剂活性：$T_{100\%}=716℃$，$T_{95\%}=613℃$，$T_{90\%}=557℃$，$T_{50\%}=397℃$，$T_{10\%}=262℃$	[163]

元素名称	物质状态/载体	活性温度范围/℃	N_2O初始浓度	反应物系 O_2 等	反应条件	反应活性或活化能	文献
Ag-Co、K-Co	复合氧化物	200~400	0.2% N_2O+Ar; 0.2% N_2O+5% O_2（体积分数）; +2% H_2O; +0.01% NO	氧、水及NO对催化反应分解亚氧化氮分解速率有抑制作用	连续反应；催化剂量 0.2g；气体流率 ml/min; $WHSV$ = 20000h^{-1}；温度范围 200~400℃	Co_3O_4反应活化能74kJ/mol，$Ag_{0.04}$Co 反应活化能50.2kJ/mol。催化活性为 $Ag_{0.04}$Co：$T_{100\%}$ = 344℃，$T_{90\%}$ = 337℃，$T_{50\%}$ = 292℃，$T_{10\%}$ = 200℃。Co_3O_4：$T_{60\%}$ = 400℃，$T_{50\%}$ = 388℃，$T_{10\%}$ = 296℃。$K_{0.01}$Co(IM)：$T_{100\%}$ = 250℃，$T_{90\%}$ = 242℃，$T_{50\%}$ = 235℃，$T_{95\%}$ = 171℃	[57]
Au^+、Au	/Co-Al复合氧化物	250~500	2% N_2O+Ar		连续反应；催化剂量 0.1g；气体流率 8.4l/(h·g)；温度范围 250~500℃	催化剂活性为离子交换 Au-Co-Al：$T_{100\%}$ = 500℃，$T_{95\%}$ = 442℃，$T_{50\%}$ = 427℃。Na/Au-Co-Al：$T_{100\%}$ = 475℃，$T_{95\%}$ = 417℃，$T_{90\%}$ = 400℃，$T_{50\%}$ = 330℃。Na/Co-Al：$T_{100\%}$ = 474℃，$T_{95\%}$ = 420℃，$T_{90\%}$ = 400℃，$T_{50\%}$ = 342℃。Co-Al：$T_{100\%}$ = 496℃，$T_{90\%}$ = 45℃，$T_{50\%}$ = 401℃	[45]
Au,RuO_2	/γ-Al_2O_3	250~600	0.05% N_2O + 5% O_2 + He; + H_2O、SO_2、NO_x、CO、+CO_2	H_2O、SO_2和NO会使催化剂部分失活	连续反应；催化剂量 0.5g；气体流率 500cm^3/min; $GHSV$=56000h^{-1}；温度范围 250~600℃	纳米粒子 Ru/γ-Al_2O_3 的反应活化能为50.24~54.43kJ/mol(12~13kcal/mol)。催化剂活性：Ru/γ-Al_2O_3：$T_{100\%}$ = 476℃，$T_{95\%}$ = 446℃，$T_{90\%}$ = 433℃，$T_{50\%}$ = 395℃。RuO_2/γ-Al_2O_3：$T_{100\%}$ = 500℃，$T_{95\%}$ = 479℃，$T_{90\%}$ = 466℃，$T_{50\%}$ = 416℃。γAl_2O_3：$T_{50\%}$ = 600℃ 浸渍	[47]

元素名称	物质状态/载体	活性温度范围/℃	N_2O初始浓度	反应物系O_2等	反应条件	反应活性或活化能	文献
Au	/Co_3O_4、$ZnCo_2O_4$	300~500	2% N_2O + 4%O_2 + Ar；2%N_2O+4%O_2+8.8%H_2O+Ar	H_2O显著抑制分解反应	连续反应；催化剂量1g；气体流率140ml/min；温度范围300~500℃	催化剂活性：Au/Co_3O_4：$T_{100\%}=475℃$，$T_{95\%}=428℃$，$T_{90\%}=409℃$，$T_{50\%}=351℃$。Au/$ZnCo_2O_4$（与$ZnCo_2O_4$相当）：$T_{100\%}=480℃$，$T_{95\%}=446℃$，$T_{90\%}=433℃$，$T_{50\%}=388℃$。Co_3O_4：$T_{100\%}=500℃$，$T_{95\%}=472℃$，$T_{90\%}=457℃$，$T_{50\%}=406℃$	[164]
Au^+、Au	/Al_2O_3、CeO_2、Fe_2O_3、TiO_2、ZnO	400~700	0.1% N_2O+He；0.1% N_2O+2.0% O_2（体积分数）+He	在氧环境中，催化剂反应活性受到轻微抑制作用，特别是在低温阶段	连续反应；催化剂量100mg；气体流率150ml/min；$WHSV=40000h^{-1}$；温度范围400~700℃	纯氧化物的催化分解活性顺序：$Fe_2O_3 \gg CeO_2$>ZnO>TiO_2>Al_2O_3。负载Au后活性有提高，但顺序没有发生变化	[55]

◆ 表2 氧化亚氮催化还原文献汇总

还原剂	对应第5章参考文献	催化剂	反应条件	催化活性
CO	[3]	20g 5% Pt/Al_2O_3	103kPa,449K,总流量(标准状态) 185cm^3/min 1.2% N_2O+1.2% CO+N_2	499K 下 N_2O 转 化 率 93.5%
C_3H_6	[29]	离子交换 Fe-MFI 分子筛；H-MFI、Cu-MFI、Na-MFI	0.05% N_2O,0~0.1% C_3H_6,0~10% O_2+0~15%H_2O+He 0.09g 催化剂,总流量 150cm^3/min,W/F=445g·h/mol,SV=50000h^{-1} 温度范围:500~800K	$T_{100\%}$=680.7℃ $T_{95\%}$=655.5℃ $T_{90\%}$=646℃ $T_{50\%}$=608℃ $T_{10\%}$=562℃
CH_4,C_3H_8,C_3H_6	[16]	Fe-MFI	0.1%NO, 0.1%N_2O,4% O_2,0.1%碳氢化合物(如 C_3H_8)+He 催化剂 400~1600mg, 总流量 400cm^3/min, $GHSV$=30000h^{-1}	C_3H_8: $T_{100\%}$=450℃ $T_{95\%}$=424℃ $T_{90\%}$=400℃ $T_{50\%}$=355.5℃ $T_{10\%}$=304℃
C_3H_8	[17]	离子交换 Fe/ZSM-5；化学气相沉积 Fe/ZSM-5	进料(体积分数):0.05% N_2O+2% O_2+3% H_2O+0.1% C_3H_8+He;催化剂 0.2g,总流量 6l/h,$GHSV$=18000h^{-1} 温度范围:250~500℃	$T_{93\%}$=450℃ $T_{90\%}$=423℃ $T_{50\%}$=341℃ $T_{10\%}$=302℃
CO	[15]	CaO		
CO	[5]	Pd/Al_2O_3、Pd/Al_2O_3-CeO_2、Pd/Al_2O_3-La_2O_3；Rh/Al_2O_3、Rh/Al_2O_3-CeO_2、Rh/Al_2O_3-La_2O_3	5.00% NO+5.07% CO+He, N_2O(99.97%),He (99.999%), 催化剂 50mg, 温度范围:152~352℃	

还原剂	对应第5章参考文献	催化剂	反应条件	催化活性
CH_4；C_3H_8；SCR+催化分解	[18]	Pd/Fe-ZSM-5（离子交换+等体积浸渍）	N_2O 0.15%，NO_2 0.01%，NO 0.01%，H_2O 0.5%（体积分数），O_2 2.5% N_2平衡，C_3H_8 0.19%，CH_4 0.45%，$p=0.4MPa$，$GHSV=20000h^{-1}$，温度范围：175~500℃	直接催化分解：$GHSV=13000h^{-1}$，无水，$T_{100\%}=432℃$ $T_{95\%}=395℃$ $T_{90\%}=384℃$ $T_{50\%}=350℃$ $T_{10\%}=319℃$ $GHSV=20000h^{-1}$，0.5%H_2O，$T_{100\%}=500℃$ $T_{95\%}=458℃$ $T_{90\%}=449℃$ $T_{50\%}=401℃$ $T_{10\%}=355℃$ C_3H_8：$T_{100\%}=410℃$ $T_{95\%}=355℃$ $T_{90\%}=341℃$ $T_{50\%}=303℃$ $T_{10\%}=268℃$ CH_4：$T_{100\%}=440℃$ $T_{95\%}=396℃$ $T_{90\%}=390℃$ $T_{50\%}=350℃$ $T_{10\%}=321℃$
CO	[6]	Fe；Fe_2O_3	0.103% N_2O+0.0987% CO，总流量 30ml/min、50ml/min	$T_{95\%}=850℃$
乙醇+异氟醚（isoflurane，（CF_3C-HCl-OF_2H）	[30]	Rh/Al_2O_3，Pt/Al_2O_3，Pd/Al_2O_3	$6×10^{-5}$ N_2O + 79% N_2 + 21% O_2	$T_{100\%}=500℃$

还原剂	对应第5章参考文献	催化剂	反应条件	催化活性
C_3H_8	[41]	Fe-ZSM-5		$T_{70\%}=350℃$
CO	[4]	Ag/Al_2O_3；Rh/Al_2O_3；$Rh\text{-}Ag/Al_2O_3$	N_2O（体积分数，余同）1%＋CO 1%，总流量150ml/min，催化剂0.1 g	Ag/Al_2O_3：$T_{50\%}=274℃$ Rh/Al_2O_3：$T_{50\%}=350℃$ $Rh\text{-}Ag/Al_2O_3$：$T_{50\%}=225℃$
NH_3	[31]	Fe-zeolite	组成与浓度：(1)催化分解时 $N_2O/O_2/He$ 为 0.2/3.0/96.8，(2)催化还原 SCR_{NH_3} 时 $N_2O/O_2/NH_3/He$ 为 0.2/3.0/0.2/96.6，催化剂100mg，$GHSV=35000h^{-1}$，温度范围:25～550℃	
NH_3	[32]	Fe(73)-BEA (1.4%，质量分数)	0.15% NO、0.1% N_2O＋3% O_2＋0.25% NH_3＋He $WHSV=200000h^{-1}$ 温度范围:150～550℃	SCR_{N_2O}：$T_{100\%}=540℃$ $T_{95\%}=497℃$ $T_{90\%}=473℃$ $T_{50\%}=416℃$ $T_{10\%}=370℃$ SCR_{N_2O+NO}：$T_{100\%}=562℃$ $T_{95\%}=529℃$ $T_{90\%}=490℃$ $T_{50\%}=388℃$ $T_{10\%}=351℃$
NH_3	[36]	Fe-BEA	N_2O分解：$N_2O/O_2/He$ 为 0.2/3.0/96.8，N_2O SCR：$N_2O/O_2/NH_3/He$ 为 0.2/3.0/0.2/96.6，催化剂100mg，总流量(常温常压)50cm³/min，$GHSV=35000h^{-1}$，温度范围:20～550℃	$SCR_{N_2O\text{-}NH_3\text{-}Fe(97)\text{-}BEA}$：$T_{100\%}=501℃$ $T_{95\%}=453℃$ $T_{90\%}=434℃$ $T_{50\%}=391℃$ $T_{10\%}=358℃$

还原剂	对应第5章参考文献	催化剂	反应条件	催化活性
NH_3	[37]	Fe-BEA（β型分子筛），Fe-ZSM-5，Fe-FER（镁碱沸石）	组成与浓度： $N_2O/O_2/He$ 为 0.2/3.0/96.8 分解： $N_2O/O_2/He$ 为 0.2/3.0/96.8 $SCR_{N_2O\text{-}NH_3}$： $N_2O/O_2/NH_3/He$ 为 0.2/3.0/0.2/96.6 $SCR_{N_2O+NO\text{-}NH_3}$： $N_2O/NO/O_2/NH_3/He$ 为 0.1/0.15/3.0/0.25/96.5 催化剂 100mg， $GHSV=35000h^{-1}$ （N_2O催化分解、SCR）； $GHSV=200000h^{-1}$ （SCR N_2O+NO）， 温度范围：25～550℃	Fe-FER： 分解： $T_{100\%}=557℃$ $T_{95\%}=532℃$ $T_{90\%}=508℃$ $T_{50\%}=415℃$ $T_{10\%}=365℃$ $SCR_{N_2O\text{-}NH_3}$： $T_{100\%}=490℃$ $T_{95\%}=469℃$ $T_{90\%}=453℃$ $T_{50\%}=415℃$ $T_{10\%}=373℃$ Fe-ZSM-5： 分解： $T_{90\%}=550℃$ $T_{50\%}=497℃$ $T_{10\%}=436℃$ $SCR_{N_2O\text{-}NH_3}$： $T_{100\%}=554℃$ $T_{95\%}=478℃$ $T_{90\%}=448℃$ $T_{50\%}=418℃$ $T_{10\%}=384℃$ Fe-BEA： 分解： $T_{100\%}=555℃$ $T_{95\%}=525℃$ $T_{90\%}=516℃$ $T_{50\%}=467℃$ $T_{10\%}=401℃$ $SCR_{N_2O\text{-}NH_3}$： $T_{100\%}=509℃$ $T_{95\%}=453℃$ $T_{90\%}=431℃$ $T_{50\%}=389℃$ $T_{10\%}=358℃$

还原剂	对应第5章参考文献	催化剂	反应条件	催化活性
NH_3	[37]			Fe(100)-FER： $SCR_{N_2O-NH_3}$： $T_{100\%}=464℃$ $T_{95\%}=396℃$ $T_{90\%}=3381℃$ $T_{50\%}=322℃$ $T_{10\%}=185℃$ $SCR_{N_2O+NO-NH_3}$： $T_{100\%}=408℃$ $T_{95\%}=384℃$ $T_{90\%}=372℃$ $T_{50\%}=320℃$ $T_{10\%}=230℃$
CO	[7]	FeMFI： ex-Fe-silicalite、 ex-FeZSM-5、 Fe/ZSM-5、 Fe-ZSM-5	0.15MPa N_2O＋0～0.15MPa CO＋He 催化剂 50mg，$W/F(N_2O)_0=(3～9)×10^5$ g・s/mol， 温度范围:475～900K， 总压:0.1MPa	Fe/ZSM-5 直接催化分解： $T_{100\%}=529℃$ $T_{95\%}=505℃$ $T_{90\%}=497℃$ $T_{50\%}=465℃$ $T_{10\%}=421℃$ Fe/ZSM-5 催化还原分解： $T_{100\%}=403℃$ $T_{95\%}=361℃$ $T_{90\%}=348℃$ $T_{50\%}=299℃$ $T_{10\%}=250℃$
CO	[8]	堇青石负载： 过渡金属氧化物 Cu、Fe、Co、Ni、Mn； 贵金属 Ir、Rh 氧化物； 过渡-贵金属复合氧化物	0.61% N_2O＋0.61% CO＋N_2 平衡， $GHSV=25000h^{-1}$	Ni-Rh： $T_{100\%}=393℃$ $T_{95\%}=381.5℃$ $T_{90\%}=380℃$ $T_{50\%}=371℃$ $T_{10\%}=352℃$ Fe-Ir： $T_{100\%}=407℃$ $T_{95\%}=398℃$ $T_{90\%}=391℃$ $T_{50\%}=365℃$ $T_{10\%}=346℃$

还原剂	对应 第 5 章 参考文献	催化剂	反应条件	催化活性
CO	[8]			Co-Ir: $T_{100\%}=441℃$ $T_{95\%}=418℃$ $T_{90\%}=410℃$ $T_{50\%}=377℃$ $T_{10\%}=335℃$ Ni-Ir: $T_{100\%}=452℃$ $T_{95\%}=432℃$ $T_{90\%}=426℃$ $T_{50\%}=401℃$ $T_{10\%}=372℃$ Ir: $T_{100\%}=497℃$ $T_{95\%}=471℃$ $T_{90\%}=464℃$ $T_{50\%}=428℃$ $T_{10\%}=360℃$
CO	[10]	Co-Mn-Al 类水滑石焙烧产物	0.1% N_2O(摩尔分数)+(0.05%~0.3%)CO+He 平衡, 总流量(常温常压):330ml/min, 催化剂量:0.33g, 温度范围 300~450℃	CO SCR 无氧: $T_{100\%}=399℃$ $T_{95\%}=357℃$ $T_{90\%}=352℃$ $T_{50\%}=297℃$ 有氧: $T_{50\%}=447℃$ $T_{10\%}=384℃$ 直接催化分解 无氧: $T_{85\%}=450℃$ $T_{50\%}=406℃$ $T_{10\%}=343℃$ 有氧: $T_{75\%}=449℃$ $T_{50\%}=422℃$ $T_{10\%}=354℃$

氧化亚氮减排原理
与应用

还原剂	对应第5章参考文献	催化剂	反应条件	催化活性
CH_4	[19]	FeAlPO-5	$15\% N_2O + 15\% CH_4 + 70\% Ar$,催化剂 $0.5g$,总流量 $100ml/min$, $GHSV = 14000h^{-1}$,温度范围:$300\sim750℃$	$T_{100\%} = 4516℃$ $T_{95\%} = 475℃$ $T_{90\%} = 454℃$ $T_{50\%} = 399℃$ $T_{10\%} = 345℃$
CH_4, CO, NH_3	[40]	Fe-USY	温度范围 $200\sim500℃$	CH_4: $T_{100\%} = 412℃$ $T_{95\%} = 388℃$ $T_{90\%} = 380℃$ $T_{50\%} = 344℃$ $T_{10\%} = 293℃$ CO: $T_{100\%} = 446℃$ $T_{95\%} = 432℃$ $T_{90\%} = 421℃$ $T_{50\%} = 370℃$ $T_{10\%} = 302℃$ NH_3: $T_{100\%} = 461℃$ $T_{95\%} = 445℃$ $T_{90\%} = 434℃$ $T_{50\%} = 402℃$ $T_{10\%} = 362℃$ 直接催化分解: CH_4: $T_{100\%} = 490℃$ $T_{95\%} = 461℃$ $T_{90\%} = 454℃$ $T_{50\%} = 412℃$ $T_{10\%} = 368℃$
CH_4, CO, NH_3	[39]	Fe-USY	$0.5\% N_2O$; $0.2\% CH_4$, $0.5\% CO$ 或 $0.4\% NH_3$; (有或无)$5\% O_2$,He 平衡; 催化剂 $0.1g$, 气体总流量 $60ml/min$, $GHSV = 30000h^{-1}$, 温度范围:$200\sim600℃$	无 NO、O_2 条件下: CH_4: $T_{100\%} = 412℃$ $T_{95\%} = 388℃$ $T_{90\%} = 380℃$ $T_{50\%} = 344℃$ $T_{10\%} = 293℃$

还原剂	对应第5章参考文献	催化剂	反应条件	催化活性
CH_4，CO，NH_3	[39]			CO： $T_{100\%}=446℃$ $T_{95\%}=432℃$ $T_{90\%}=421℃$ $T_{50\%}=370℃$ $T_{10\%}=302℃$ NH_3： $T_{100\%}=461℃$ $T_{95\%}=445℃$ $T_{90\%}=434℃$ $T_{50\%}=402℃$ $T_{10\%}=362℃$ **直接催化分解：** CH_4： $T_{100\%}=490℃$ $T_{95\%}=461℃$ $T_{90\%}=454℃$ $T_{50\%}=412℃$ $T_{10\%}=368℃$
CH_4	[20]	1.8%FeAlPO-5、1.8%CuAlPO-5、Pd/1.8%FeAlPO-5、Ag/1.8% FeAlPO-5	N_2O(体积分数，余同)15%＋CH_4 15%＋Ar， 催化剂 0.5g， 气体流量：100ml/min，$WHSV=$0.3g·s/ml， 温度范围：300~650℃	FeAlPO-5： $T_{100\%}=552℃$ $T_{95\%}=527℃$ $T_{90\%}=507℃$ $T_{50\%}=448℃$ $T_{10\%}=382℃$ CuAlPO-5： $T_{100\%}=602℃$ $T_{95\%}=565℃$ $T_{90\%}=542℃$ $T_{50\%}=473℃$ $T_{10\%}=419℃$ Pd/FeAlPO-5： $T_{100\%}=499℃$ $T_{95\%}=425℃$ $T_{90\%}=414℃$ $T_{50\%}=389℃$ $T_{10\%}=375℃$

氧化亚氮减排原理
与应用

还原剂	对应第5章参考文献	催化剂	反应条件	催化活性
CH_4	[20]			Ag/FeAlPO-5： $T_{100\%}=541℃$ $T_{95\%}=495℃$ $T_{90\%}=481℃$ $T_{50\%}=437℃$ $T_{10\%}=390℃$
CH_4	[22]	FeAlPO-5	N_2O(体积分数，余同) 15％＋CH_4 15％＋Ar,催化剂0.5g,气体流量：100ml/min,$WHSV=0.3g \cdot s/ml$,温度范围：300～650℃	2.4％FeAlPO-5： $T_{100\%}=480℃$ $T_{95\%}=455℃$ $T_{90\%}=444℃$ $T_{50\%}=412℃$ $T_{10\%}=375℃$
CH_4	[21]	Pd/FeAlPO-5		
NH_3,NO	[38]	Fe-分子筛	$GHSV \geqslant 100000h^{-1}$, 温度范围：150～550℃	
CO,C_3H_6	[11]	CeO_2和La_2O_3改性的Pt/Al_2O_3结构化催化剂	0.1％ N_2O, 0或2％ O_2, 0.1％ CO 或 0.1％ C_3H_6, He平衡, 总流量(标准状态)：550cm^3/min, $GHSV=10000h^{-1}$ 温度范围：100～600℃	无氧条件下： CO： $T_{100\%}=290℃$ $T_{95\%}=282℃$ $T_{90\%}=274℃$ $T_{50\%}=240℃$ $T_{10\%}=200℃$ C_3H_6： $T_{100\%}=436℃$ $T_{95\%}=392℃$ $T_{90\%}=370℃$ $T_{50\%}=317℃$ $T_{10\%}=323℃$ 直接分解： $T_{100\%}=480℃$ $T_{95\%}=448℃$ $T_{90\%}=433℃$ $T_{50\%}=377℃$ $T_{10\%}=318℃$

还原剂	对应第5章参考文献	催化剂	反应条件	催化活性
CO，C_3H_6	[11]			有氧条件下： CO： $T_{100\%}=560℃$ $T_{95\%}=508℃$ $T_{90\%}=490℃$ $T_{50\%}=427℃$ $T_{10\%}=339℃$ C_3H_6： $T_{100\%}=572℃$ $T_{95\%}=546℃$ $T_{90\%}=533℃$ $T_{50\%}=452℃$ $T_{10\%}=360℃$ 直接分解： $T_{100\%}=501℃$ $T_{95\%}=484℃$ $T_{90\%}=470℃$ $T_{50\%}=406℃$ $T_{10\%}=309℃$
CO	[12]	$Pt(K)/Al_2O_3-(CeO_2-La_2O_3)$	$0.1\%N_2O+He$、$0.1\%N_2O+2\%O_2+He$、$0.1\%N_2O+0.1\%CO+He$、$0.1\%N_2O+0.1\%CO+2\%O_2+He$， 总流量（标准状态）$550cm^3/min$， $GHSV=10000h^{-1}$ 温度范围：$25\sim600℃$	无氧条件下： CO： $T_{100\%}=304℃$ $T_{95\%}=289℃$ $T_{90\%}=281℃$ $T_{50\%}=251℃$ $T_{10\%}=206℃$ 有氧条件下： CO： $T_{100\%}=510℃$ $T_{95\%}=481℃$ $T_{90\%}=462℃$ $T_{50\%}=399℃$ $T_{10\%}=323℃$ 直接催化分解： 无氧 $T_{100\%}=439℃$ $T_{95\%}=428℃$ $T_{90\%}=419℃$

还原剂	对应第5章参考文献	催化剂	反应条件	催化活性
CO	[12]			$T_{50\%}=367℃$ $T_{10\%}=311℃$ 有氧： $T_{100\%}=474℃$ $T_{95\%}=454℃$ $T_{90\%}=443℃$ $T_{50\%}=385℃$ $T_{10\%}=323℃$
CH_4	[23]	Cu,Co,Mn-MOR； （丝光沸石分子筛） Cu,Co,Mn-MFI； （MFI分子筛）	直接催化分解： $N_2O=4000$； N_2O CH_4 SCR： CH_4：$N_2O=1000$：4000； N_2O CH_4+O_2 SCR： CH_4：N_2O：$O_2=1000$：4000：2000 （或20000），He平衡， 催化剂0.1g,总流量（标准状态） $50cm^3/min,GHSV=15000h^{-1}$， 温度范围：室温～500℃	Cu-MOR： 催化分解： $T_{95\%}=477℃$ $T_{90\%}=461℃$ $T_{50\%}=407℃$ $T_{10\%}=351℃$ CH_4 无氧SCR： $T_{100\%}=507℃$ $T_{95\%}=466℃$ $T_{90\%}=454℃$ $T_{50\%}=398℃$ $T_{10\%}=321℃$ CH_4 有氧SCR： $T_{95\%}=482℃$ $T_{90\%}=468℃$ $T_{50\%}=411℃$ $T_{10\%}=345℃$ Co-MOR： 催化分解： $T_{85\%}=490℃$ $T_{50\%}=420℃$ $T_{10\%}=346℃$ CH_4 无氧SCR： $T_{90\%}=503℃$ $T_{85\%}=477℃$ $T_{50\%}=416℃$ $T_{10\%}=343℃$

还原剂	对应 第5章 参考文献	催化剂	反应条件	催化活性
CH_4	[23]			CH_4 有氧 SCR： $T_{80\%}=502℃$ $T_{50\%}=442℃$ $T_{10\%}=370℃$ Mn-MFI： CH_4 无氧 SCR： $T_{65\%}=505℃$ $T_{50\%}=468℃$ $T_{10\%}=376℃$
CH_4， NO，	[24]	Co-Na-MOR （MOR-mordenite 丝光沸石）	SCR N_2O： N_2O：CH_4：$O_2=4000$：4000：20000； SCR NO： NO：CH_4：$O_2=4000$：4000：20000； SCR N_2O+NO： N_2O：NO：CH_4：$O_2=4000$：4000：4000：20000 催化剂 0.1g， 总流量（标准状态）$50cm^3/min$， $GHSV=15000h^{-1}$， 温度范围：室温～500℃	N_2O 转化率： $T_{85\%}=503℃$ $T_{80\%}=491℃$ $T_{50\%}=448℃$ $T_{10\%}=368℃$
CH_4	[26]	Ni-MOR， Co-MOR， Fe-MOR	富 CH_4： N_2O：CH_4：$O_2=0.4\%$：0.4%：2%，He 平衡； 贫 CH_4： N_2O：CH_4：$O_2=0.4\%$：0.1%：2%，He 平衡； 催化剂 0.1 g， 总流量（标准状态）$50cm^3/min$， $GHSV=15000h^{-1}$， 温度范围：室温～527℃	Co-MOR： $T_{80\%}=500℃$ $T_{50\%}=446℃$ $T_{10\%}=372℃$ Fe-MOR： $T_{100\%}=430℃$ $T_{95\%}=409℃$ $T_{90\%}=396℃$ $T_{50\%}=329℃$ $T_{10\%}=265℃$ Ni-MOR： $T_{100\%}=455℃$ $T_{95\%}=427℃$ $T_{90\%}=417℃$ $T_{50\%}=375℃$ $T_{10\%}=344℃$

还原剂	对应第5章参考文献	催化剂	反应条件	催化活性
CH_4	[27]	Co-MOR，Ni-MOR	（He 平衡）： $N_2O：CH_4：O_2=0.4\%：0.4\%：2\%$； $NO：CH_4：O_2=0.4\%：0.4\%：2\%$； $N_2O：NO：CH_4：O_2=0.4\%：0.4\%：0.4\%：2\%$； $CH_4：O_2=0.4\%：2\%$； $N_2O=0.4\%$； He 平衡， 催化剂 0.1g， 总流量（标准状态）$50cm^3/min$， $GHSV=15000h^{-1}$， 温度范围：300～500℃	Co-MOR： 直接催化分解： $T_{100\%}=500$℃ $T_{95\%}=467$℃ $T_{90\%}=446$℃ $T_{50\%}=375$℃ $T_{10\%}=302$℃ $SCR_{N_2O}=SCR_{sim}$： $T_{85\%}=500$℃ $T_{50\%}=449$℃ $T_{10\%}=370$℃ Ni-MOR-80： SCR_{N_2O}： $T_{100\%}=456$℃ $T_{95\%}=425$℃ $T_{90\%}=414$℃ $T_{50\%}=371$℃ $T_{10\%}=335$℃ SCR_{sim}： $T_{10\%}=504$℃
CH_4	[28]	Fe-MOR，Co-MOR，Ni-MOR	浓度： $N_2O=NO=CH_4=0.4\%$， $O_2=2\%$ He 平衡 总流量（标准状态）$50cm^3/min$。 反应气组成： $N_2O；N_2O+NO；NO+CH_4+O_2$（SCR_{NO}）；$N_2O+CH_4+O_2$（SCR_{N_2O}）： $N_2O+NO+CH_4+O_2$（SCR_{sim}）： CH_4+O_2 He 平衡。 催化剂 0.1g， 总流量（标准状态）：$50cm^3/min$， $GHSV=15000h^{-1}$ 温度范围：室温～500℃	
CO	[14]	$B-C_3N$		

还原剂	对应 第5章 参考文献	催化剂	反应条件	催化活性
CO	[2]			
CO	[13]	α-Fe$_2$O$_3$， Fe-ZSM-5， CeO$_2$-Co$_3$O$_4$	0.1% N$_2$O， 0.1% CO， 3% O$_2$，N$_2$ 平衡。 催化剂 0.3g， 总流量 100ml/min， 温度范围：250~550℃	CeO$_2$-Co$_3$O$_4$： 催化分解（无氧＝有氧） $T_{100\%}=425℃$ $T_{95\%}=389℃$ $T_{90\%}=374℃$ $T_{50\%}=319℃$ $T_{10\%}=250℃$ CO-SCR： $T_{100\%}=347℃$ $T_{95\%}=316℃$ $T_{90\%}=304℃$ $T_{50\%}=270℃$ $T_{10\%}=237℃$ CO+O$_2$-SCR： $T_{100\%}=503℃$ $T_{95\%}=474℃$ $T_{90\%}=462℃$ $T_{50\%}=417℃$ $T_{10\%}=362℃$ Fe-ZSM-5-pH2： 直接催化分解： 无氧： $T_{100\%}=479℃$ $T_{95\%}=470℃$ $T_{90\%}=463℃$ $T_{50\%}=430℃$ $T_{10\%}=379℃$ 有氧： $T_{100\%}=475℃$ $T_{95\%}=450℃$ $T_{90\%}=446℃$ $T_{50\%}=417℃$ $T_{10\%}=371℃$ SCR$_{CO}\approx$SCR$_{CO+O_2}$： $T_{100\%}=327℃$ $T_{95\%}=309℃$ $T_{90\%}=299℃$ $T_{50\%}=266℃$ $T_{30\%}=250℃$ $T_{10\%}\approx235℃$